개념탑재
일반기계기사 작업형 실기 3일 완성

**개념탑재
일반기계기사 작업형 실기 3일 완성**

발　　행	2025년 4월 30일 초판 1쇄
저　　자	개념탑재팀
발 행 처	피앤피북
발 행 인	최영민
주　　소	경기도 파주시 신촌로 16
전　　화	031-8071-0088
팩　　스	031-942-8688
전자우편	pnpbook@naver.com
출판등록	2015년 3월 27일
등록번호	제406-2015-31호

ⓒ2025. 크레도솔루션 All rights reserved.

정가 : 24,000원
ISBN 979-11-94085-47-8 (93550)

• 이 책의 어느 부분도 저작권자나 발행인의 승인 없이 무단 복제하여 이용할 수 없습니다.
• 파본 및 낙장은 구입하신 서점에서 교환하여 드립니다.

개념탑재

일반기계기사
작업형 실기 3일 완성

전산응용기계제도기능사 기계설계산업기사 대비

Autodesk Inventor 활용

개념탑재팀 공저

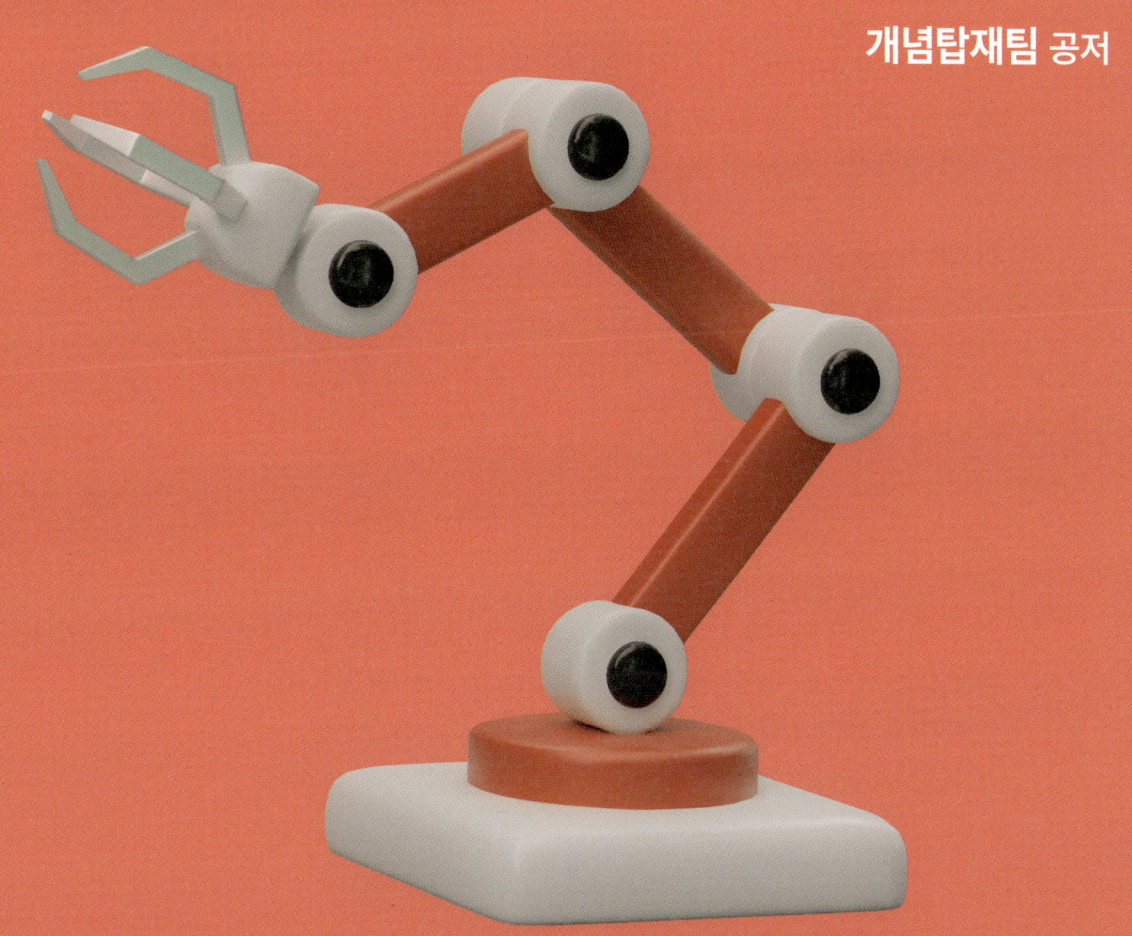

PREFACE

　이 책은 기계설계 분야 국가기술자격 시험인 전산응용기계제도기능사, 기계설계산업기사, 일반기계기사 작업형 실기 시험을 준비하는 수험생을 위해 Autodesk Inventor 소프트웨어를 활용한 3D 모델링 작업 방법과 최신 KS 기계제도 규격을 적용한 2D 도면 작성 방법을 체계적으로 다룬 실전 대비 학습서입니다.

　시험 요구사항을 충족하는 도면 과제를 작업하기 위해 Autodesk Inventor의 스타일 편집기를 활용한 치수 스타일, 표면 텍스처 등 스타일 정의 방법과 윤곽선, 표제란과 같은 도면 양식 작성 방법에 대해 설명하고, 일반기계기사 작업형 실기 시험의 A 타입과 B 타입 두 가지 유형을 다루어 각각의 작업 과정을 자세히 소개하고 있습니다.

　더불어, 전산응용기계제도기능사 및 기계설계산업기사 실기 시험을 준비하는 수험생들도 이 책을 충분히 활용할 수 있으며, 시험 준비에 필요한 다양한 예상 문제 도면은 곧 출간될 〈개념탑재 기계설계 분야 실기 도면집〉을 통해 학습할 수 있으니 많은 관심과 성원 부탁드립니다.

　이 책이 기계설계 분야 실기 시험을 준비하는 모든 분께 큰 도움이 되길 바랍니다.

　감사합니다.

2025년 4월
저자 일동

・개념탑재술 Youtube 채널 : https://www.youtube.com/@TOPJAE
・개념탑재술 네이버 카페 : https://cafe.naver.com/topjae
・개념탑재 Instagram : https://www.instagram.com/topjae_center

CONTENTS

CHAPTER. 01
작업 준비하기   10

SECTION 1   기계설계 자격시험 알아보기 12
   01   전산응용기계제도기능사, 기계설계산업기사, 일반기계기사
        실기 차이점 12
   02   전산응용기계제도기능사, 기계설계산업기사 실기 작업 예시.. 15
   03   일반기계기사 실기 작업 예시.. 16

SECTION 2   INVENTOR의 인터페이스 18
   01   응용프로그램 윈도우 - 홈.. 18
   02   응용프로그램 윈도우 - 부품... 19

SECTION 3   화면 제어.. 20
   01   마우스 + 키보드 20
   02   뷰 큐브(View Cube) 21

SECTION 4   옵션 23
   01   응용프로그램 옵션 설정 23

CHAPTER. 02
동력전달장치 3D 모델링　32

SECTION 1　본체 36
　01　부품도 36
　02　참고 KS 규격 37
　03　3D 모델링 작업 38

SECTION 2　스퍼 기어 49
　01　부품도 49
　02　참고 KS 규격 49
　03　3D 모델링 작업 50
　04　기어 제너레이터(설계 가속기) 활용 모델링 작업 ... 54

SECTION 3　축 57
　01　부품도 57
　02　참고 KS 규격 58
　03　3D 모델링 작업 59

SECTION 4　커버 66
　01　부품도 66
　02　참고 KS 규격 67
　03　3D 모델링 작업 68

SECTION 5　V 벨트 풀리 72
　01　부품도 72
　02　참고 KS 규격 72
　03　3D 모델링 작업 74

CONTENTS

CHAPTER. 03
드릴지그 3D 모델링 78

SECTION 1 베이스 82
   01 부품도 82
   02 참고 KS 규격 83
   03 3D 모델링 작업 84

SECTION 2 가이드 블록 90
   01 부품도 90
   02 3D 모델링 작업 91

SECTION 3 플레이트 97
   01 부품도 97
   02 참고 KS 규격 98
   03 3D 모델링 작업 99

SECTION 4 나사 블록 103
   01 부품도 103
   02 3D 모델링 작업 104

SECTION 5 리드 스크류 109
   01 부품도 109
   02 3D 모델링 작업 110

CHAPTER. 04
2D 도면 작성   112

SECTION 1   스타일 설정 **114**
　　01   스타일 편집기 설정 114

SECTION 2   도면 양식 작성 **128**
　　01   도면 양식 작성 128
　　02   시트 크기 설정 135

SECTION 3   뷰 배치 명령 **136**
　　01   뷰 작성 명령 136
　　02   뷰 수정 명령 138

SECTION 4   부품도 작성 A 타입 **139**
　　01   뷰 작성하기 (투상도 배치하기) 139
　　02   주석 작성하기 150

SECTION 5   부품도 작성 B 타입 **174**
　　01   뷰 작성하기 (투상도 배치하기) 174
　　02   주석 작성하기 182

CONTENTS

CHAPTER. 05
렌더링 등각 투상도(3D) 작성 및 질량 확인 202

- SECTION 1　렌더링 등각 투상도 작성 204
- SECTION 2　비중 적용하여 질량 확인 207
- SECTION 3　단위 환산 (kg ↔ g) 209
- SECTION 4　부품 리스트 작성 211
- SECTION 5　도면 인쇄 213
  - 01　인쇄 213
  - 02　PDF 내보내기 214

CHAPTER. 06
KS 기계제도 규격 부록 216

Section 1	기계설계 자격시험 알아보기	12
Section 2	INVENTOR의 인터페이스	18
Section 3	화면 제어	20
Section 4	옵션	23

CHAPTER.01

작업 준비하기

SECTION 01

기계설계 자격시험 알아보기

01 전산응용기계제도기능사, 기계설계산업기사, 일반기계기사 실기 차이점

기계설계 분야의 국가기술자격인 전산응용기계제도기능사, 기계설계산업기사 실기 시험과 일반기계기사의 작업형 실기 시험에 대한 차이점을 알아보겠습니다.

1 전산응용기계제도기능사

주어진 1장의 과제 도면에서 3~5개의 부품에 대한 부품도 및 렌더링 등각 투상도를 제작합니다. 작업 후 제출하는 도면은 총 2장입니다.

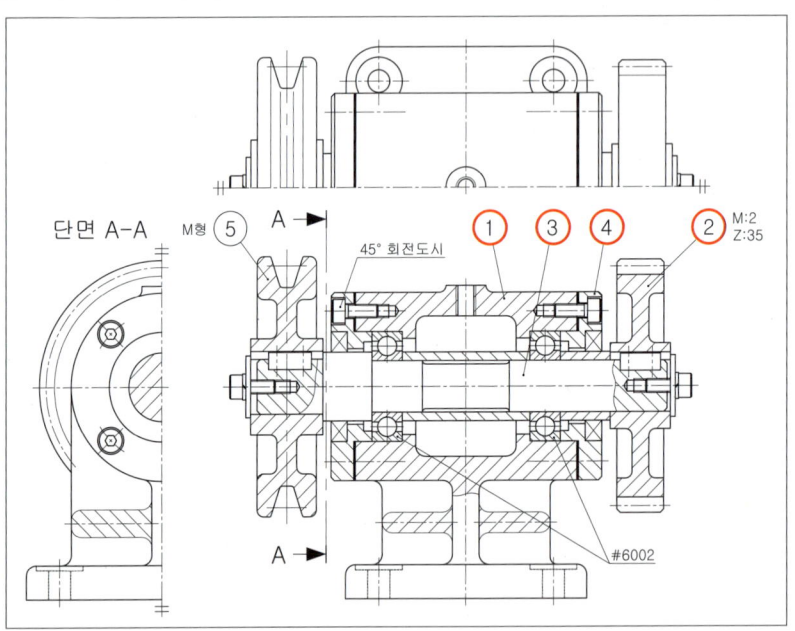

- 과제 도면 : 1장
- 제출 도면 : 2장 / 부품도(2D), 렌더링 등각 투상도(3D)
- 시험 시간 : 5시간

2 기계설계산업기사

주어진 1장의 과제 도면에서 요구된 설계 변경 조건에 따라 3~5개의 부품에 대한 부품도 및 렌더링 등각 투상도를 제작합니다. 작업 후 제출하는 도면은 전산응용기계제도기능사와 같이 총 2장입니다.

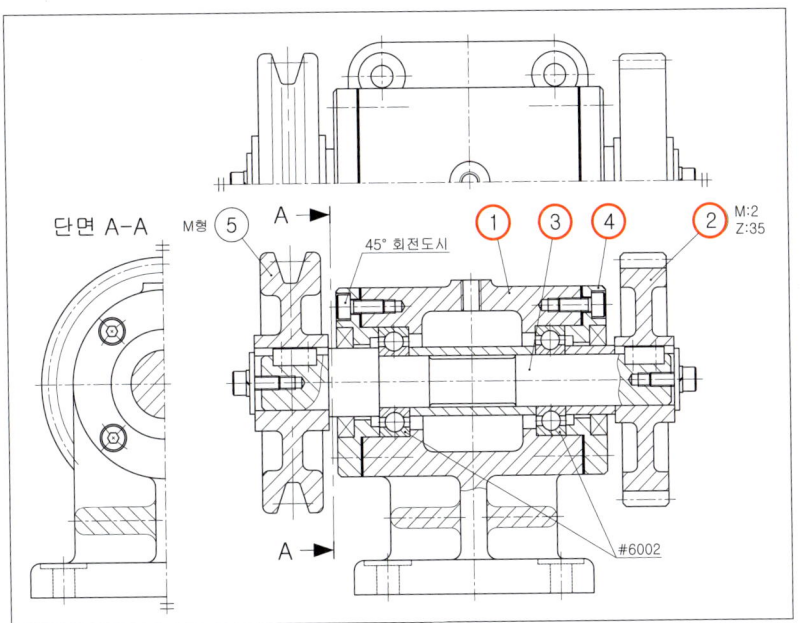

- 과제 도면 : 1장
- 제출 도면 : 2장 / 부품도(2D), 렌더링 등각 투상도(3D)
- 시험 시간 : 5시간 30분
- **설계 변경 작업**

설계 변경 조건(예)
베어링 사양을 6002에서 6003으로 변경하시오.
도면에서 "A"부 치수를 "62"에서 "70"으로 변경하시오.
기어의 잇수를 "35"에서 "40"으로 변경하시오.
"①"번 부품의 볼트 조립부 결합 개소를 "4"개에서 "6"개로 변경하시오.

3 일반기계기사

   2장의 과제 도면에서 도면 1장당 1~3개의 부품에 대한 부품도 및 렌더링 등각 투상도를 제작합니다. 작업 후 제출하는 도면은 전산응용기계제도기능사, 기계설계산업기사와 같이 총 2장입니다.

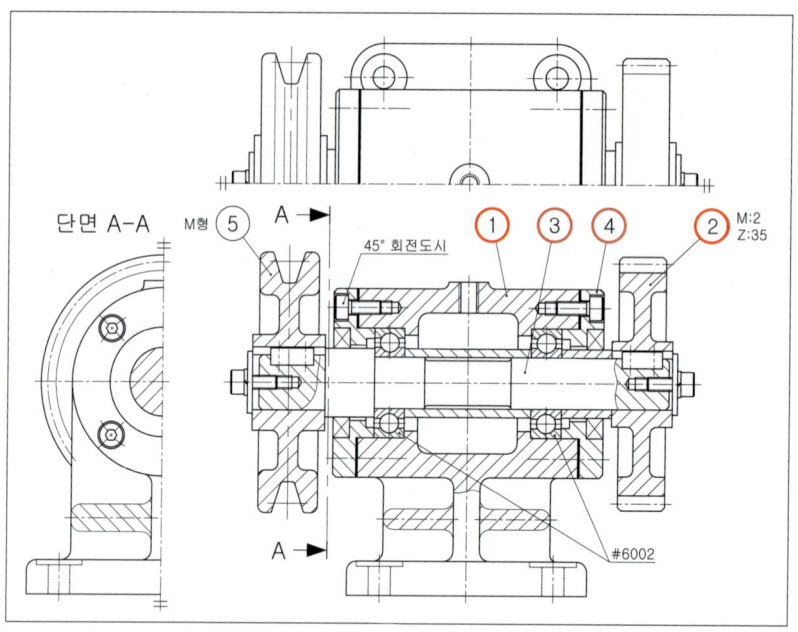

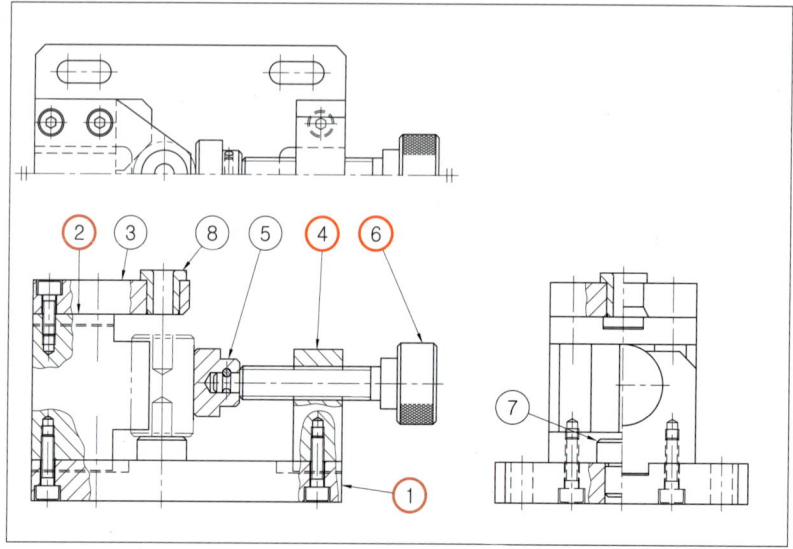

- 과제 도면 : 2장

과제 도면(예)	동력전달장치	드릴지그
A 타입	①, ②	④, ⑥
B 타입	③, ④	①, ②

- 제출 도면 : 2장 / 부품도(2D), 렌더링 등각 투상도(3D)
- 시험 시간 : 5시간

02 전산응용기계제도기능사, 기계설계산업기사 실기 작업 예시

작업 후 제출하는 도면에 대한 예시입니다. 전산응용기계제도기능사와 기계설계산업기사는 설계 변경만 다를뿐 제출하는 도면의 종류 및 갯수는 같습니다.

- 부품도 (2D)

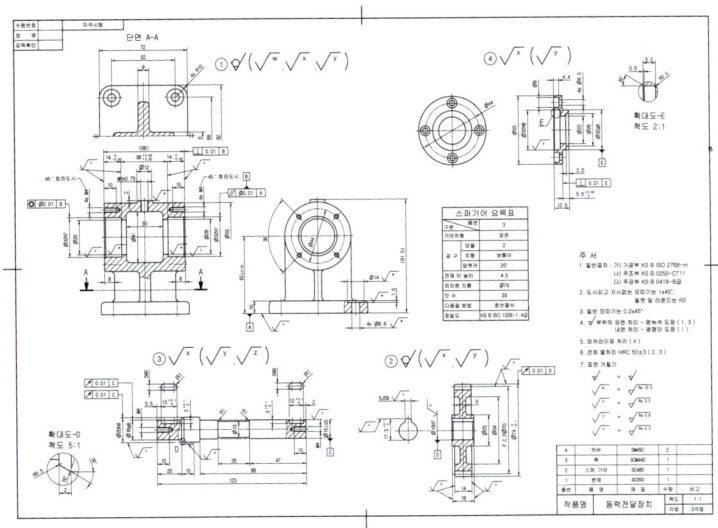

- 렌더링 등각 투상도(3D)

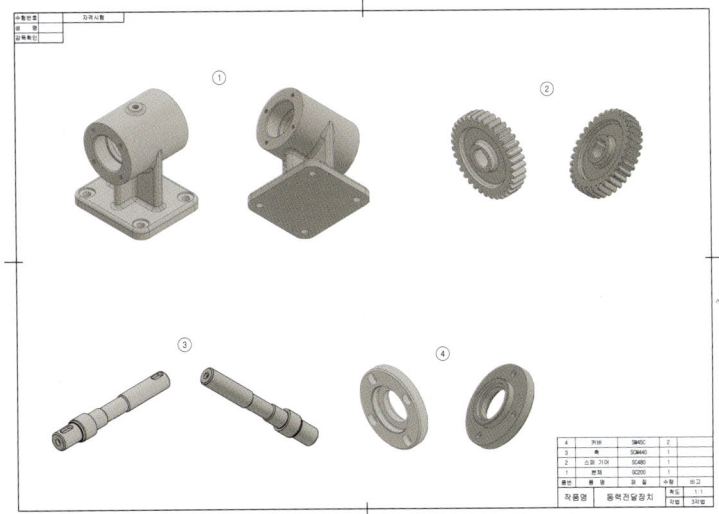

03 일반기계기사 실기 작업 예시

작업 후 제출하는 도면에 대한 예시입니다. 일반기계기사는 과제 도면이 2장이므로 타입별로 다르게 작업된 예시 도면을 참고하시기 바랍니다.

1 A 타입

- 부품도 (2D)

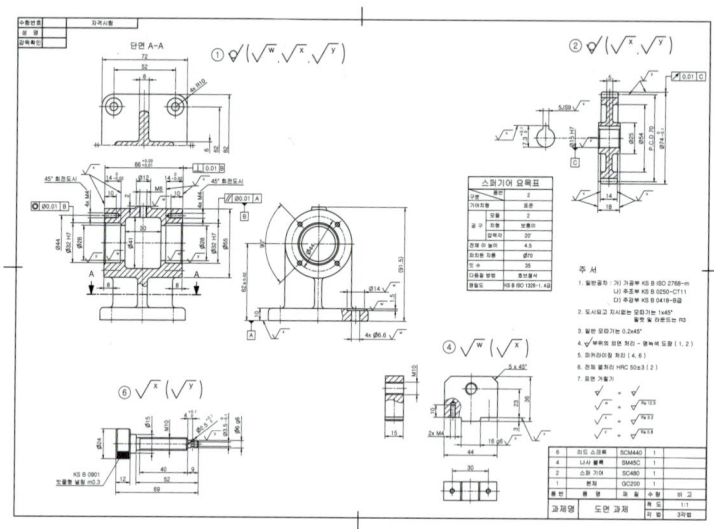

- 렌더링 등각 투상도(3D)

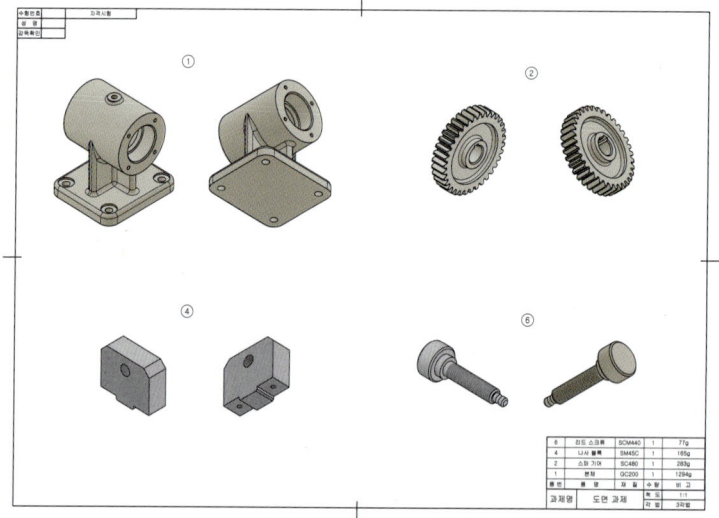

2 B 타입

- 부품도 (2D)

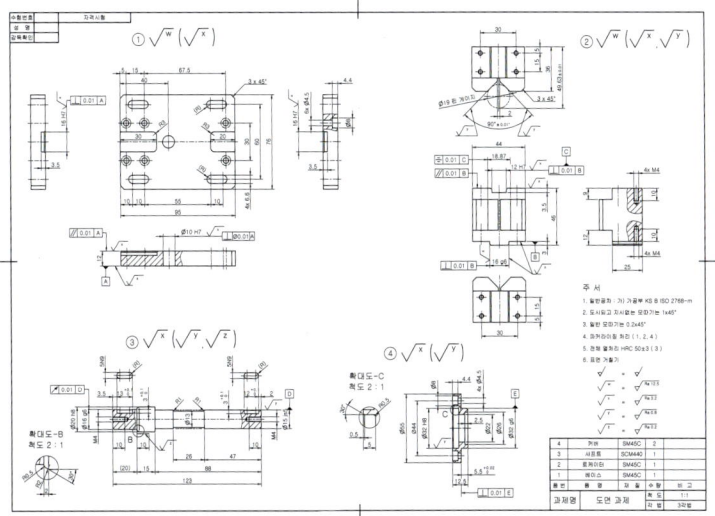

- 렌더링 등각 투상도(3D)

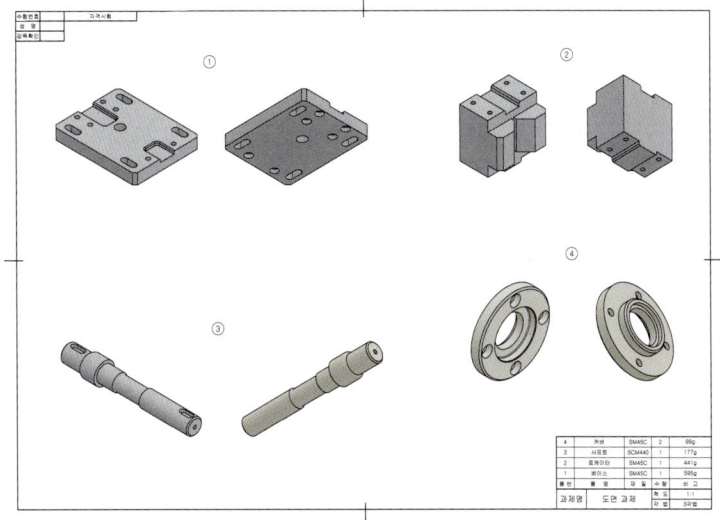

CHAPTER 1 작업 준비하기

SECTION 02

INVENTOR의 인터페이스

01 응용프로그램 윈도우 – 홈

홈에서는 파일을 작성하고, 파일을 열고, 프로젝트를 변경할 수 있습니다.

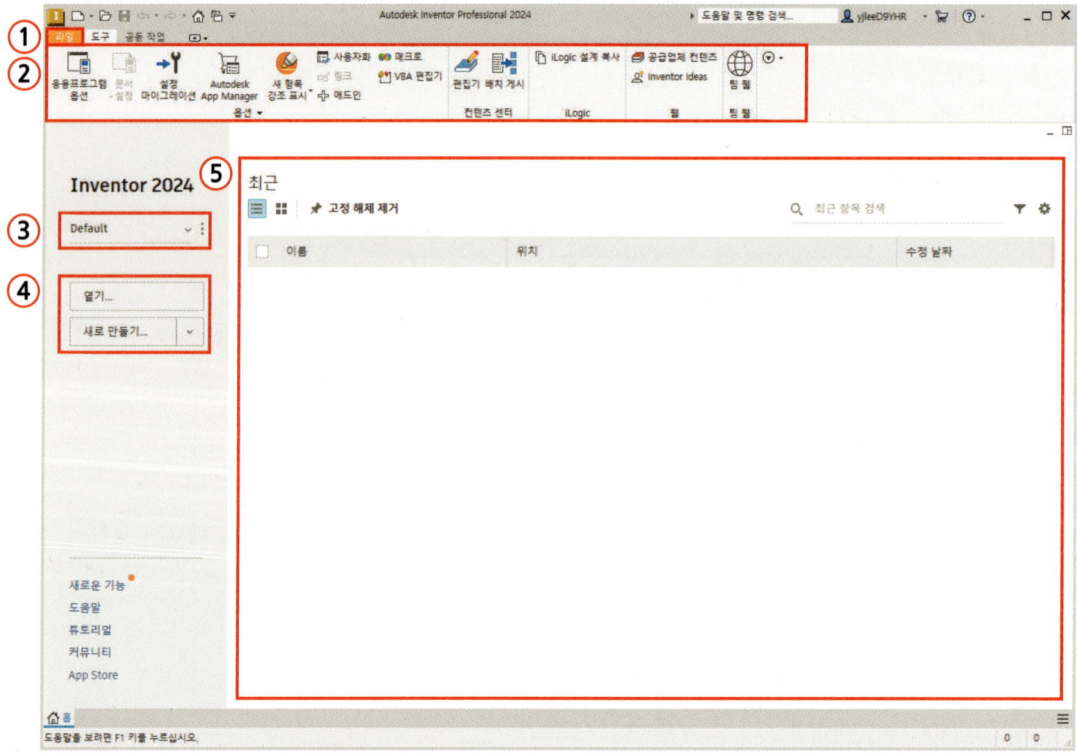

1. **응용프로그램 메뉴(어플리케이션 버튼)** : 모든 환경에서 접근할 수 있는 공통적인 명령 세트입니다.
2. **패널 도구 막대** : 각각의 환경에 맞는 작업을 위한 명령어 아이콘 세트입니다.
3. **활성 프로젝트 변경** : 프로젝트를 관리하거나 현재 활성 프로젝트를 변경할 수 있는 아이콘입니다.
4. **열기 및 새로 만들기** : 기존 인벤터 파일을 열거나 기본 템플릿을 활용하여 파일을 새로 만들 때 사용하는 아이콘입니다.
5. **최근** : 최근 작업한 문서를 리스트업하여 보여줍니다.

02 응용프로그램 윈도우 - 부품

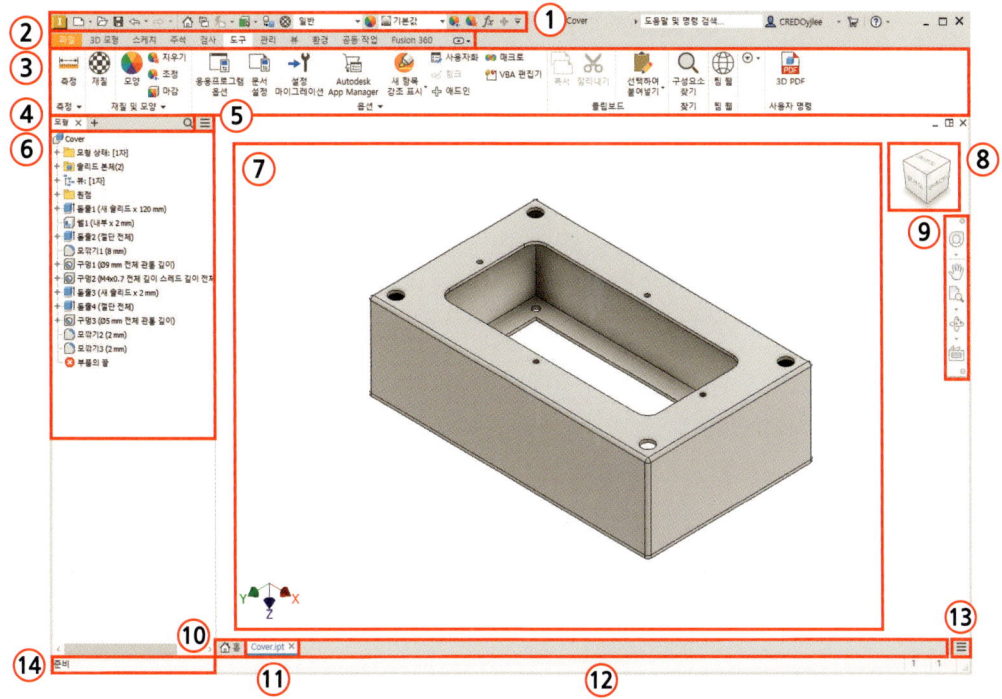

1. **신속 접근 도구막대** : 사용자화할 수 있는 소규모 명령 세트에 빠르게 액세스할 수 있습니다.
2. **리본 탭** : 명령 및 환경을 포함합니다.
3. **리본 명령** : Inventor의 명령어들이 모여있는 툴바입니다.
4. **패널 탭** : 패널에는 활성 문서에 관한 컨텐츠가 표시됩니다.
5. **고급 설정 메뉴** : 전체 확장/축소, 찾기 등 활성 패널에 대한 고급 설정에 액세스할 수 있습니다.
6. **모형 검색기** : 활성 창에서 작동되는 구성요소, 도면 또는 프레젠테이션을 포함하는 패널입니다.
7. **그래픽 디스플레이** : 여기서 모형, 프레젠테이션 또는 도면이 표시됩니다.
8. **ViewCube** : 뷰 큐브의 면, 모서리, 점을 클릭하여 화면의 방향을 바꿀 수 있습니다.
9. **탐색 막대** : 화면 제어에 사용되는 명령어들로 구성되어 있습니다.
10. **홈 창** : 홈 창에 액세스할 수 있는 축소 탭입니다.
11. **문서 탭** : 열려 있는 각 문서에 대해 표시됩니다.
12. **탭 모음** : 열려 있는 문서에 대한 탭을 포함하며, 기본 윈도우 프레임(PWF) 또는 보조 윈도우 프레임(SWF)에 표시됩니다.
13. **문서 메뉴** : 배열, 바둑판식 및 전환 명령에 액세스할 수 있으며, 여기에서 일부 또는 모든 문서를 닫을 수 있습니다.
14. **상태 막대** : 기본 윈도우 프레임(PWF)의 맨 아래에 표시됩니다. 활성 명령에 필요한 다음 작업을 나타냅니다.

SECTION 03

화면 제어

01 마우스 + 키보드

1 Zoom

- **ZOOM ALL(전체)**
  마우스 가운데 버튼을 더블 클릭합니다.

- **ZOOM IN/OUT :**
  ZOOM IN : 마우스 가운데 버튼(휠)을 당길 때
  ZOOM OUT : 마우스 가운데 버튼(휠)을 밀 때

2 PAN
마우스 가운데 버튼을 누른 상태로 커서를 이동하면 초점 이동을 할 수 있습니다.

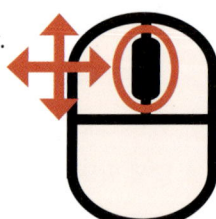

3 ORBIT
키보드의 Shift 키와 마우스 가운데 버튼을 누른 상태로 커서를 이동하면 화면 회전을 할 수 있습니다.

TIP

마우스 가운데 버튼을 활용한 화면제어 기능은 [응용프로그램] 옵션 – [화면표시] 탭에서 변경할 수 있습니다. (47페이지 참고)

02 뷰 큐브(View Cube)

뷰 큐브(ViewCube)의 면, 모서리, 꼭지점을 클릭하거나 끌어 작업하고 있는 형상의 뷰 방향을 조정할 수 있습니다.

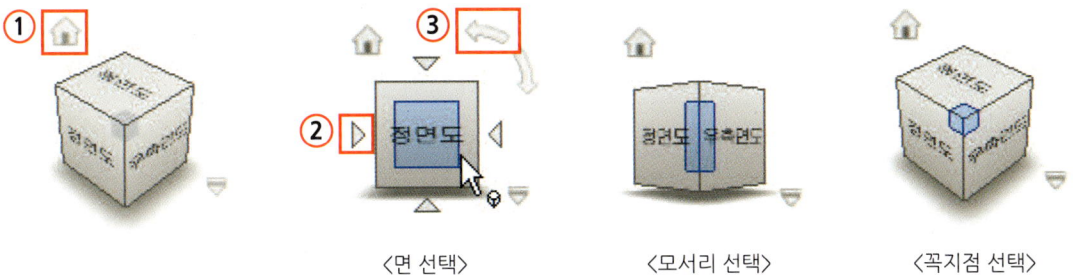

〈면 선택〉　　　〈모서리 선택〉　　　〈꼭지점 선택〉

1 **홈 뷰** : 홈 뷰로 화면을 전환합니다.
2 **직교 뷰** : 선택한 방향으로 화면을 전환합니다.
3 **회전 뷰** : 화면을 90도 간격으로 회전합니다.

뷰 큐브 메뉴에서는 홈 뷰 및 정면도를 재설정하거나 [옵션] 대화상자를 실행할 수 있습니다.

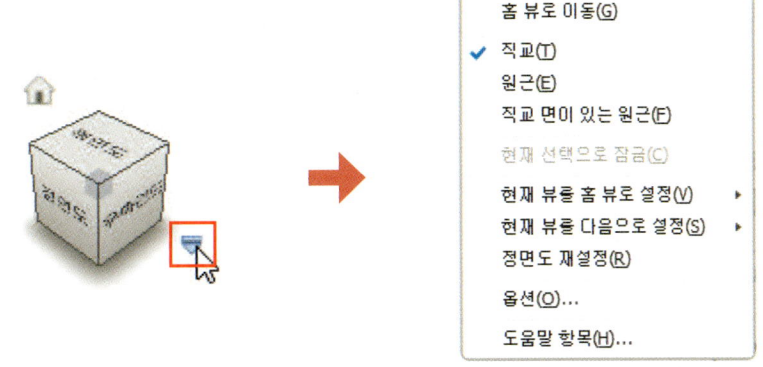

Inventor에서 부품(.ipt) 템플릿을 선택하여 작업을 시작하면 기본 모델링 방향을 Y up으로 제공합니다.

사용자는 뷰큐브의 정면도 뷰와 홈 뷰를 재설정하여 모델링 방향을 변경할 수 있습니다.

- Z up으로 변경하기 위해 정면도 뷰 재설정

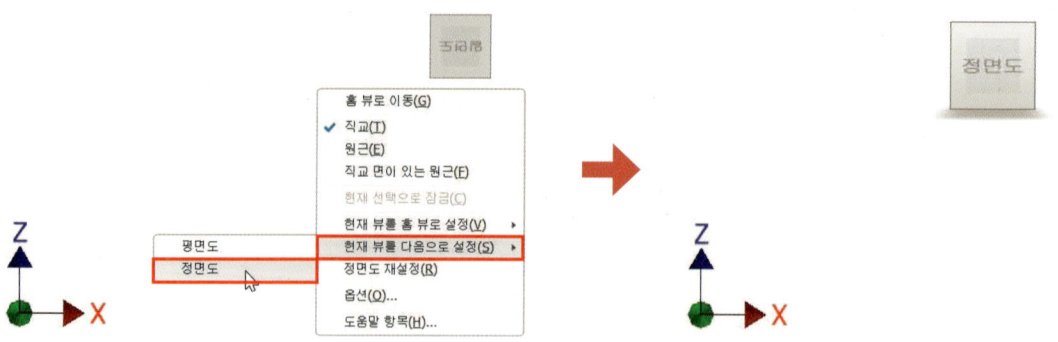

- Z up으로 변경하기 위해 홈 뷰 재설정

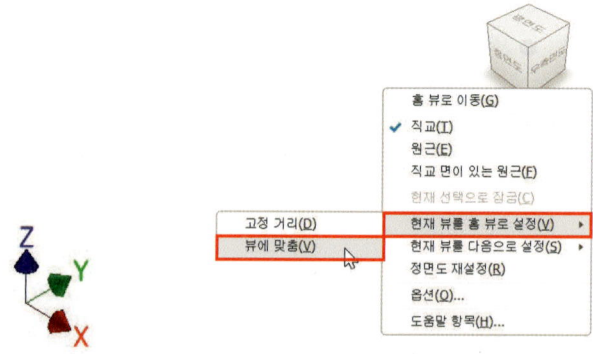

SECTION 04

옵션

Inventor 응용 프로그램 옵션에서는 모양, 동작 및 파일 위치에 대한 기본 설정들을 제어할 수 있습니다.

01 응용프로그램 옵션 설정

1 일반 탭

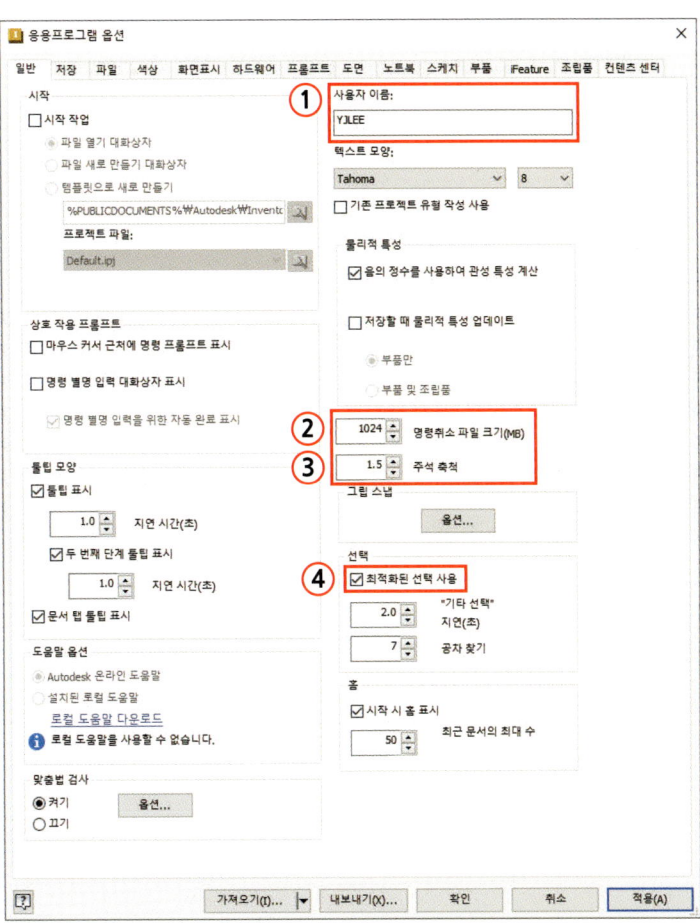

1 사용자 이름 : 메모 및 기타 기능의 사용자 이름을 지정합니다. (도면 작성시 설계자 이름 항목에 표시되는 이름입니다.)

2 명령 취소 파일 크기 : 작업을 명령 취소할 수 있도록 모형 또는 도면에 대한 변경 사항을 추적하는 임시 파일의 크기를 설정합니다. 대형 또는 복잡한 모형 및 도면의 경우 명령 취소를 수행할 수 있는 적합한 용량을 제공하려면 파일 크기를 높게 지정합니다. [최대 크기(8191MB)로 지정]

3 주석 축척 : 그래픽 창에 나타나는 주석의 크기[스케치 작업시 요소(치수 텍스트 등)]를 설정합니다. 기본값은 1이며, 1.2~1.5 정도가 적당합니다.

4 최적화된 선택 사용 : 대형 조립품에서 사전 강조하는 동안 그래픽 성능을 향상시킵니다. 체크하는 것이 좋습니다.

2 파일 탭

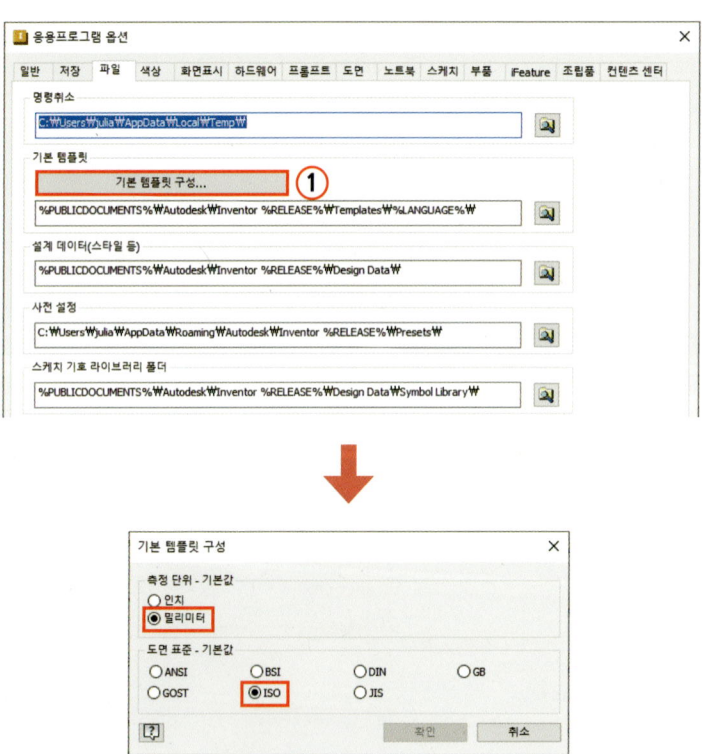

1 기본 템플릿 구성 : 기본 측정 단위 및 도면 표준을 지정할 수 있으며, 영문판으로 설치했을 경우 측정 단위와 도면 표준을 확인하여 변경합니다.

③ 색상 탭

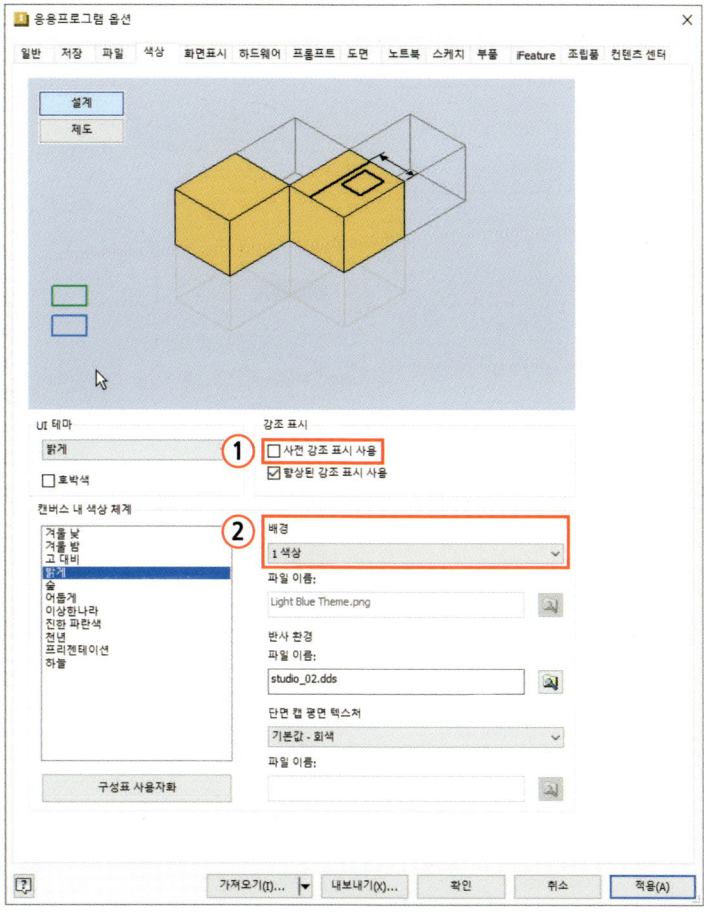

1. **사전 강조 표시 사용** : 커서를 객체 위로 이동하면 객체가 강조 표시되므로 선택 항목을 알 수 있습니다. 기본적으로 활성화되며, 활성화되면 조립품 작업시 마우스 커서의 위치에 따라 부품이 강조되므로 선택 해제합니다.
2. **배경** : [1 색상]을 선택하여 단일 색상을 배경에 적용할 수 있도록 합니다.

4 화면표시 탭

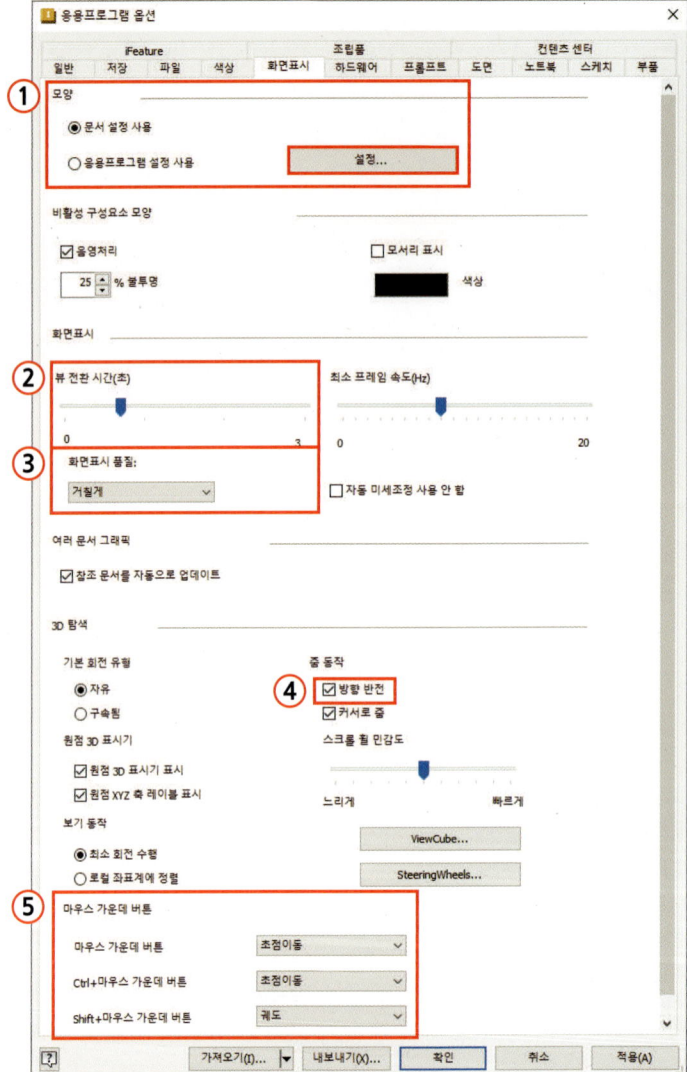

1 **모양** : 응용프로그램 설정 사용을 선택합니다. (이 옵션을 선택하면 문서 설정이 무시됩니다.)
2 **뷰 전환 시간(초)** : 뷰를 전환하는 데 필요한 시간을 제어합니다. 각 사용자가 적절하게 지정하길 바라며 이 책에서는 [0.1초]로 지정합니다.
3 **화면표시 품질** : 모형의 화면표시 해상도를 설정합니다. 컴퓨터 사양에 따라서 속도에 영향을 줄 수 있으므로 사용자가 적절하게 지정하길 바라며 이 책에서는 [거칠게]로 선택합니다.
4 **방향 반전** : 줌 방향에 대한 마우스 움직임 영향을 제어하며, AutoCAD와 동일하게 줌 동작 방향을 설정하려면 이 옵션을 선택합니다.
5 **마우스 가운데 버튼** : 마우스 가운데 버튼에 줌, 초점이동, 회전 기능을 지정합니다.

화면표시 탭에서 모양 - [설정] 버튼을 누르면 [화면표시 모양] 대화상자가 실행됩니다.

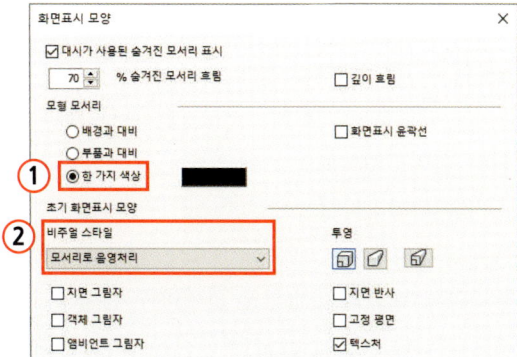

1 **모형 모서리** : 모델 색상이 달라도 항상 검은색으로 나타나도록 [한 가지 색상]을 선택합니다.
2 **비주얼 스타일** : 모델링의 음영과 모서리가 함께 표현되는 [모서리로 음영처리]를 선택합니다.

5 스케치 탭

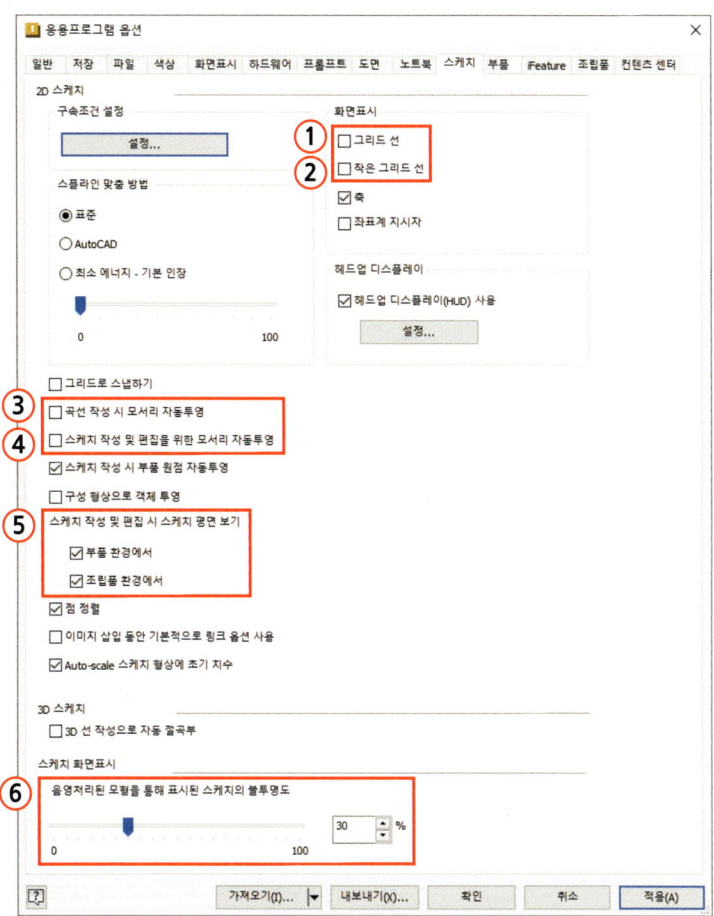

1️⃣ **그리드 선** : 스케치에서 그리드 선의 화면표시를 설정합니다. [선택 해제]

2️⃣ **작은 그리드 선** : 스케치에서 보조 또는 가는 그리드 선의 화면표시를 설정합니다. [선택 해제]

3️⃣ **곡선 작성 시 모서리 자동투영** : 기존 선을 '긁어서' 또는 기존 형상을 선택하여 현재 스케치에 투영하는 기능을 사용하는 옵션입니다. [선택 해제]

4️⃣ **스케치 작성 및 편집을 위한 모서리 자동투영** : 새 스케치를 작성할 때 선택된 면의 모서리를 스케치 평면에 참조 형상으로 자동 투영합니다. [선택 해제]

5️⃣ **스케치 작성 및 편집 시 스케치 평면 보기** : 선택한 경우 스케치 평면이 새 스케치에 대한 뷰와 평행하도록 그래픽 창 방향을 다시 선택합니다. [(부품 환경에서/조립품 환경에서) 모두 선택]

6️⃣ **스케치 화면표시** : 음영처리된 모형을 통해 표시된 스케치의 불투명도 설정은 음영처리된 모형 형상을 통해 보이는 스케치 형상의 불투명도를 제어합니다. 음영처리된 형상에서도 스케치 형상이 보이도록 [30%]로 선택합니다.

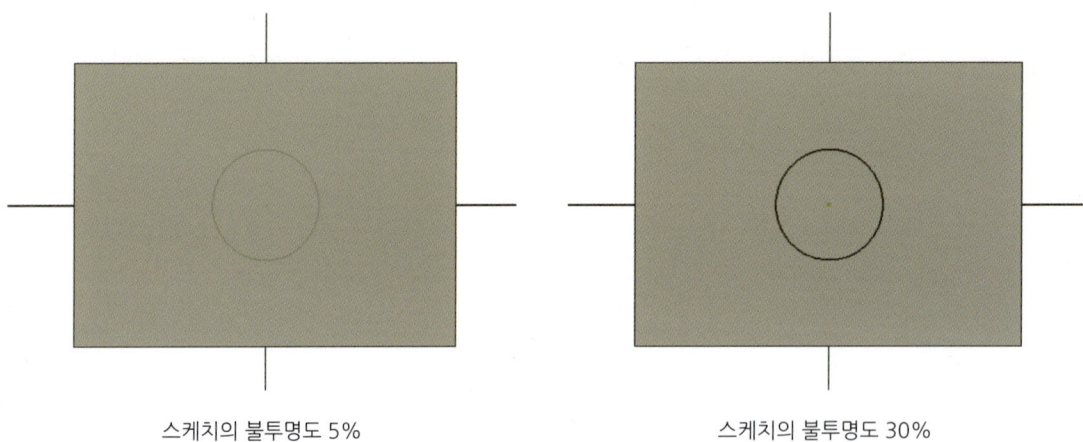

스케치의 불투명도 5% 스케치의 불투명도 30%

6 부품 탭

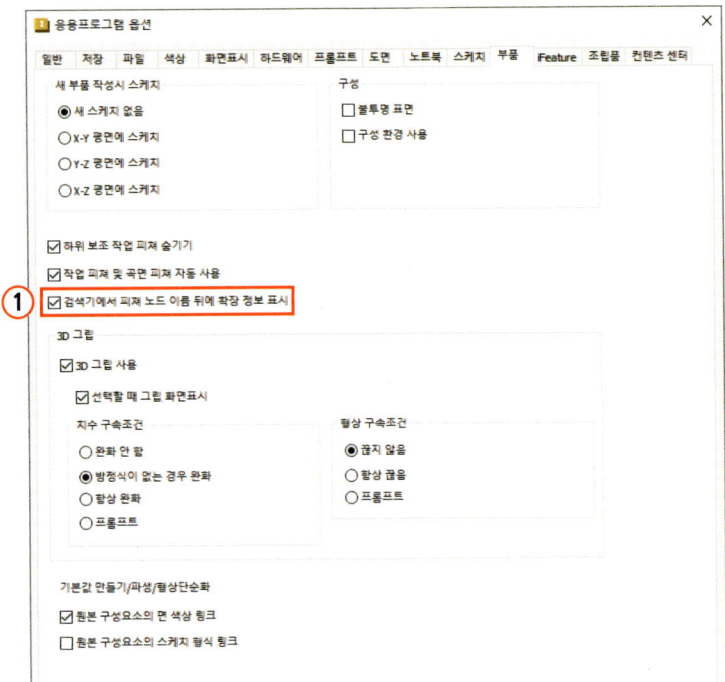

1 검색기에서 피쳐 노드 이름 뒤에 확장 정보 표시 : 검색기에서 부품 피쳐에 대한 자세한 정보를 표시합니다. [선택]

확장 정보 표시 전

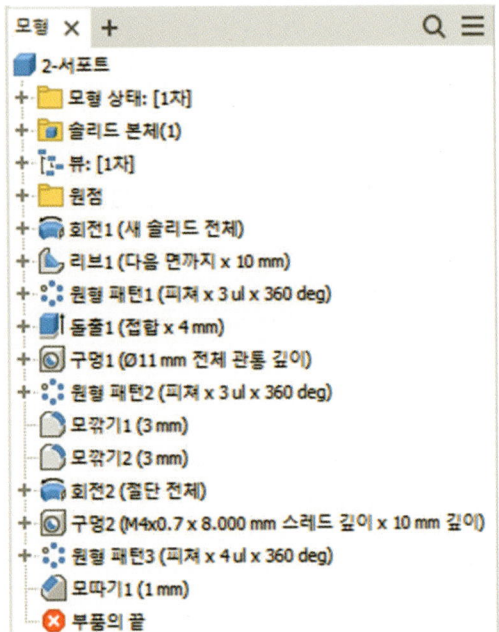
확장 정보 표시 후

7 조립품 탭

1 업데이트 연기 : 부품을 편집할 때 조립품 업데이트에 대한 기본 설정을 합니다. 이 옵션을 선택 해제하면 부품을 편집 후 자동으로 조립품이 업데이트됩니다.

2 관계 음성 알림 : 부품과 부품에 구속이 추가될 때 음성이 재생됩니다. [선택 해제]

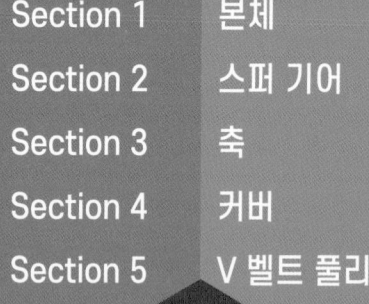

Section 1	본체	36
Section 2	스퍼 기어	49
Section 3	축	57
Section 4	커버	66
Section 5	V 벨트 풀리	72

CHAPTER.02

동력전달장치 3D 모델링

● 동력전달장치 문제도

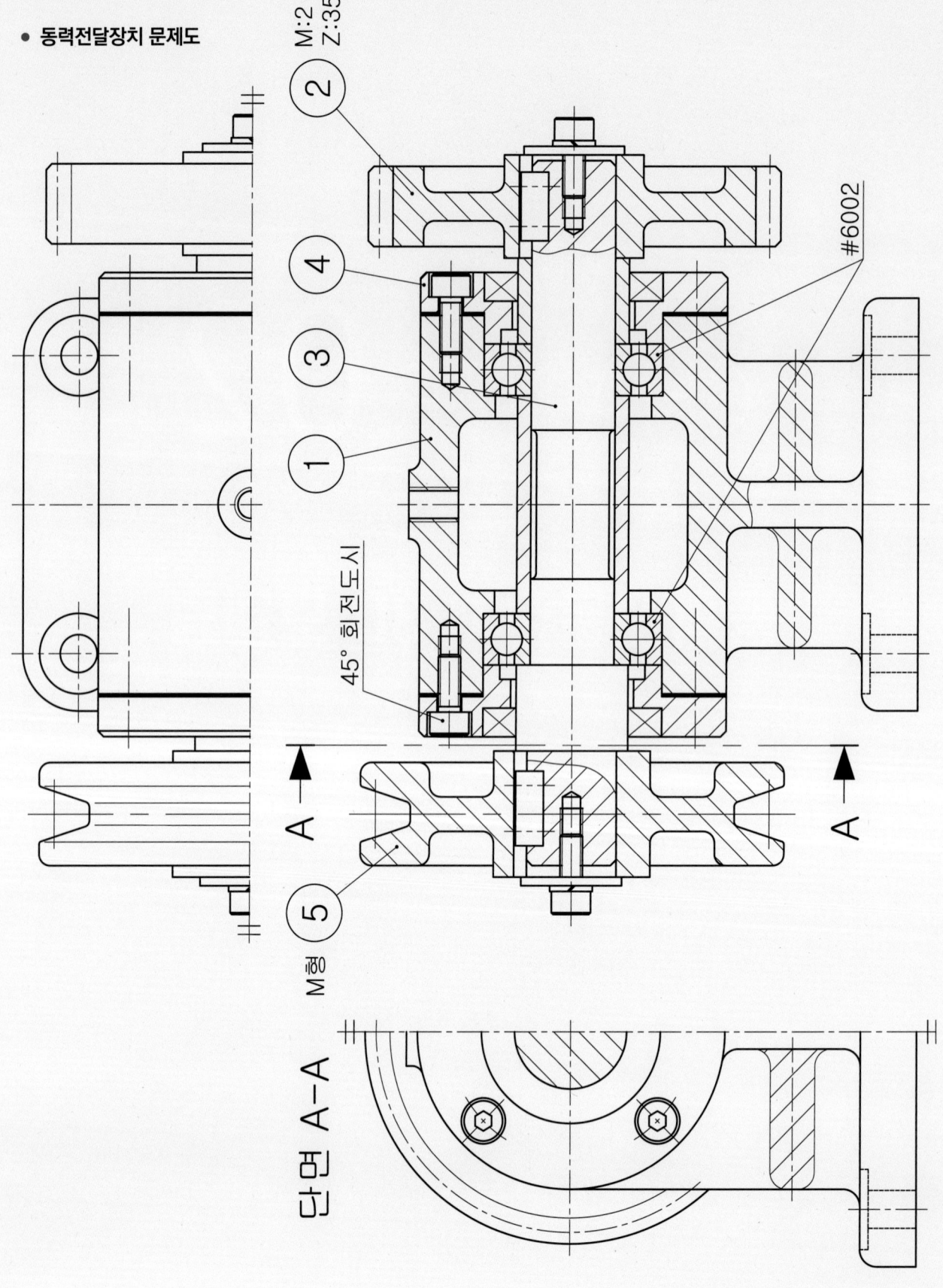

- **동력전달장치 3D 조립도**

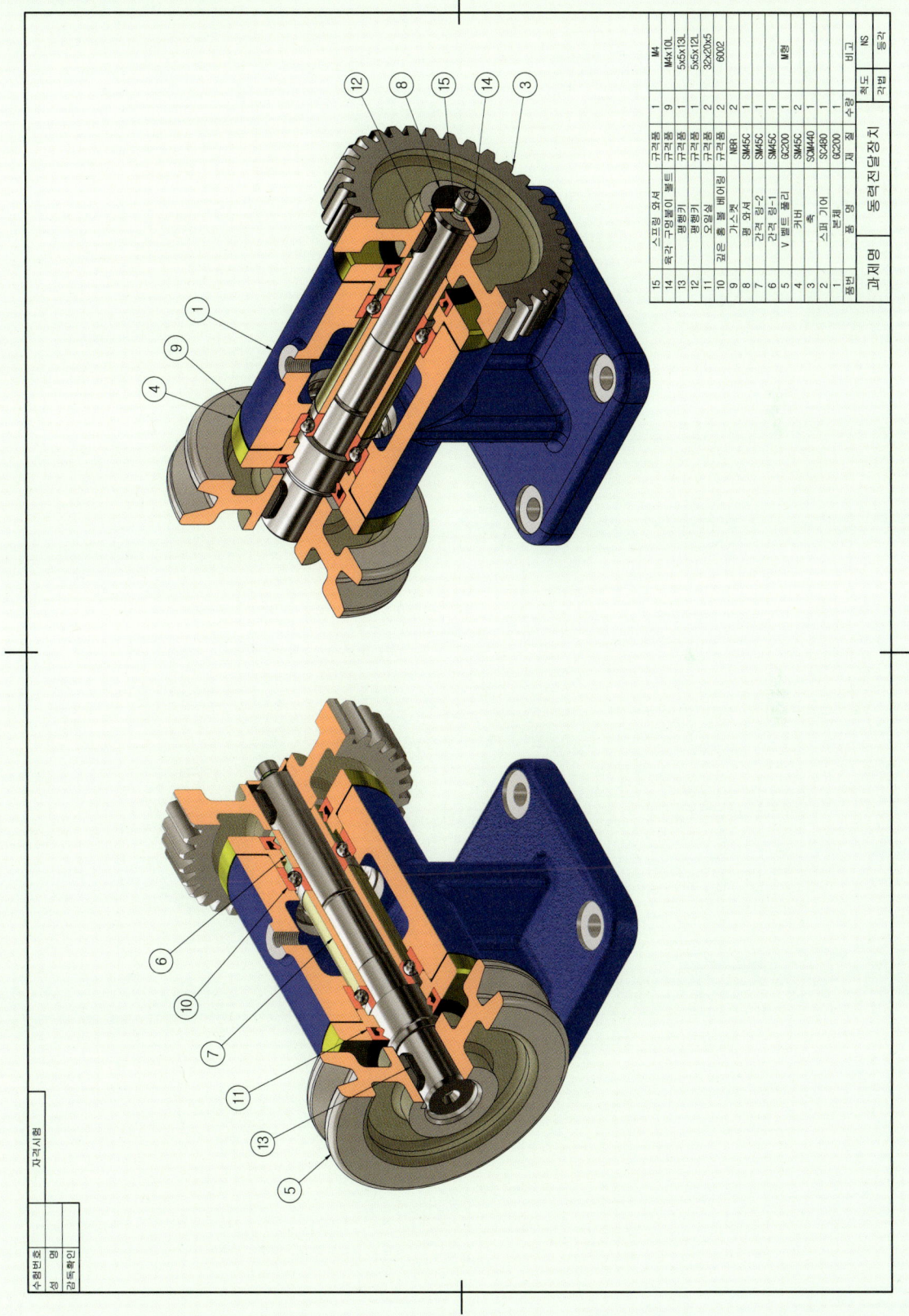

SECTION 01 본체

01 부품도

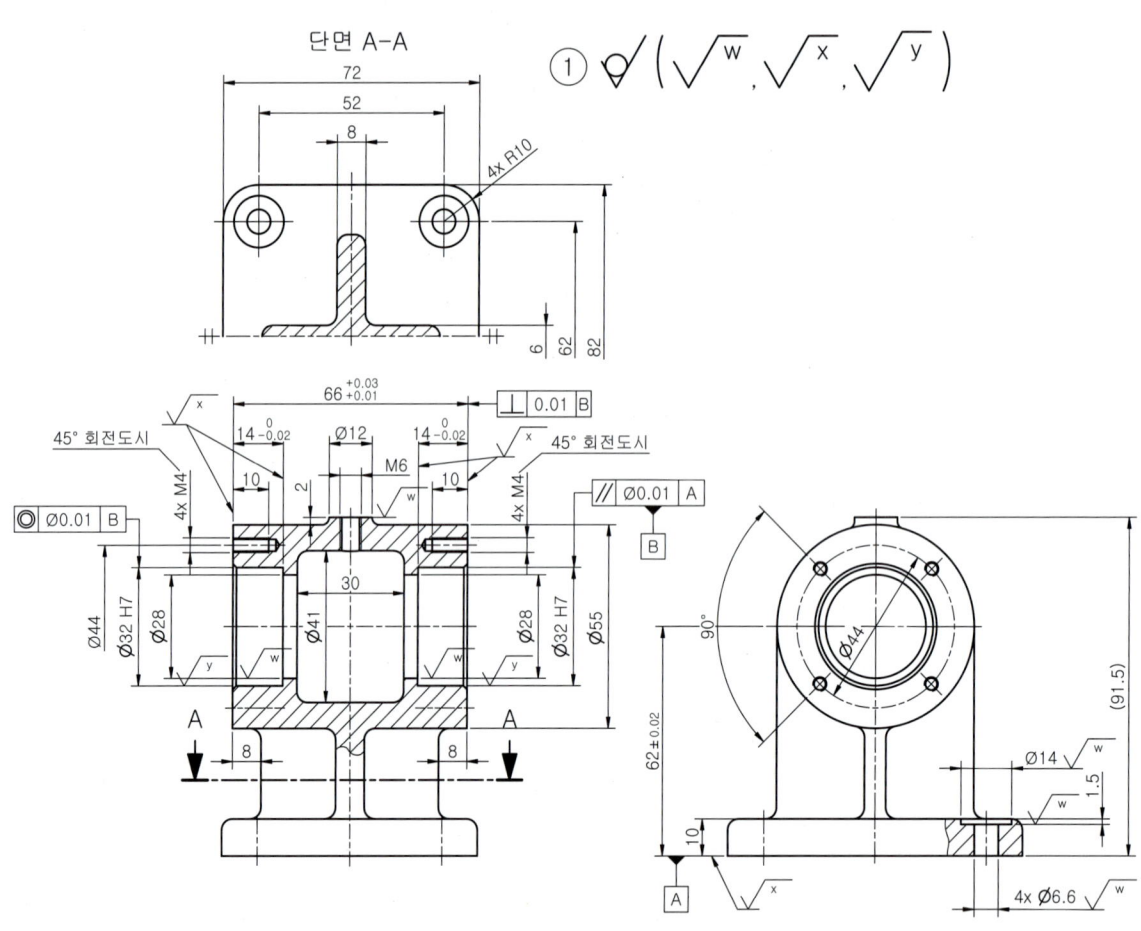

02 참고 KS 규격

1 깊은 홈 볼 베어링

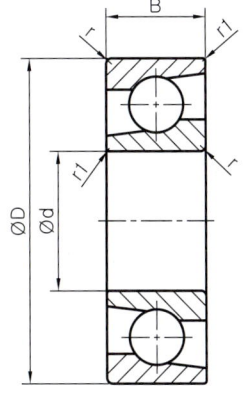

호칭 번호 (60계열)	치수			
	d	D	B	r
6000	10	26	8	0.3
6001	12	28		
6002	15	32	9	
6003	17	35	10	
6004	20	42	12	0.6
6005	25	47		
6006	30	55	13	1
6007	35	62	14	
6008	40	68	15	

03 3D 모델링 작업

01 YZ 평면(뷰큐브 방향 : 우측면도)에 예제 도면의 우측면도 형상 및 치수를 참고하여 스케치를 작성합니다.

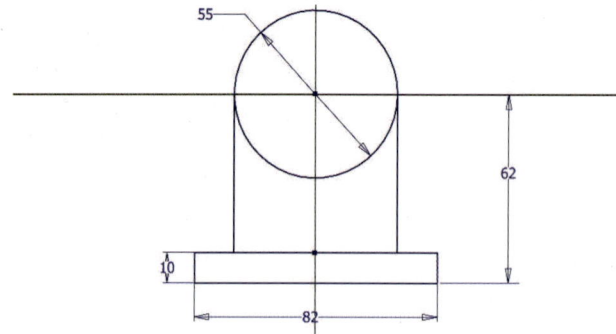

02 [돌출] 명령을 실행하고 방향과 거리를 입력하여 형상을 작성합니다.

· 방향 : 대칭 / · 거리 : 66mm / · 출력 : 솔리드1

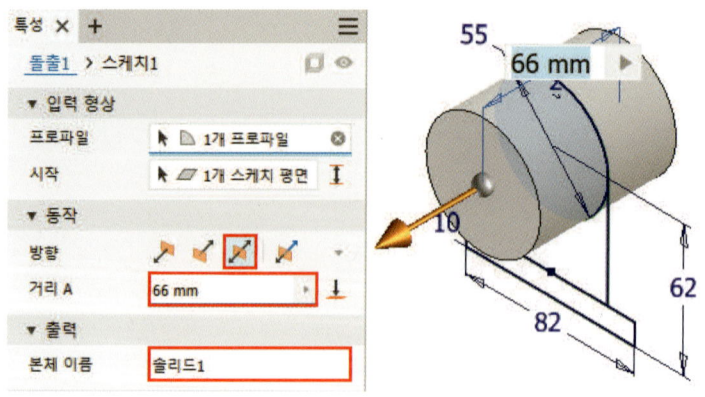

03 스케치1을 마우스 우측 버튼으로 클릭하여 [스케치 공유]를 선택합니다.

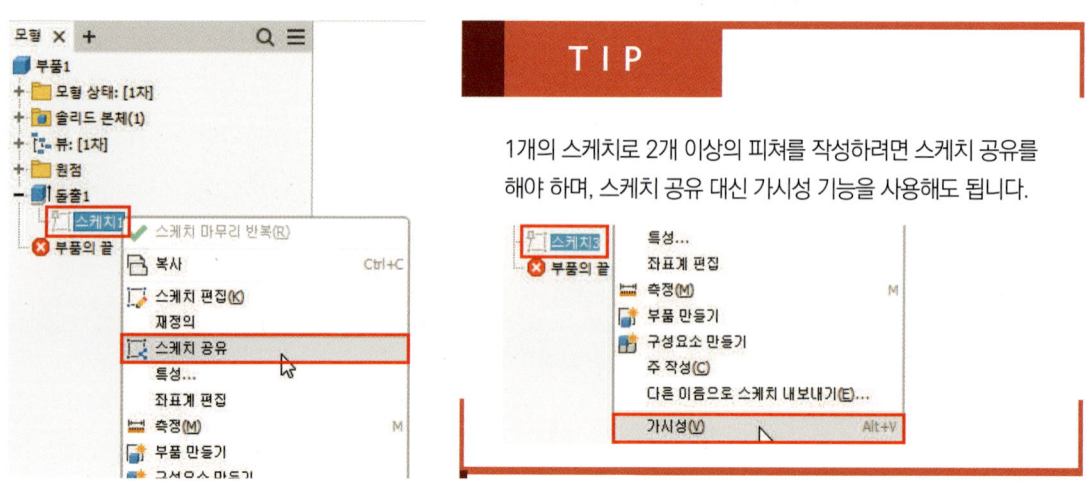

TIP

1개의 스케치로 2개 이상의 피쳐를 작성하려면 스케치 공유를 해야 하며, 스케치 공유 대신 가시성 기능을 사용해도 됩니다.

04 [돌출] 명령을 실행하고 방향, 거리, 출력을 입력하여 형상을 작성합니다.

· 방향 : 대칭 / · 거리 : 72mm / · 출력 : 접합

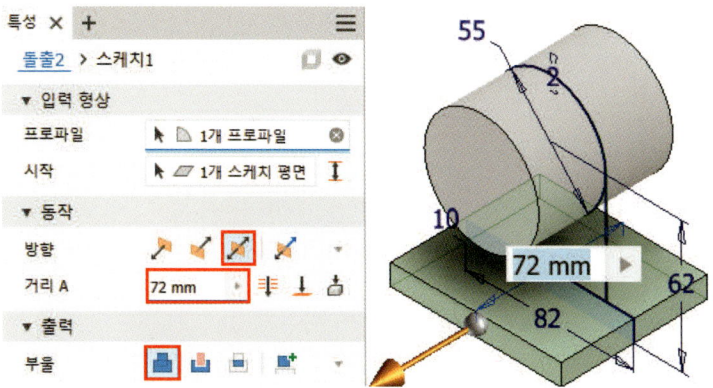

05 [돌출] 명령을 실행하고 방향, 거리, 출력을 입력하여 형상을 작성합니다.

· 방향 : 대칭 / · 거리 : 8mm / · 출력 : 접합

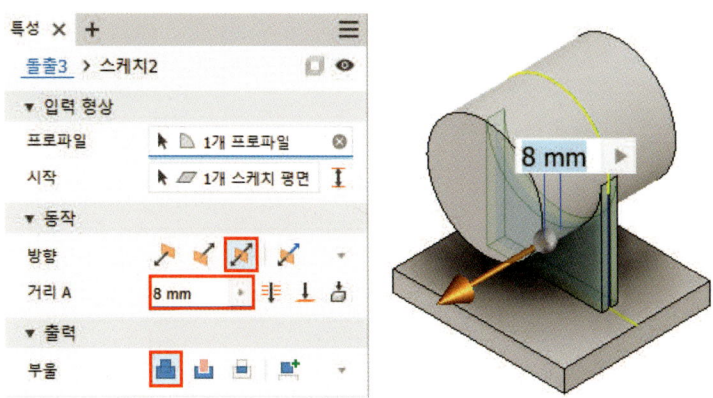

06 XZ 평면에 아래 이미지를 참고하여 스케치를 작성합니다.

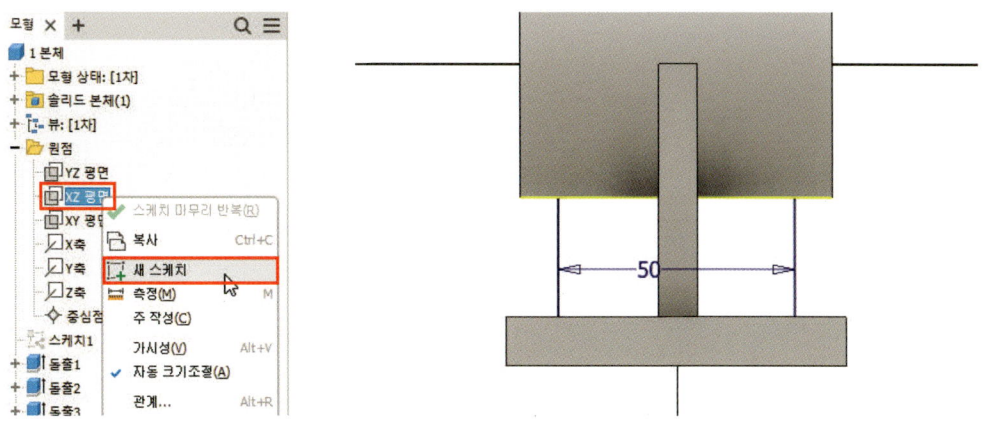

CHAPTER 2 동력전달장치 3D 모델링   39

07 [리브] 명령을 실행하고 옵션 및 두께를 입력하여 양쪽 리브 형상을 각각 작성합니다.

· 돌출 방향 : 스케치 평면에 평행 / · 방향 : 대칭 / · 두께 : 6mm / · 깊이 : 다음 면까지

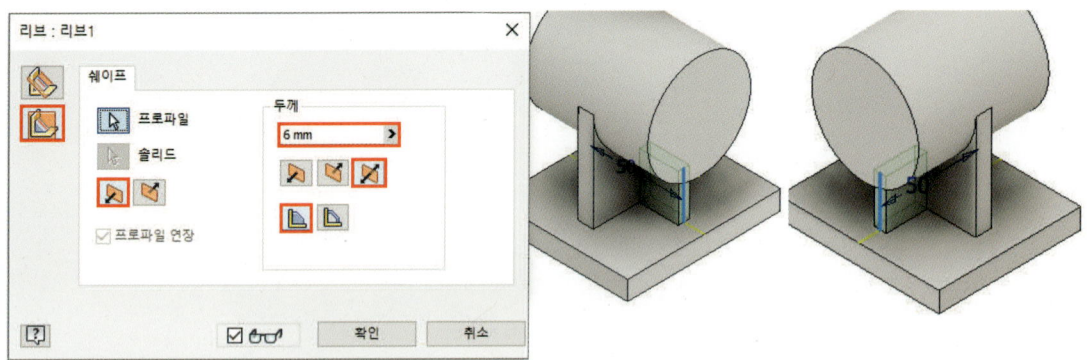

08 XZ 평면에 본체 내부 치수를 확인하여 스케치를 작성합니다.

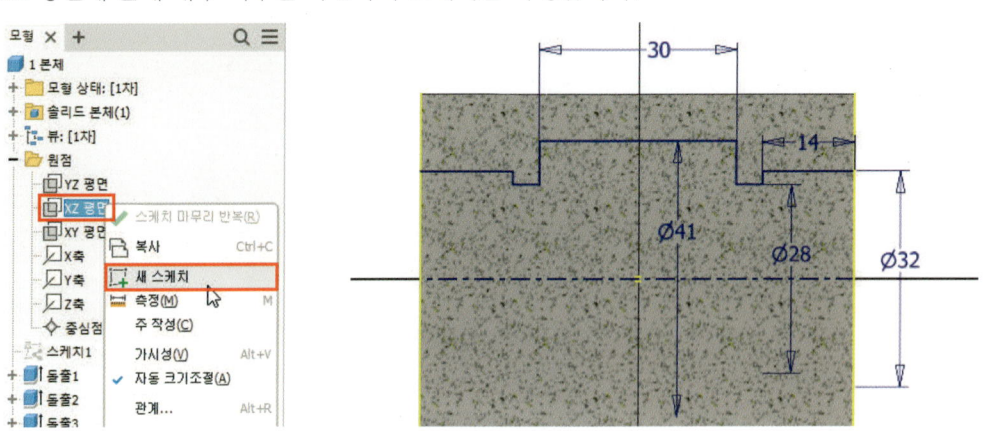

09 [회전] 명령을 실행하고 프로파일과 축을 선택하여 형상을 제거합니다.

· 방향 : 기본값 / · 각도 : 전체 / · 출력 : 절단

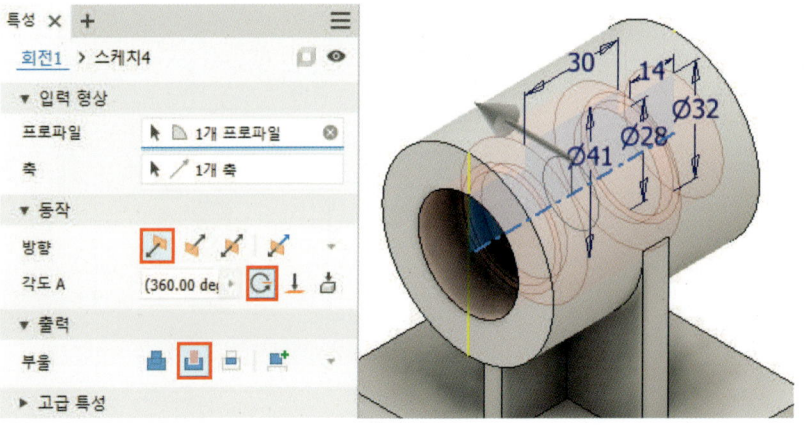

10 [모깎기] 명령을 실행하고 2개의 모서리에 3mm 모깎기를 작성합니다.

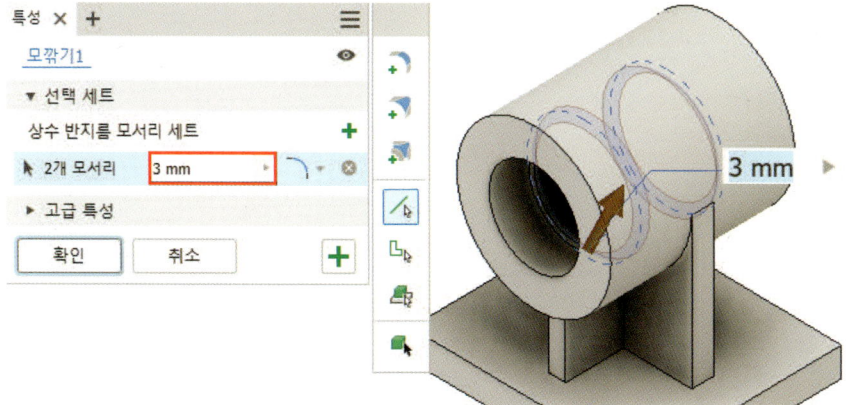

11 [모깎기] 명령을 실행하고 8개의 모서리에 3mm 모깎기를 작성합니다.

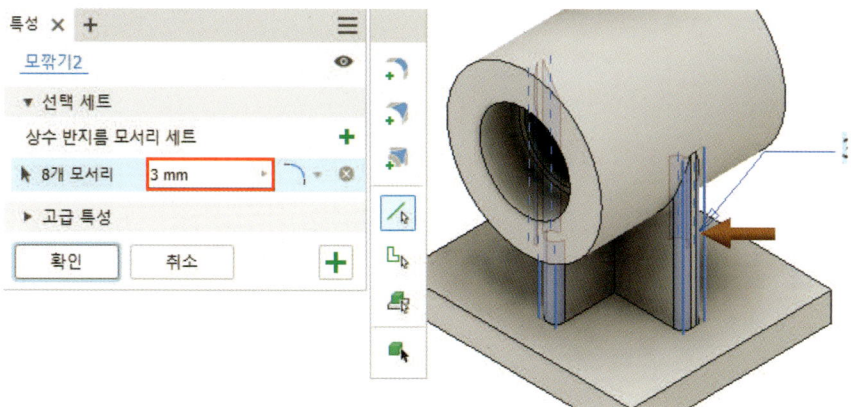

12 [모깎기] 명령을 실행하고 4개의 모서리에 10mm 모깎기를 작성합니다.

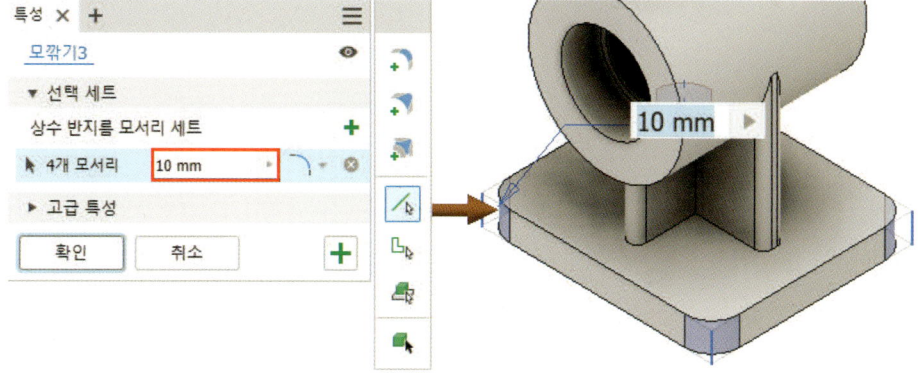

13 [모깎기] 명령을 실행하고 접선으로 연결된 3곳의 모서리에 3mm 모깎기를 작성합니다.

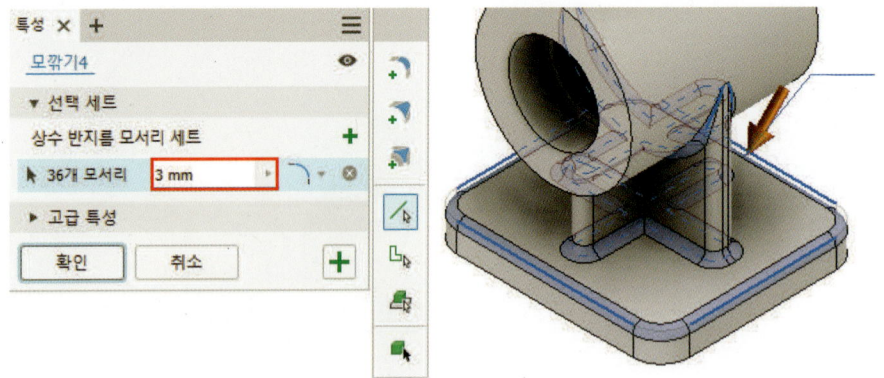

14 본체 베이스 윗면에 아래 이미지를 참고하여 스폿 페이스 구멍 위치에 대한 스케치를 작성합니다.

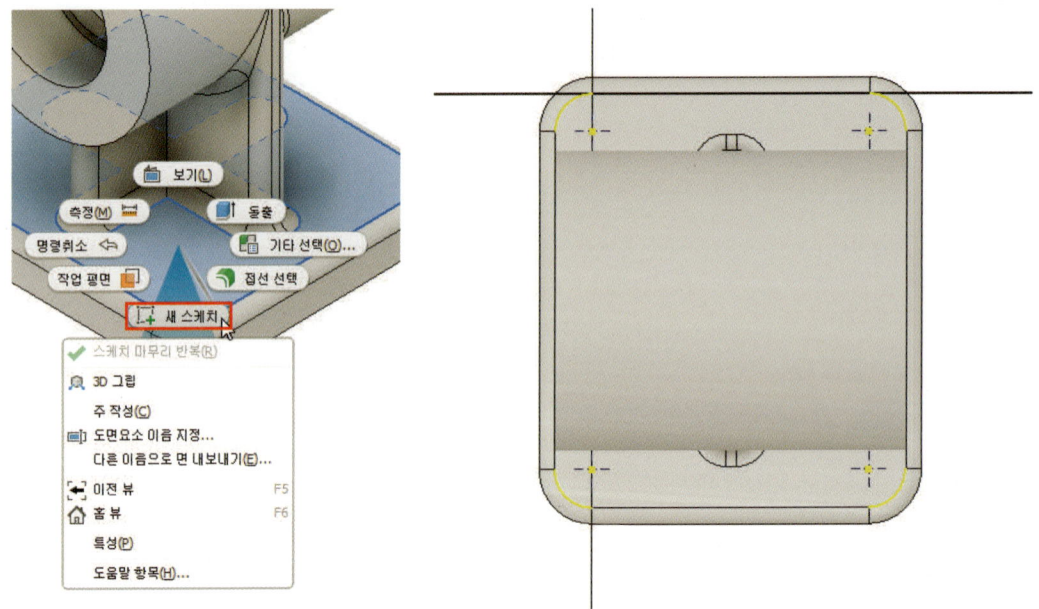

15 [구멍] 명령을 실행하고 유형 및 크기를 입력하여 스폿 페이스 구멍을 작성합니다.

· 구멍 유형 : 단순 구멍 / · 시트 : 접촉 공간 / · 종료 : 전체 관통 / · 방향 : 기본값
· 스폿 페이스 지름 : 14mm / · 스폿 페이스 깊이 : 1.5mm / · 구멍 지름 : 6.6mm

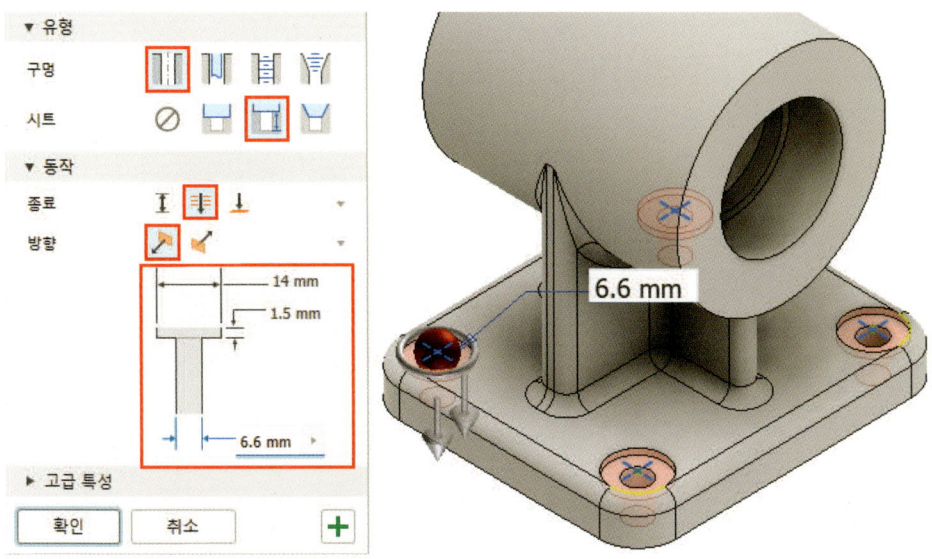

16 본체 측면에 아래 이미지를 참고하여 탭 구멍 위치에 대한 스케치를 작성합니다.

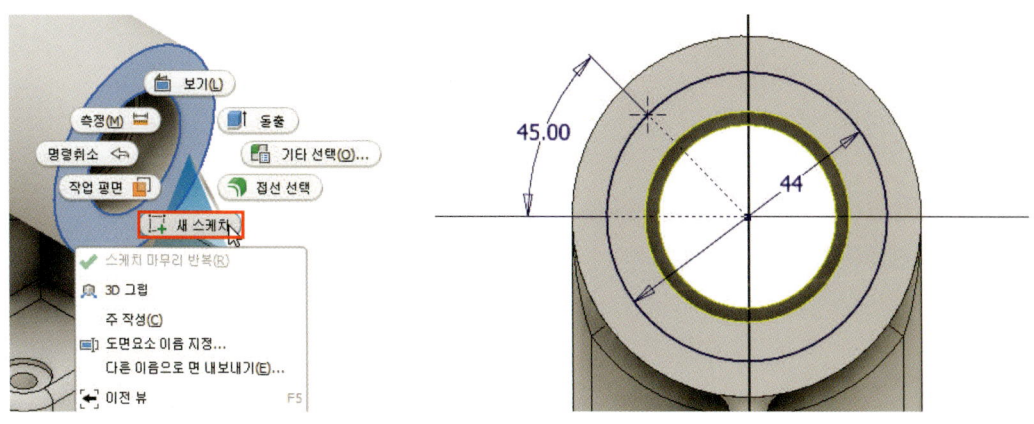

17 [구멍] 명령을 실행하고 유형 및 크기를 입력하여 탭 구멍을 작성합니다.

· 구멍 유형 : 탭 구멍 / · 시트 : 없음 / · 유형 : ISO Metric profile / · 크기 : 4 / · 지정 : M4x0.7
· 종료 : 거리 / · 방향 : 기본값 / · 스레드 깊이 : 10mm / · 구멍 깊이 : 12mm

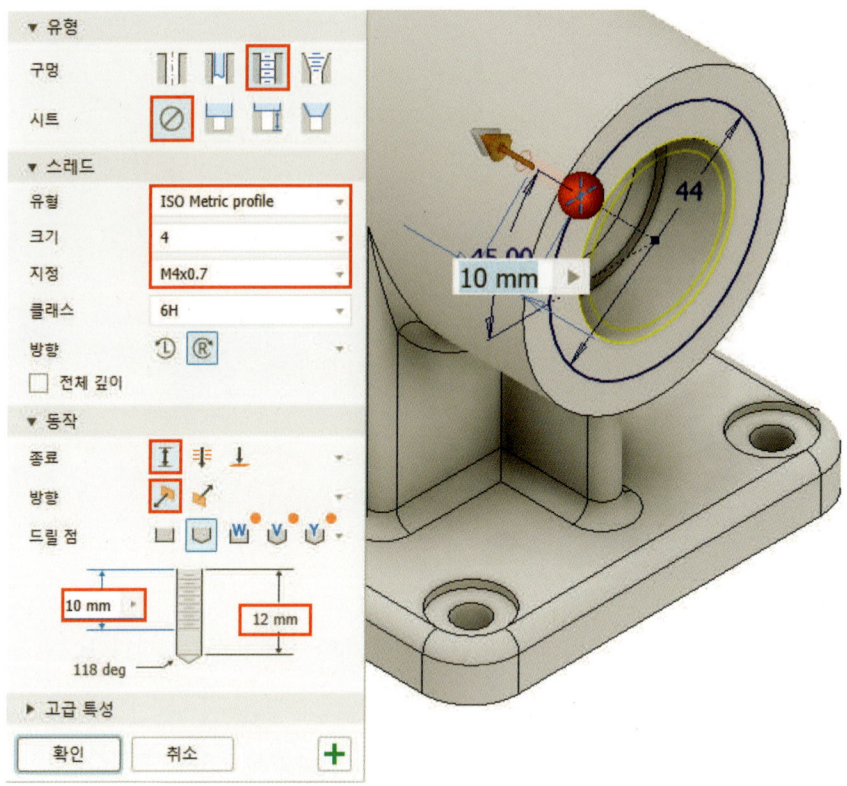

18 [원형 패턴] 명령을 실행하고 구멍 피처와 회전축을 선택해 탭 구멍을 패턴합니다.

· 피처 유형 : 개별 피처 패턴 / · 수량 : 4개 / · 각도 : 360도

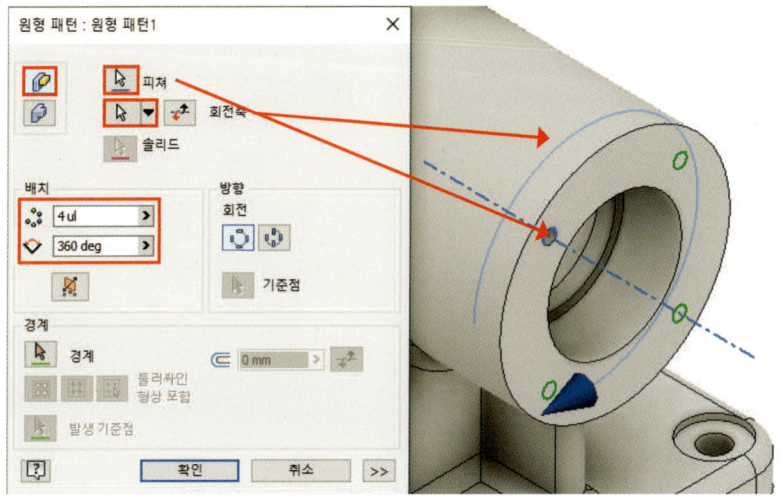

19 [미러] 명령을 실행하고 탭 구멍 피쳐 및 미러 평면을 선택하여 반대면에도 탭 구멍을 작성합니다.

· 피쳐 유형 : 개별 피쳐 미러 / · 미러 평면 : YZ 평면

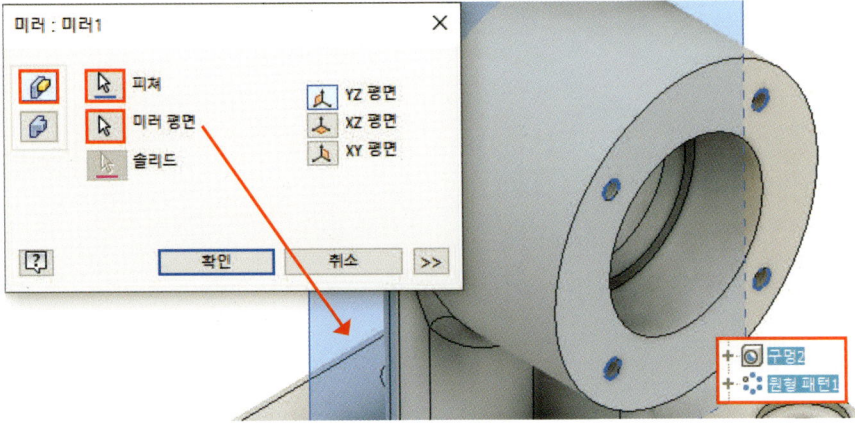

20 [모따기] 명령을 실행하고 2개의 모서리에 1mm 모따기를 작성합니다.

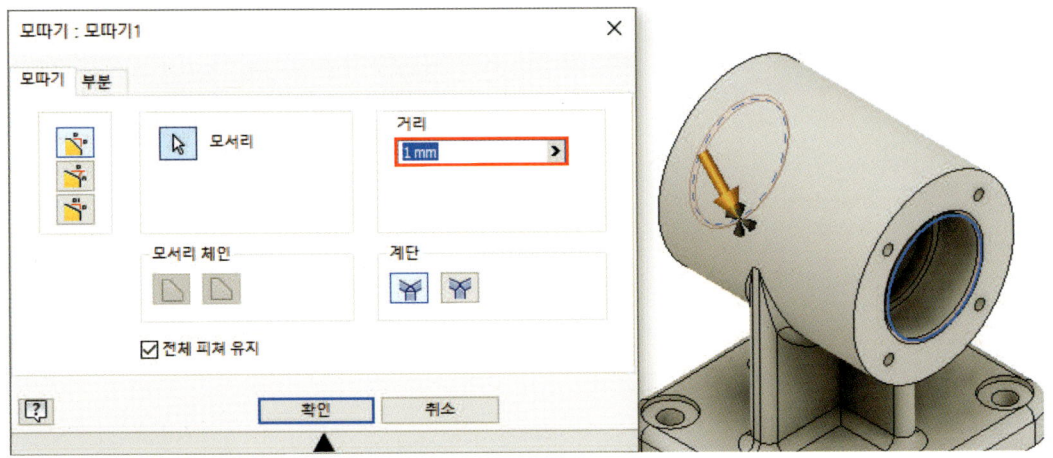

21 [스케치1]을 마우스 우측 버튼으로 클릭하여 스케치를 편집합니다.

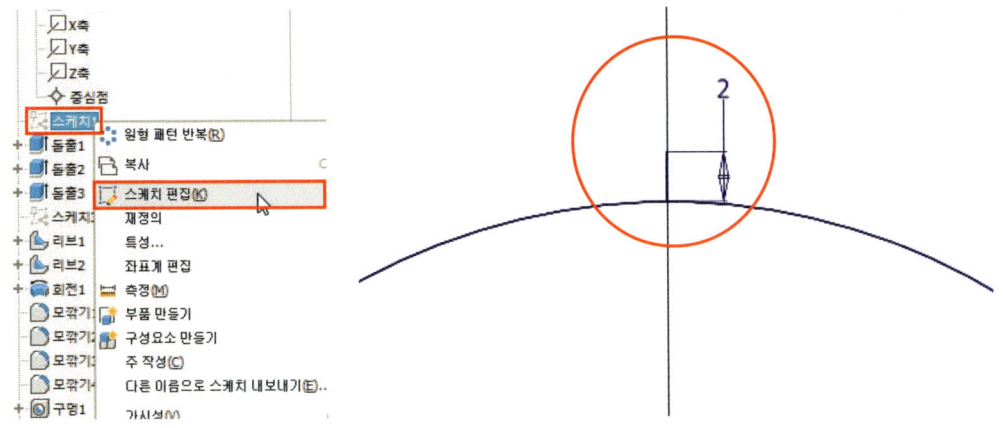

22 [스케치1]의 가시성을 켠 후 [점을 통과하여 축에 수직] 명령으로 작업 평면을 작성합니다.

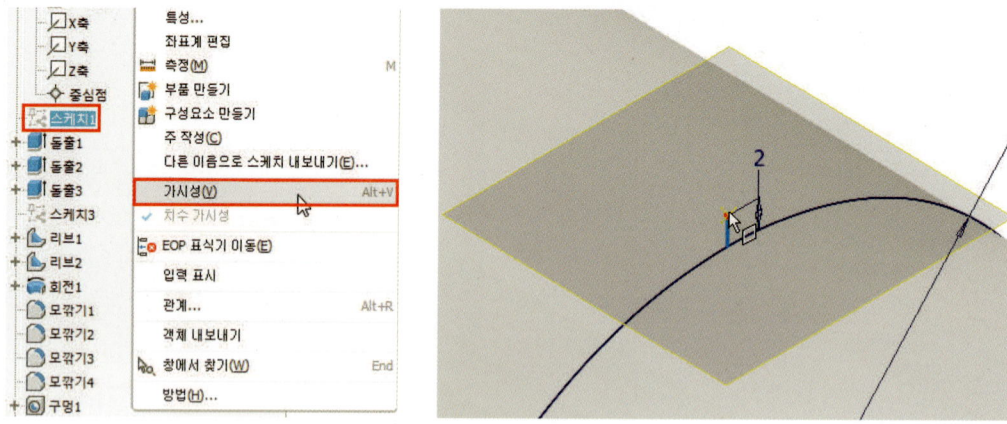

23 작성한 작업 평면에 아래 이미지를 참고하여 스케치를 작성합니다.

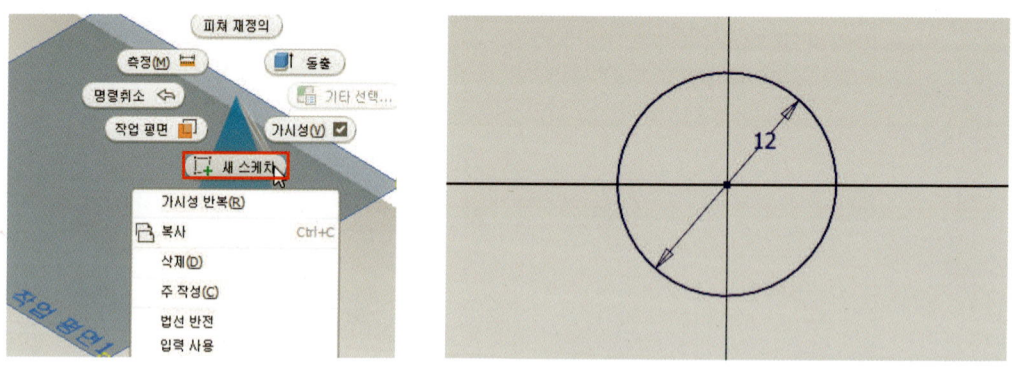

24 [돌출] 명령을 실행하고 방향, 거리, 출력을 입력하여 형상을 작성합니다.
· 방향 : 반전 / · 거리 : 다음까지 / · 출력 : 접합

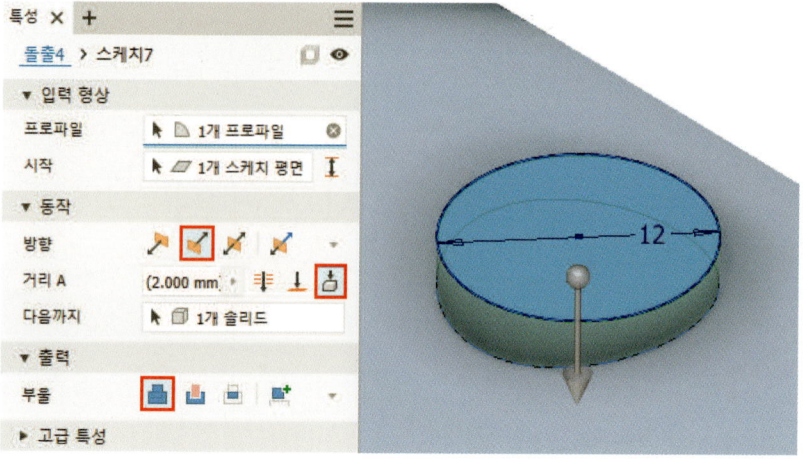

25 생성한 피쳐 윗면에 아래 이미지를 참고하여 탭 구멍의 위치에 대한 스케치를 작성합니다.

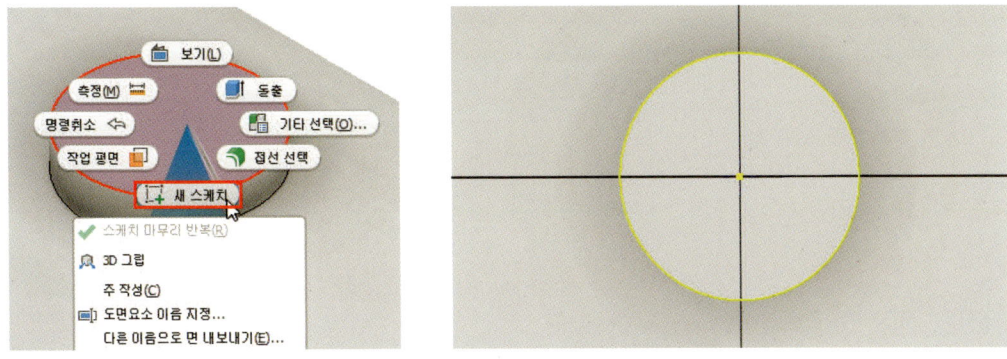

26 [구멍] 명령을 실행하고 유형 및 크기를 입력하여 탭 구멍을 작성합니다.

· 구멍 유형 : 탭 구멍 / · 시트 : 없음 / · 유형 : ISO Metric profile / · 크기 : 6 / · 지정 : M6x1

· 전체 깊이 : 체크 / · 종료 : 끝

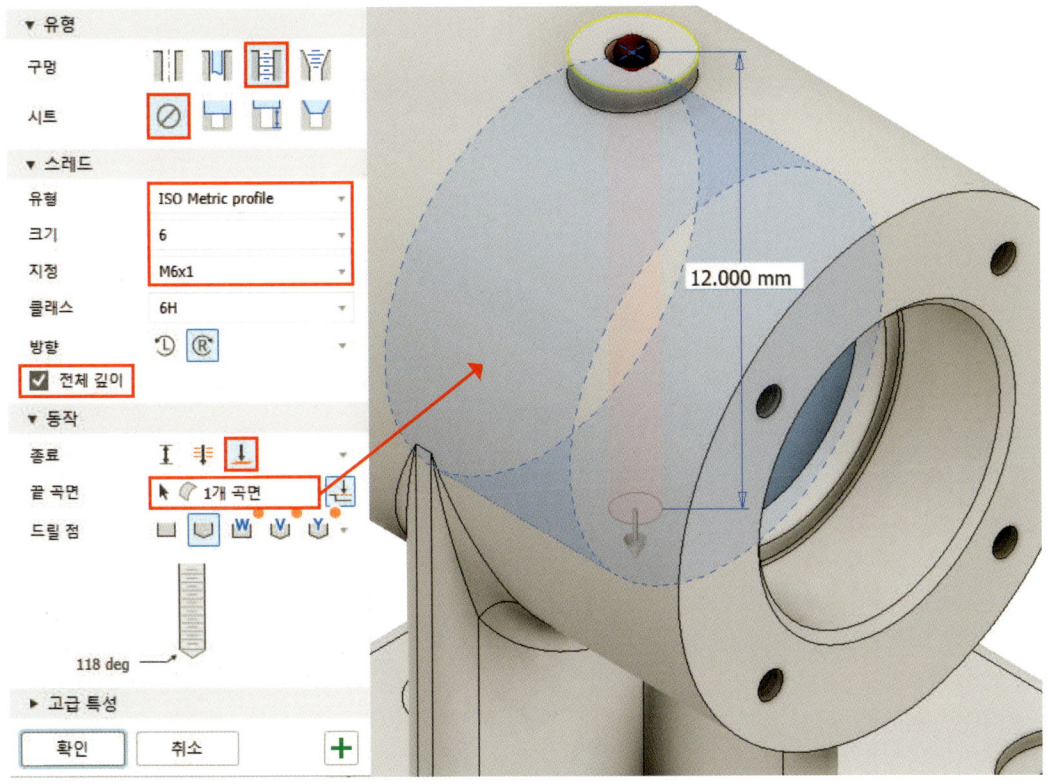

27 [모깎기] 명령을 실행하고 1개의 모서리에 2mm 모깎기를 작성하여 본체 모델링을 완료합니다.

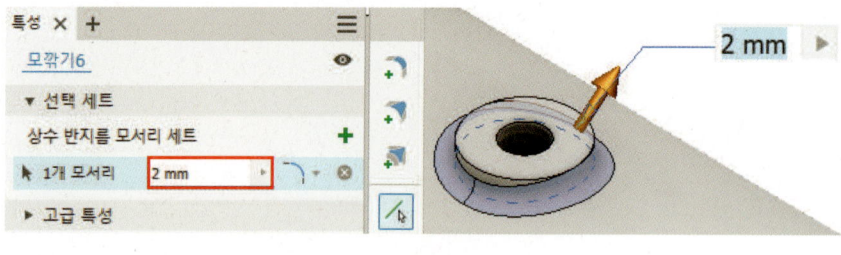

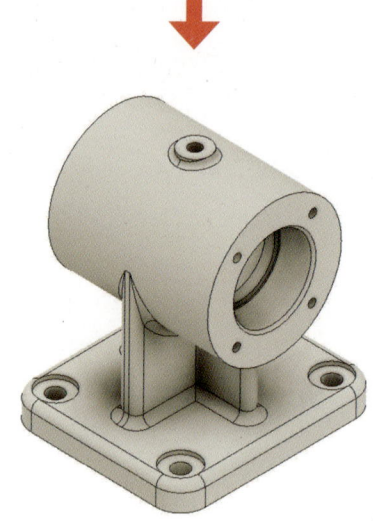

SECTION 02

스퍼 기어

01 부품도

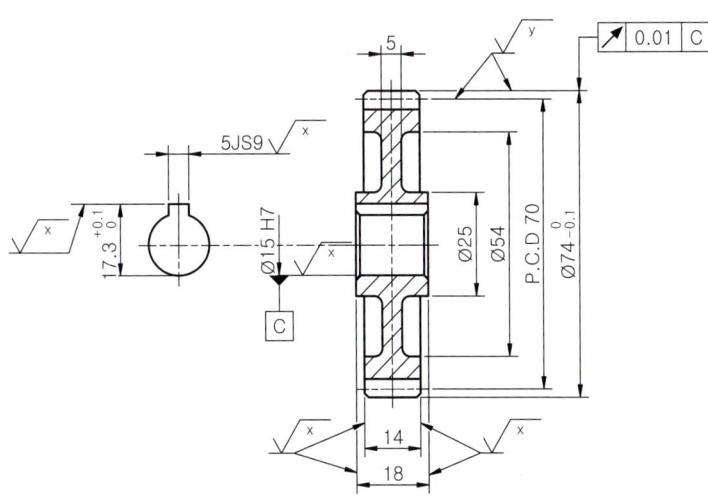

스퍼기어 요목표		
구분	품번	2
기어치형		표준
공구	모듈	2
	치형	보통이
	압력각	20°
전체 이 높이		4.5
피치원 지름		Ø70
잇 수		35
다듬질 방법		호브절삭
정밀도		KS B ISO 1328-1, 4급

02 참고 KS 규격

1 평행 키 (키 홈)

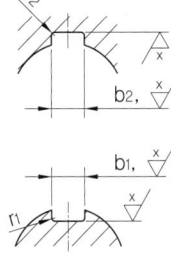
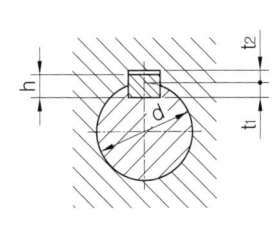

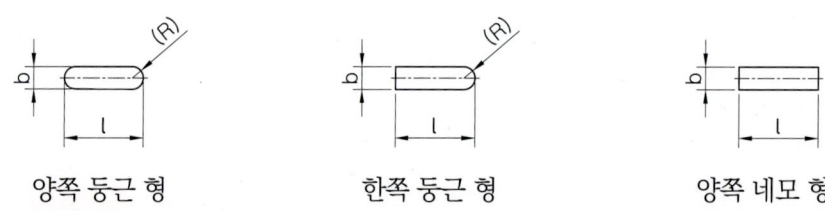

| 양쪽 둥근 형 | 한쪽 둥근 형 | 양쪽 네모 형 |

키 홈의 치수								적용하는 축 지름 d
b_1 및 b_2의 기준 치수	활동형		보통형		t_1의 기준 치수	t_2의 기준 치수	t_1 및 t_2의 허용차	(초과~이하)
	b_1 허용차	b_2 허용차	b_1 허용차	b_2 허용차				
2	H9	D10	N9	JS9	1.2	1.0	+0.1 0	6~8
3					1.8	1.4		8~10
4					2.5	1.8		10~12
5					3.0	2.3		12~17
6					3.5	2.8		17~22

03 3D 모델링 작업

01 XZ 평면(뷰큐브 방향 : 정면도)에 예제 도면의 정면도 형상 및 치수를 참고하여 스케치를 작성합니다.

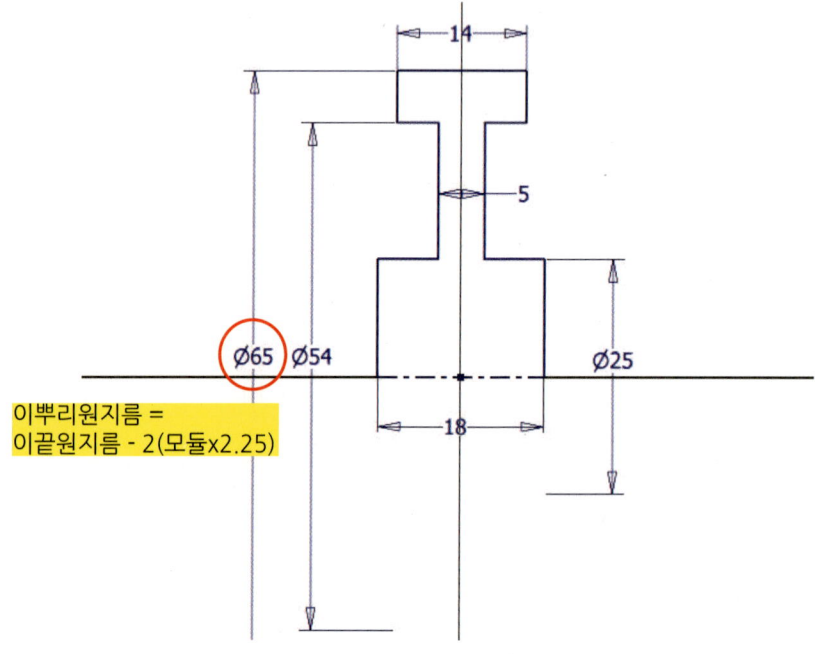

이뿌리원지름 = 이끝원지름 - 2(모듈x2.25)

02 [회전] 명령을 실행하고 프로파일과 축을 선택하여 형상을 작성합니다.

· 방향 : 기본 값(기본 방향) / · 각도 : 전체 / · 출력 : 솔리드1

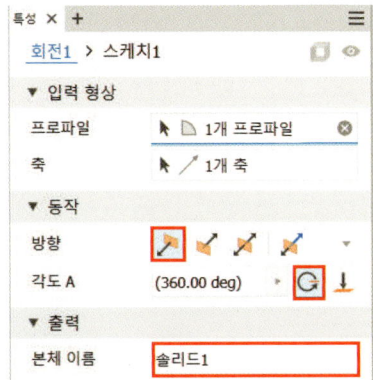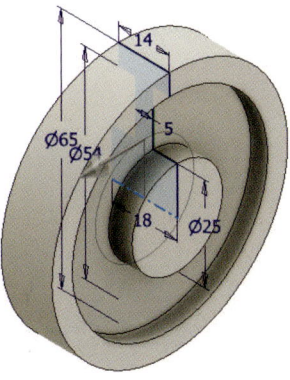

03 선택한 평면에 아래 이미지를 참고하여 기어 이 형상을 작성합니다.

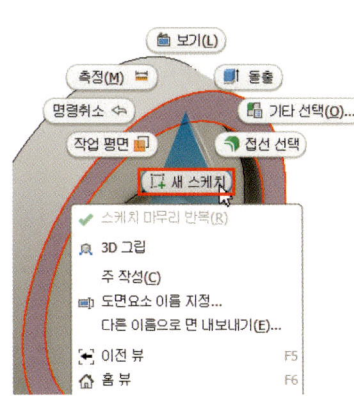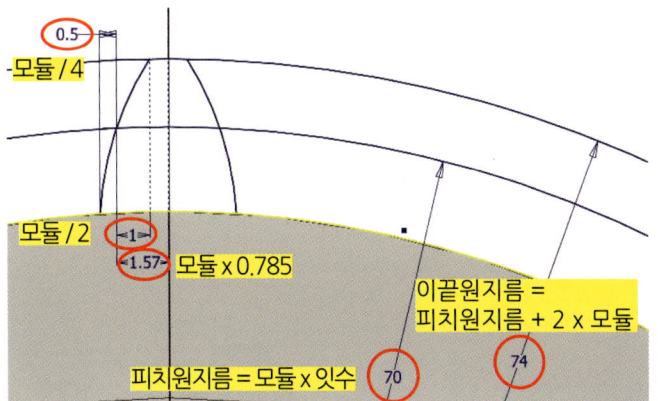

04 [돌출] 명령을 실행하고 방향, 거리, 출력을 입력하여 형상을 작성합니다.

· 방향 : 반전 / · 거리 : 끝 / · 출력 : 접합

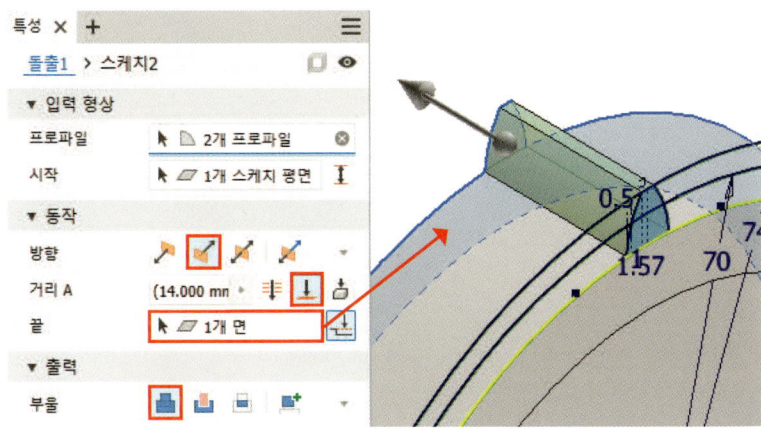

05 [모따기] 명령을 실행하고 2개의 모서리에 1mm 모따기를 작성합니다.

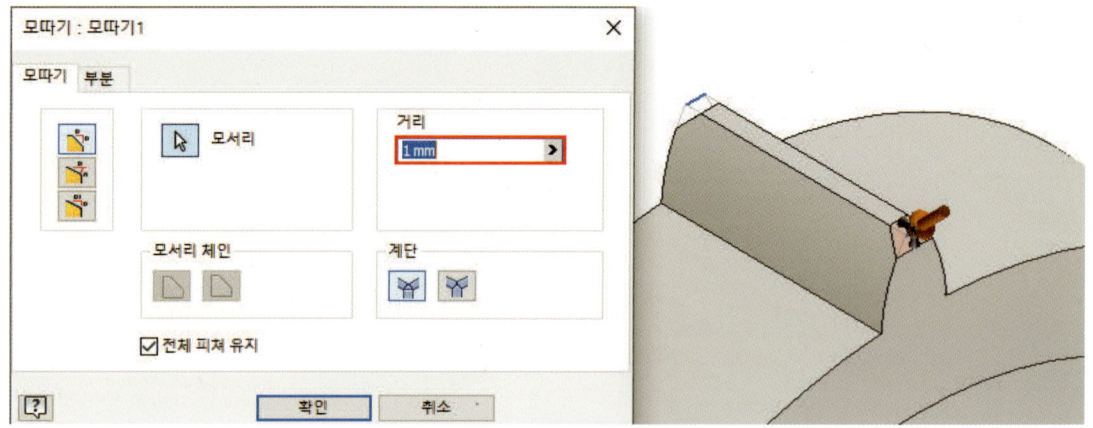

06 [모깎기] 명령을 실행하고 2개의 모서리에 0.5mm 모깎기를 작성합니다.

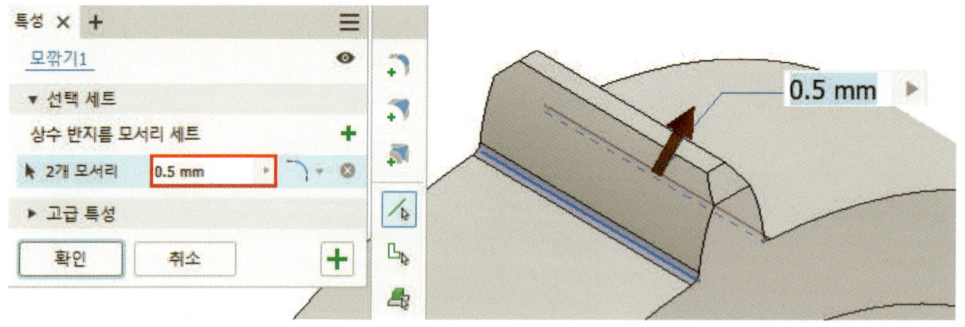

07 [원형 패턴] 명령을 실행하고 기어 이에 해당하는 피쳐와 회전축을 지정한 다음 개수(수량)를 입력합니다.

· 피쳐 유형 : 개별 피쳐 패턴 / · 수량 : 35개 / · 각도 : 360도

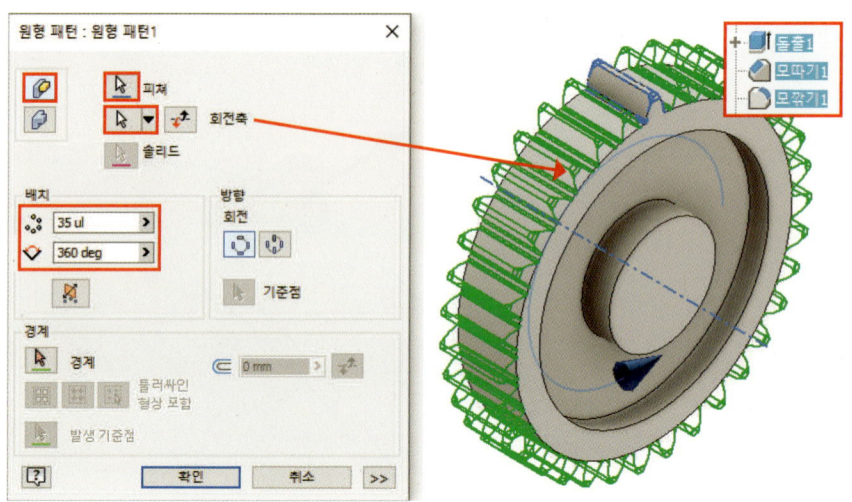

08 스퍼 기어 측면에 구멍과 키홈을 생성하기 위한 스케치를 작성합니다.

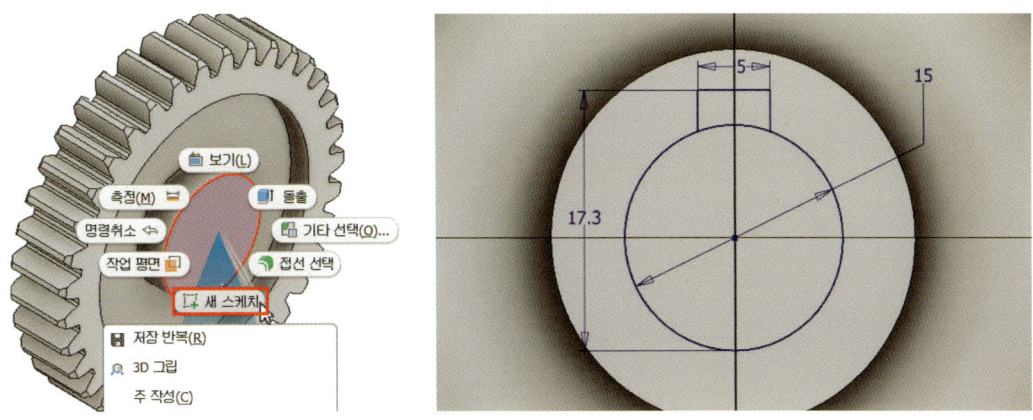

09 [돌출] 명령을 실행하고 방향, 거리, 출력을 지정하여 형상을 제거합니다.

· 방향 : 반전 / · 거리 : 전체 관통 / · 출력 : 절단

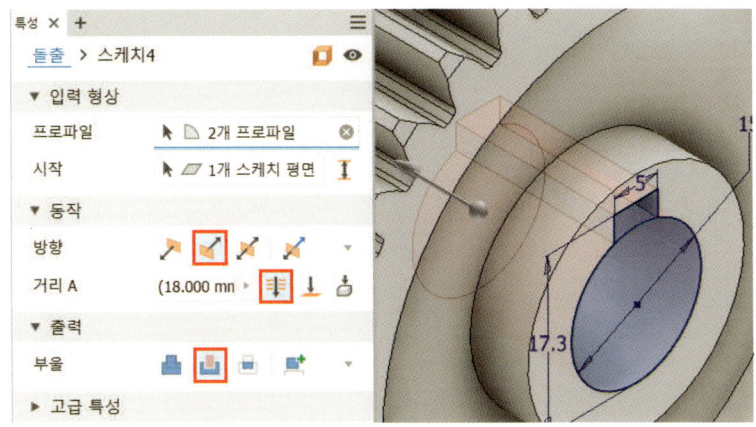

10 [모따기] 명령을 실행하고 2개의 모서리에 1mm 모따기를 작성합니다.

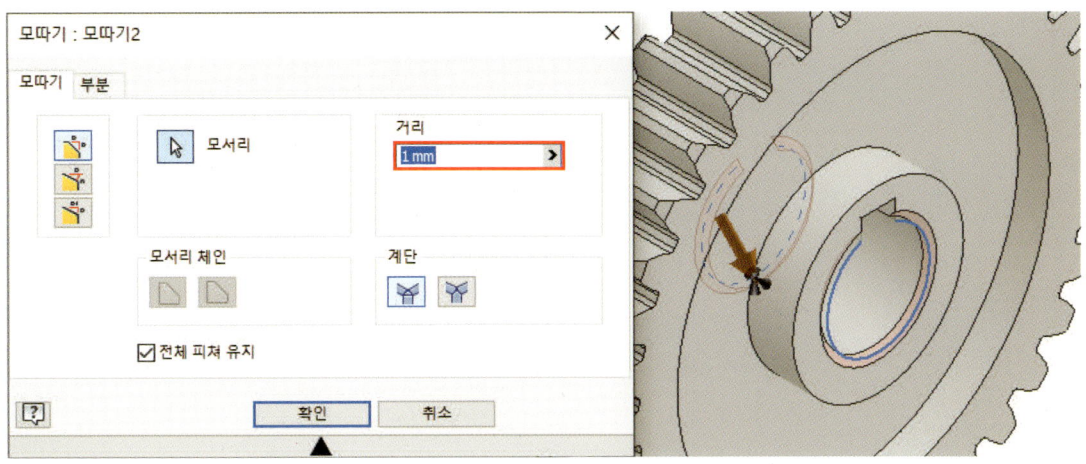

11 [모깎기] 명령을 실행하고 4개의 모서리에 2mm 모깎기를 작성하여 스퍼 기어 모델링을 완료합니다.

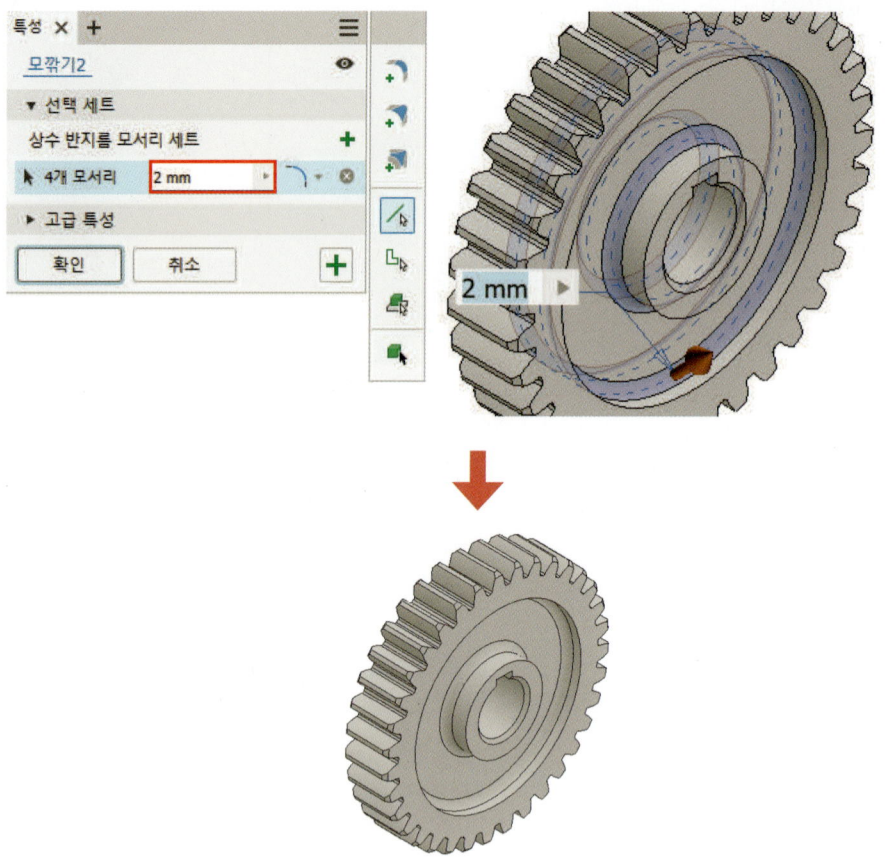

04 기어 제너레이터(설계 가속기) 활용 모델링 작업

01 새 조립품 문서를 열고 [조립] 탭 - [작성] 명령을 실행하여 내부 구성요소를 작성한 다음 기준 피쳐에 대한 스케치 평면으로 작업 공간의 임의의 위치를 클릭합니다.

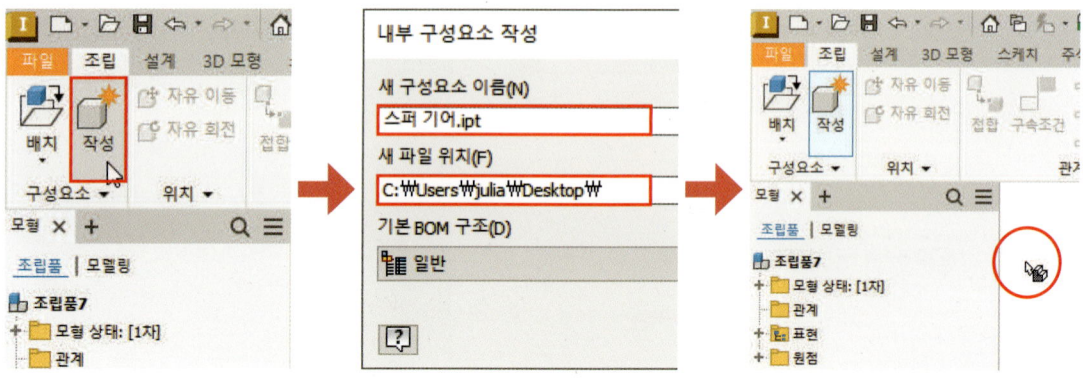

02 XY 평면에 본체 이끝원 스케치를 작성합니다.

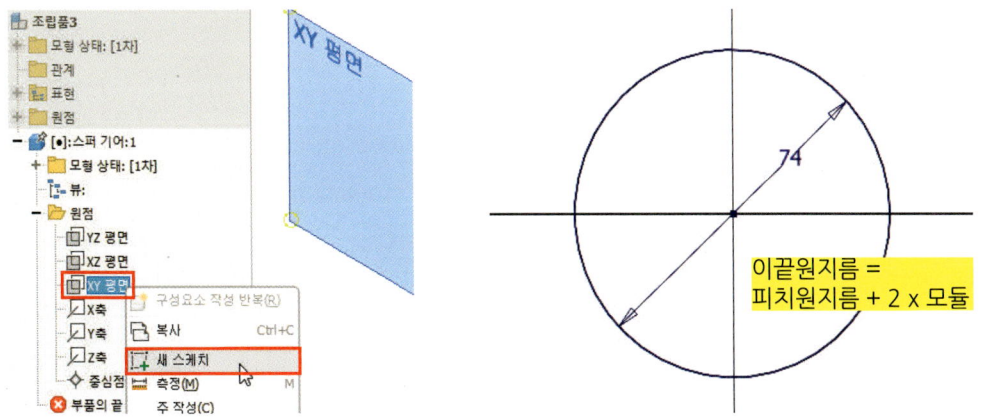

03 [돌출] 명령을 실행하고 방향과 거리(이나비)를 입력하여 형상을 작성합니다.

· 방향 : 기본값 / · 거리 : 14mm / · 출력 : 솔리드1

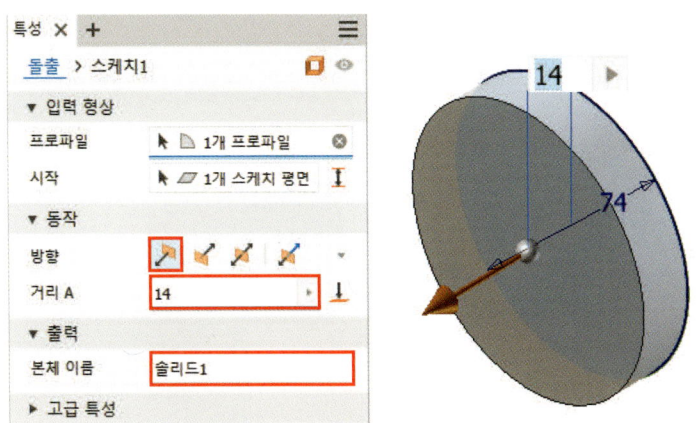

04 2개의 모서리에 1mm 모따기를 작성하고 [3D 모형] 탭 - [복귀] 명령을 클릭한 다음 [설계] 탭 - [스퍼 기어] 명령을 실행하여 먼저 조립품 파일을 저장합니다.

05 [스퍼 기어 구성요소 생성기] 대화상자에서 아래 이미지를 참고해 모듈, 톱니 수(잇수) 등을 지정하고 확인 버튼을 클릭하여 스퍼 기어를 작성합니다.

· 설계 출력 : 중심 거리 / · 모듈 : 2mm
· 기어1 : 피쳐 / · 톱니 수 : 35 / · 이나비 : 14mm / · 기어2 : 모형 없음

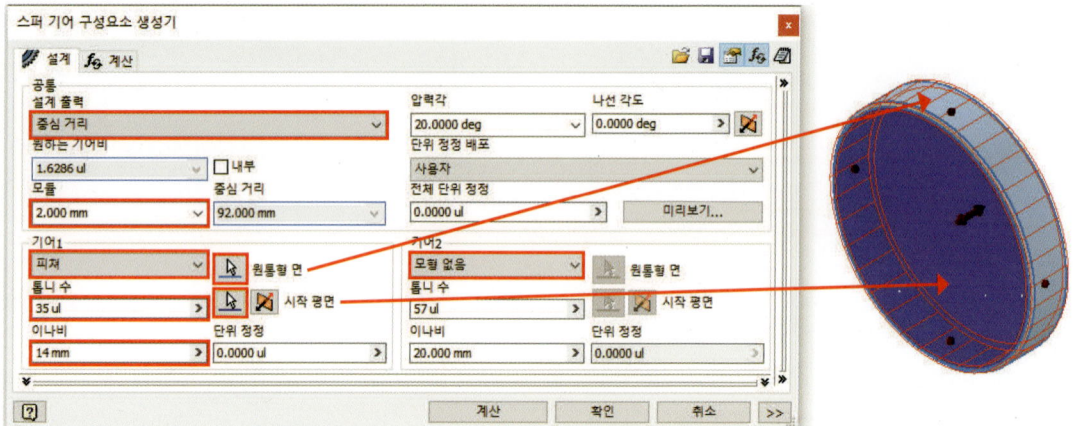

06 작성된 스퍼 기어를 마우스 우측 버튼으로 클릭하여 [열기] 명령을 선택합니다.

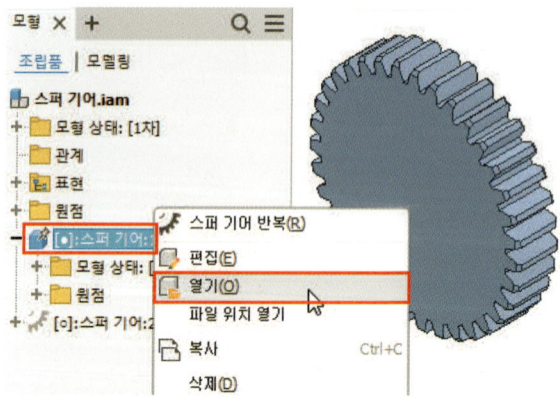

07 앞의 3D 모델링 작업 과정을 참고하여 나머지 형상을 작성해 스퍼 기어 모델링을 완료합니다.

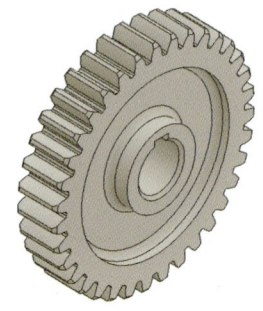

SECTION 03

축

01 부품도

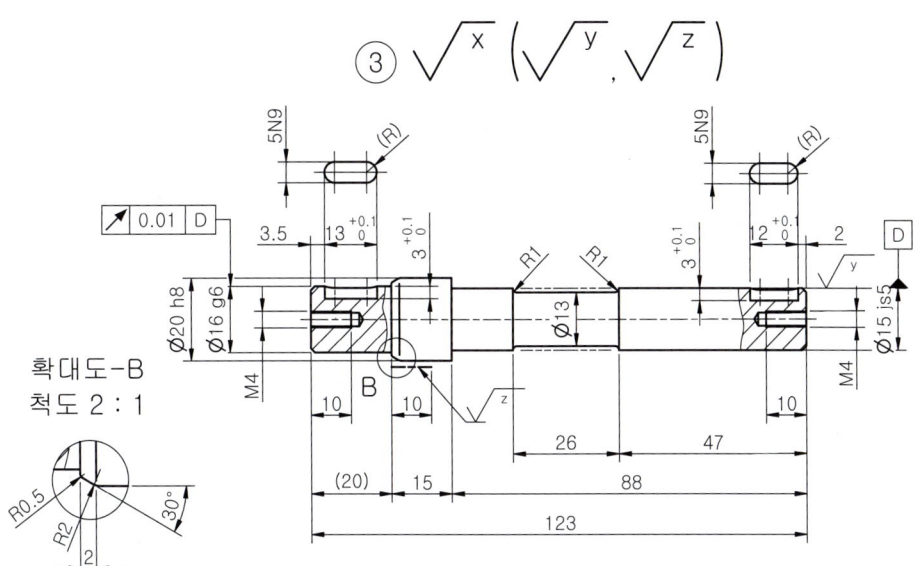

02 참고 KS 규격

1 평행 키 (키 홈)

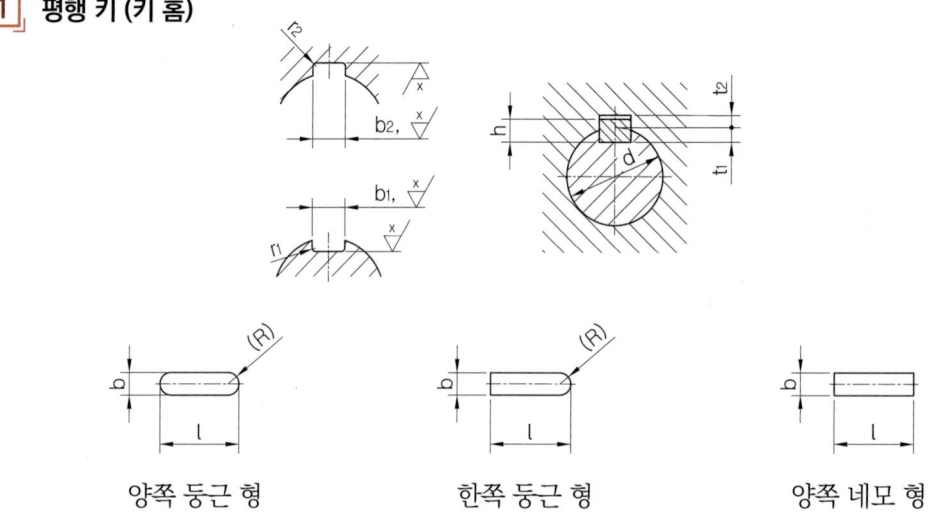

양쪽 둥근 형   한쪽 둥근 형   양쪽 네모 형

b_1 및 b_2의 기준 치수	키 홈의 치수				t_1의 기준 치수	t_2의 기준 치수	t_1 및 t_2의 허용차	적용하는 축 지름 d (초과~이하)
	활동형		보통형					
	b_1 허용차	b_2 허용차	b_1 허용차	b_2 허용차				
2	H9	D10	N9	JS9	1.2	1.0	+0.1 0	6~8
3					1.8	1.4		8~10
4					2.5	1.8		10~12
5					3.0	2.3		12~17
6					3.5	2.8		17~22

2 깊은 홈 볼 베어링

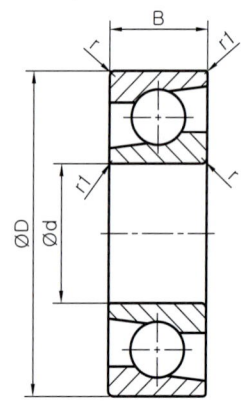

호칭 번호 (60계열)	치수			
	d	D	B	r
6000	10	26	8	0.3
6001	12	28	8	0.3
6002	15	32	9	0.3
6003	17	35	10	0.3
6004	20	42	12	0.6
6005	25	47	12	0.6
6006	30	55	13	1
6007	35	62	14	1
6008	40	68	15	1

03 3D 모델링 작업

01 XZ 평면(뷰큐브 방향 : 정면도)에 예제 도면의 정면도 형상 및 치수를 참고하여 스케치를 작성합니다.

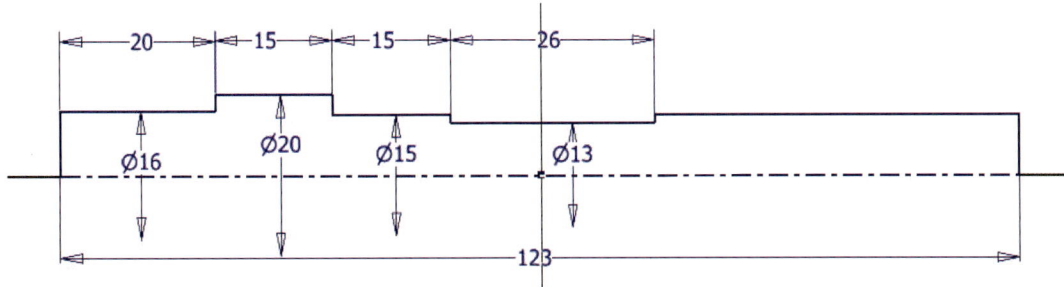

TIP

[2점 직사각형] 명령을 이용하여 스케치를 작성하는 방법도 있습니다.

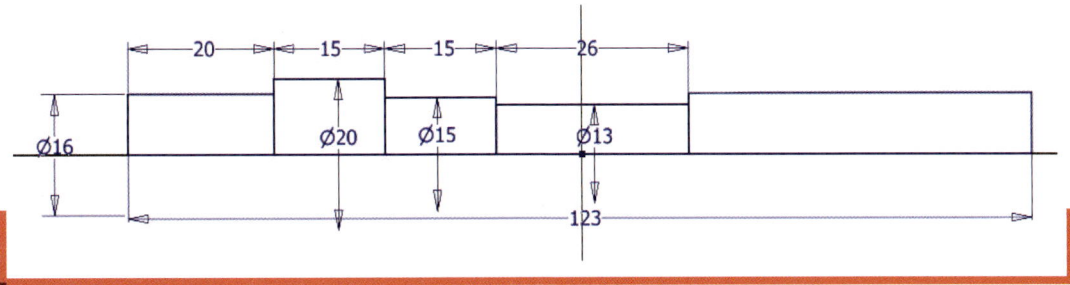

02 [회전] 명령을 실행하고 프로파일과 축을 선택하여 형상을 작성합니다.

· 방향 : 기본 값(기본 방향) / · 각도 : 전체 / · 출력 : 솔리드1

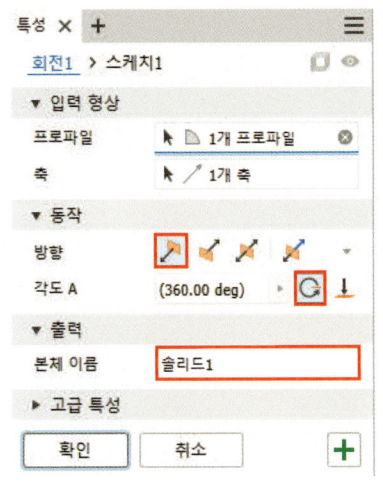
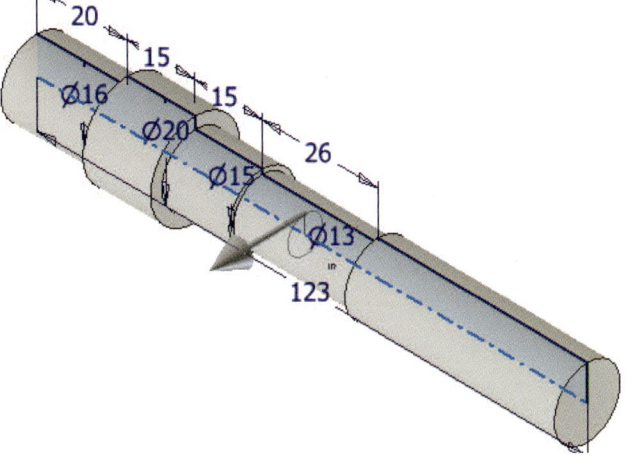

03 [곡면에 접하고 평면에 평행] 명령을 실행하고 곡면과 XY 평면을 클릭하여 작업 평면을 작성합니다.

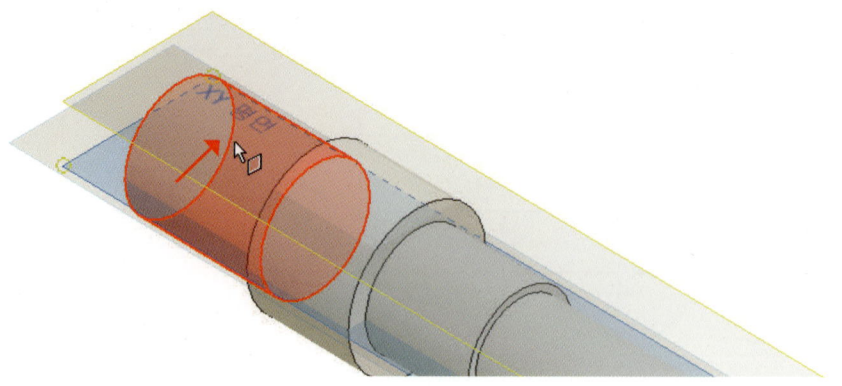

04 작성한 작업 평면에 아래 이미지를 참고하여 스케치를 작성합니다.

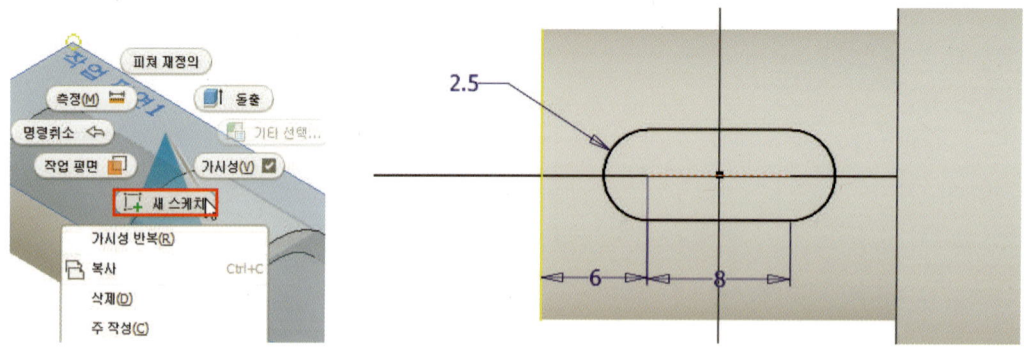

05 [돌출] 명령을 실행하고 방향, 거리, 출력을 입력하여 형상을 제거합니다.
· 방향 : 반전 / · 거리 : 3mm / · 출력 : 절단

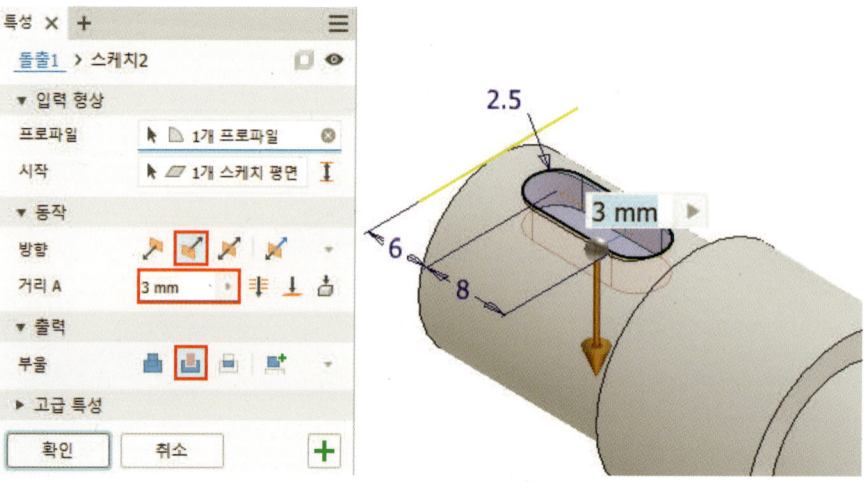

06 XZ 평면에 아래 이미지를 참고하여 스케치를 작성합니다.

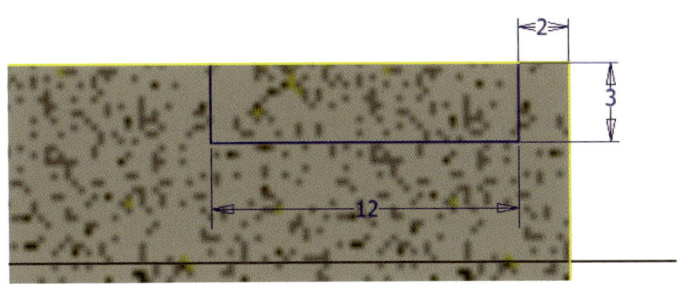

07 [돌출] 명령을 실행하고 방향, 거리, 출력을 입력하여 형상을 제거합니다.

· 방향 : 대칭 / · 거리 : 5mm / · 출력 : 절단

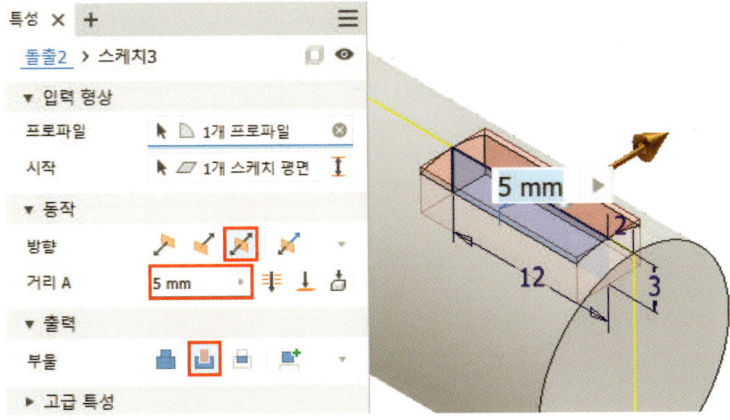

08 [모깎기] 명령을 실행하고 4개의 모서리에 2.5mm 모깎기를 작성합니다.

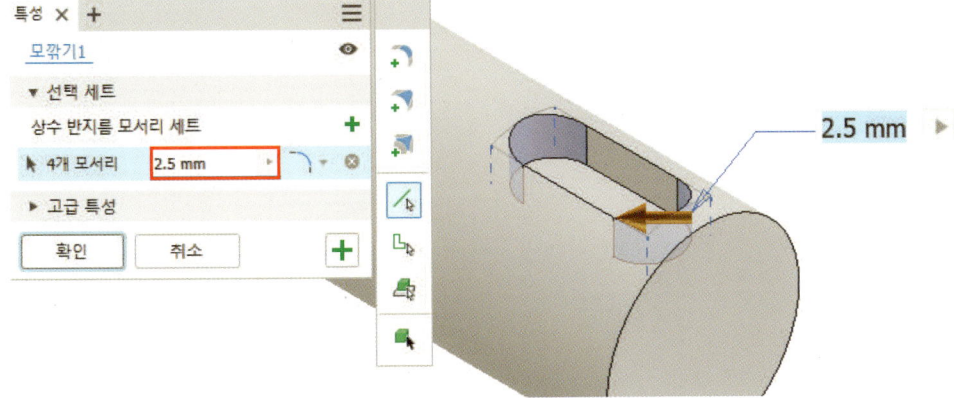

09 탭 구멍의 위치를 지정하기 위해 아래 이미지를 참고하여 스케치를 작성합니다.

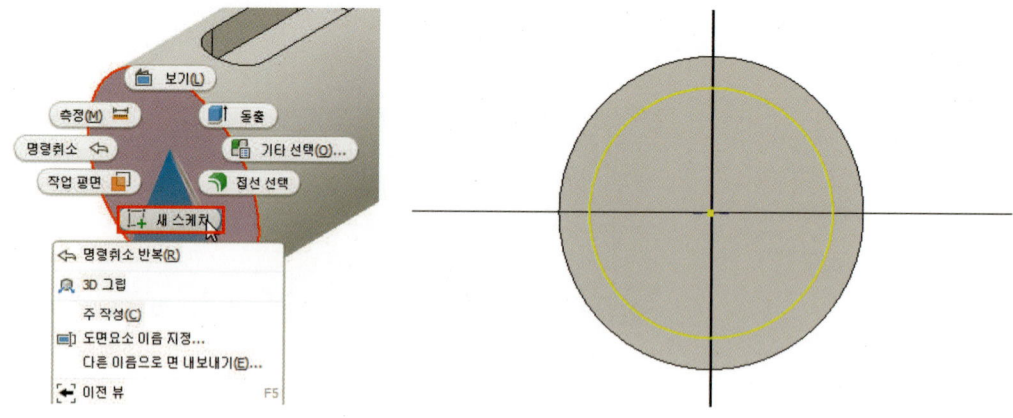

10 [구멍] 명령을 실행하고 유형 및 크기를 입력하여 탭 구멍을 작성합니다.
· 구멍 유형 : 탭 구멍 / · 시트 : 없음 / · 유형 : ISO Metric profile / · 크기 : 4 / · 지정 : M4x0.7
· 종료 : 거리 / · 방향 : 기본값 / · 스레드 깊이 : 10mm / · 구멍 깊이 : 12mm

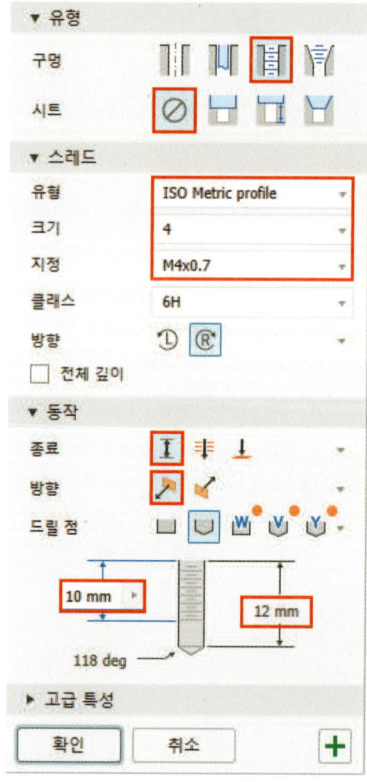

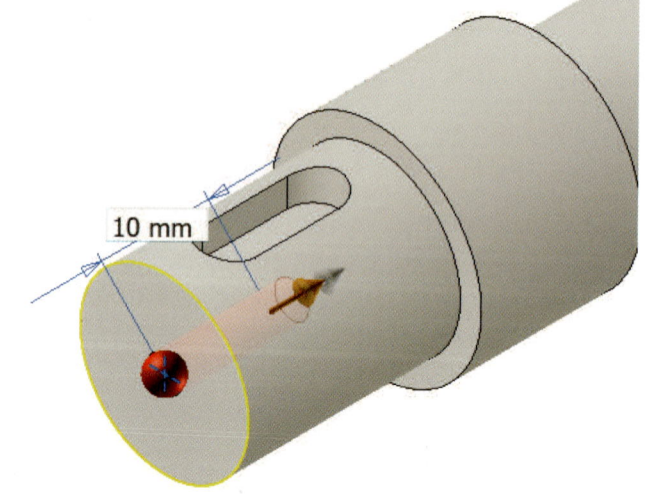

11 탭 구멍의 위치를 지정하기 위해 아래 이미지를 참고하여 스케치를 작성합니다.

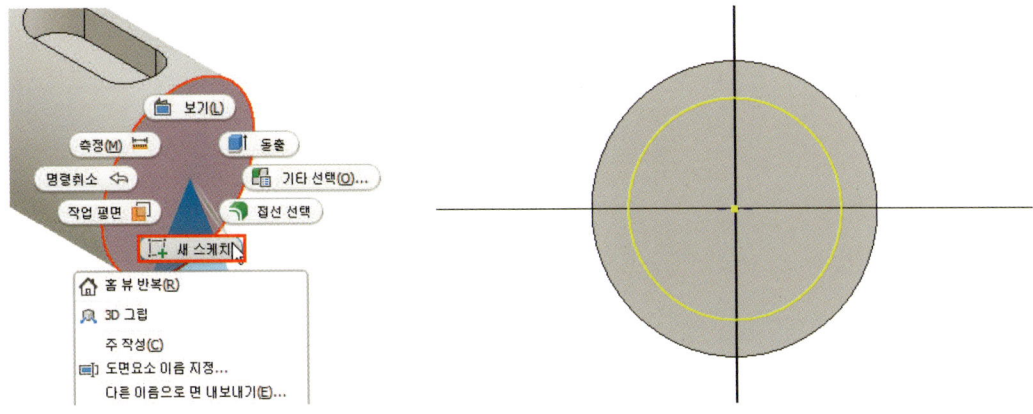

12 [구멍] 명령을 실행하고 유형 및 크기를 입력하여 탭 구멍을 작성합니다.
· 구멍 유형 : 탭 구멍 / · 시트 : 없음 / · 유형 : ISO Metric profile / · 크기 : 4 / · 지정 : M4x0.7
· 종료 : 거리 / · 방향 : 기본값 / · 스레드 깊이 : 10mm / · 구멍 깊이 : 12mm

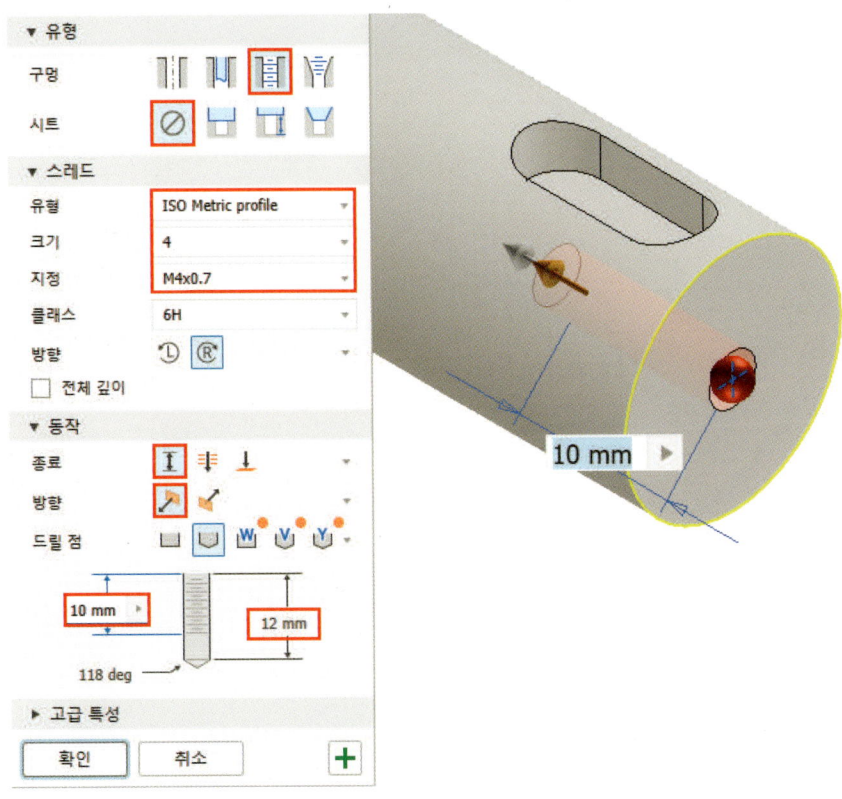

13 [모따기] 명령을 실행하고 2개의 모서리에 1mm 모따기를 작성합니다.

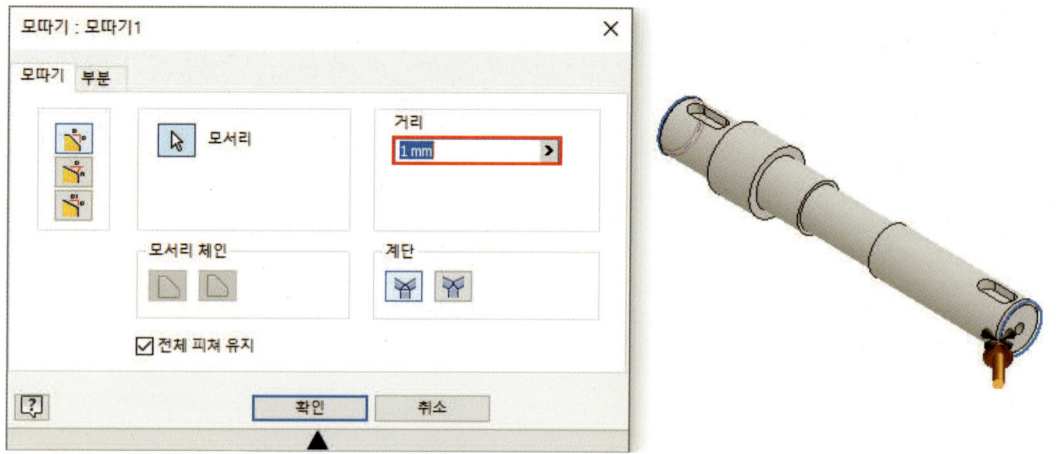

14 [모따기] 명령을 실행하고 1개의 모서리에 거리 1.15mm, 각도 60도 모따기를 작성합니다.

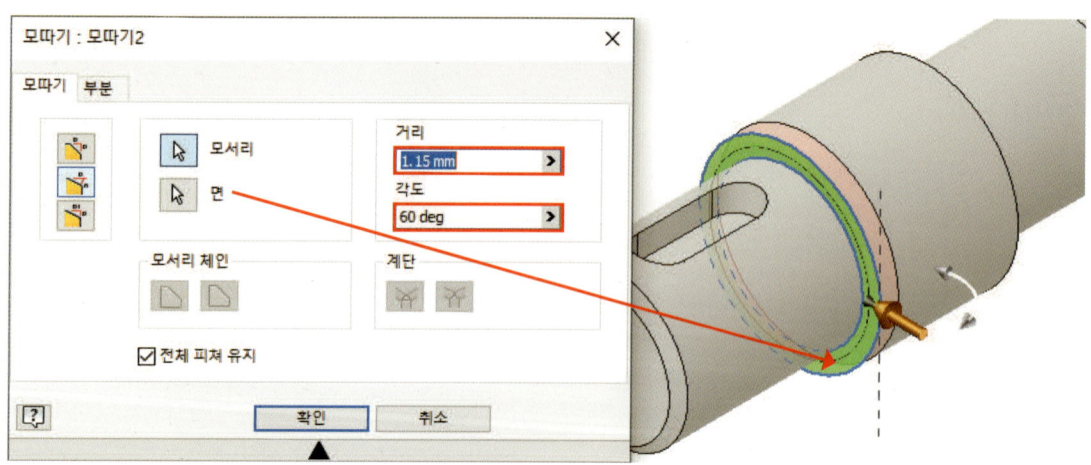

15 [모깎기] 명령을 실행하고 1개의 모서리에 2mm 모깎기를 작성합니다.

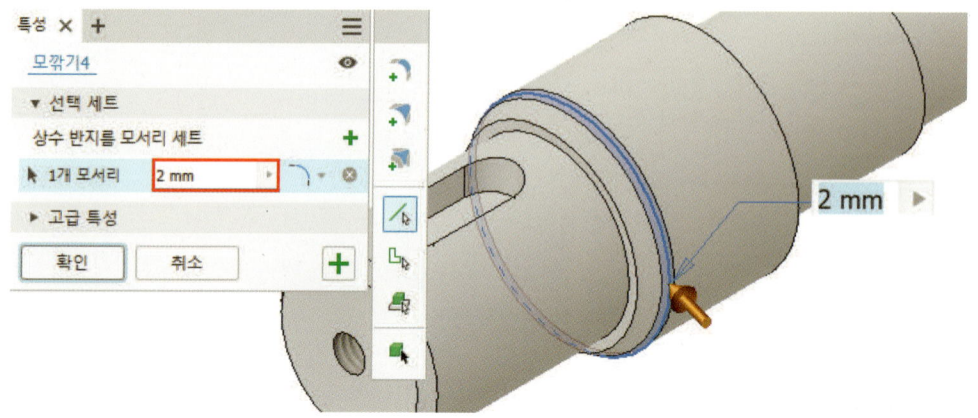

16 [모깎기] 명령을 실행하고 1개의 모서리에 0.5mm 모깎기를 작성합니다.

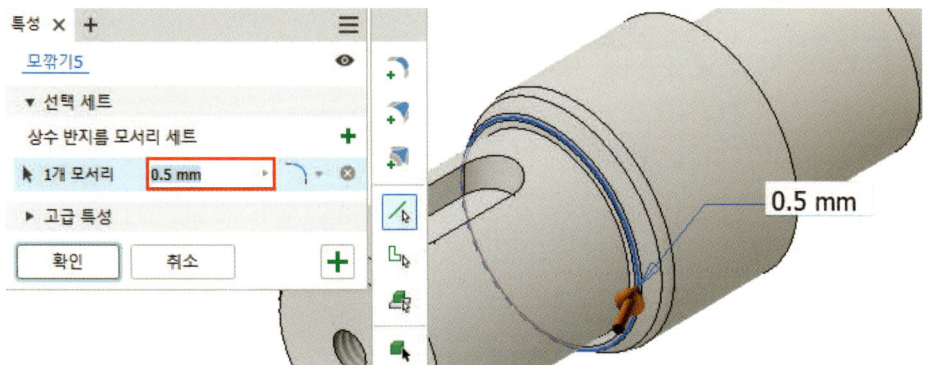

17 [모깎기] 명령을 실행하고 2개의 모서리에 1mm 모깎기를 작성하여 축 모델링을 완료합니다.

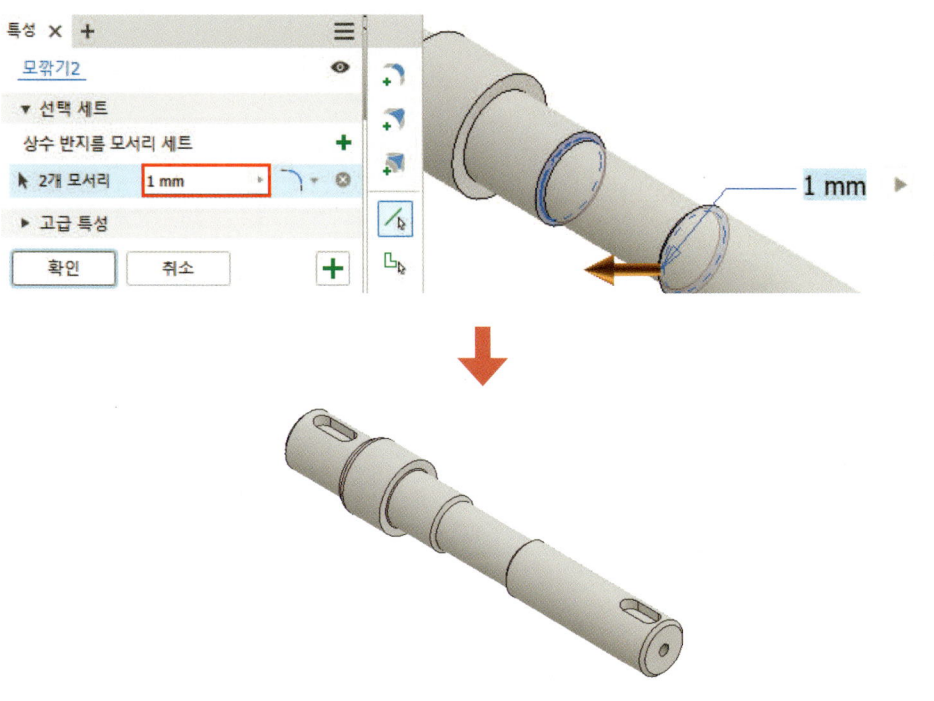

SECTION 04 커버

01 부품도

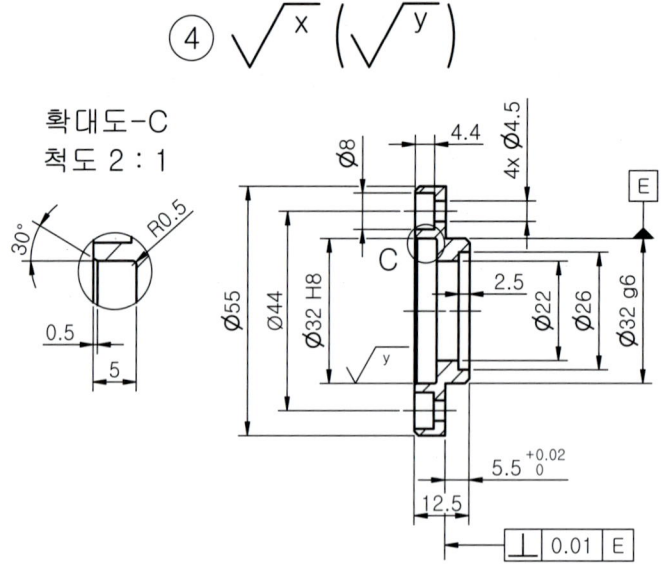

02 참고 KS 규격

1 6각 구멍붙이 볼트

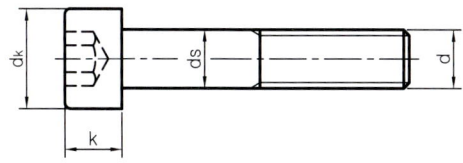

나사 호칭 지름(d)	M3	M4	M5	M6	M8	M10	M12	(M14)	M16
머리부 지름(dk, mm)	5.32 ~ 5.68	6.78 ~ 7.22	8.28 ~ 8.72	9.78 ~ 10.22	12.73 ~ 13.27	15.73 ~ 16.27	17.73 ~ 18.27	20.67 ~ 21.33	23.67 ~ 24.33
머리부 높이(k, mm)	2.86 ~ 3.00	3.82 ~ 4.00	4.82 ~ 5.00	5.70 ~ 6.00	7.64 ~ 8.00	9.64 ~ 10.00	11.57 ~ 12.00	13.57 ~ 14.00	15.57 ~ 16.00
목부 지름(ds, mm)	2.86 ~ 3.00	3.82 ~ 4.00	4.82 ~ 5.00	5.82 ~ 6.00	7.78 ~ 8.00	9.78 ~ 10.00	11.73 ~ 12.00	13.73 ~ 14.00	15.73 ~ 16.00

※ 6각 구멍붙이 볼트용 카운터 보어(KS B 3505)는 현재 폐지되었으니 참고하시기 바랍니다.

2 오일 실

■ G, GM, GA 계열치수

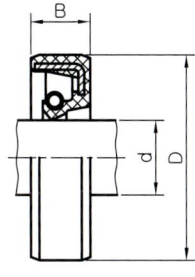

호칭 안지름 d	D	B
18	30	5
	35	8
20	32	5
	35	8
22	35	5
	38	8

3 오일 실 부착 관계 (축 및 하우징 구멍의 모떼기와 둥글기)

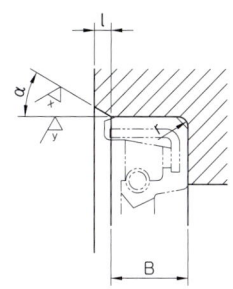

모떼기	$\alpha = 15° \sim 30°$
	$\ell = 0.1B \sim 0.15B$
구석의 둥글기	$r \geq 0.5mm$

03 | 3D 모델링 작업

01 XZ 평면(뷰큐브 방향 : 정면도)에 예제 도면의 정면도 형상 및 치수를 참고하여 스케치를 작성합니다.

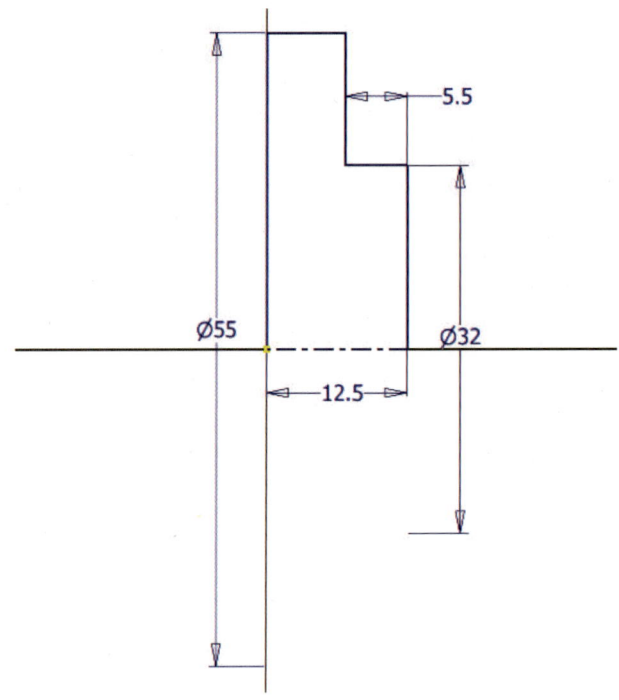

02 [회전] 명령을 실행하고 프로파일과 축을 선택하여 형상을 작성합니다.

· 방향 : 기본 값(기본 방향) / · 각도 : 전체 / · 출력 : 솔리드1

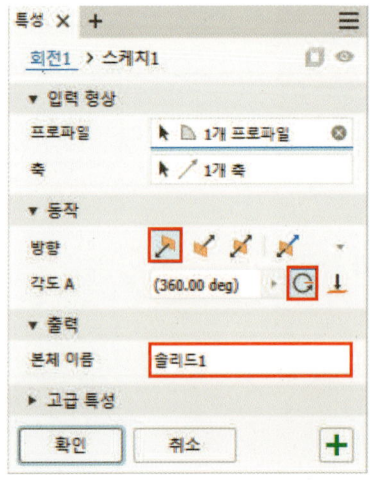
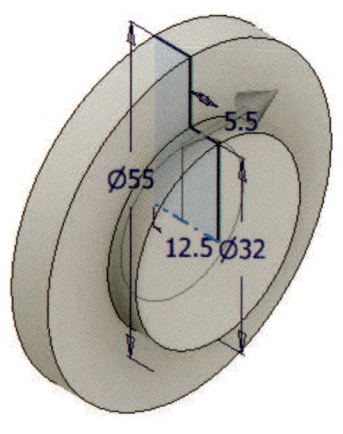

03 XZ 평면에 그래픽 슬라이스(F7) 기능을 활용하여 커버 내부 구멍 형상 스케치를 작성합니다.

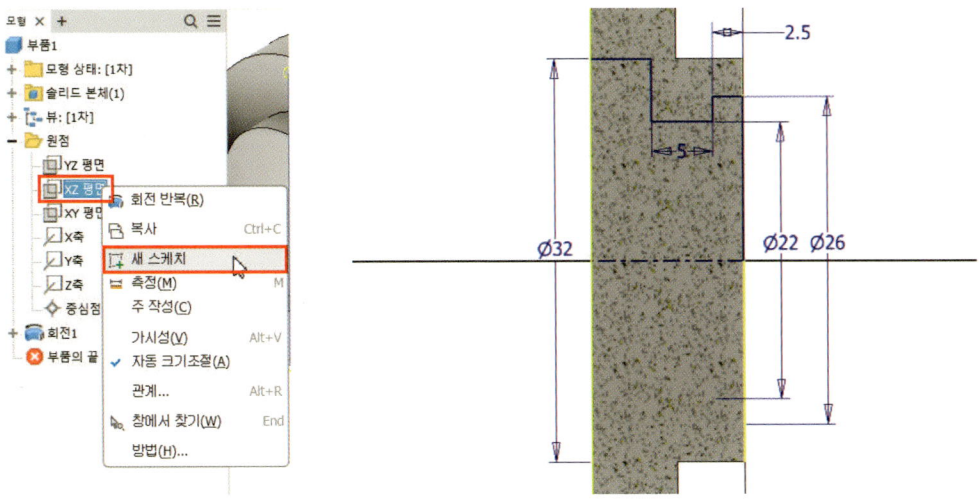

04 [회전] 명령을 실행하고 프로파일과 축을 선택하여 형상을 제거합니다.

· 방향 : 기본값 / · 각도 : 전체 / · 출력 : 절단

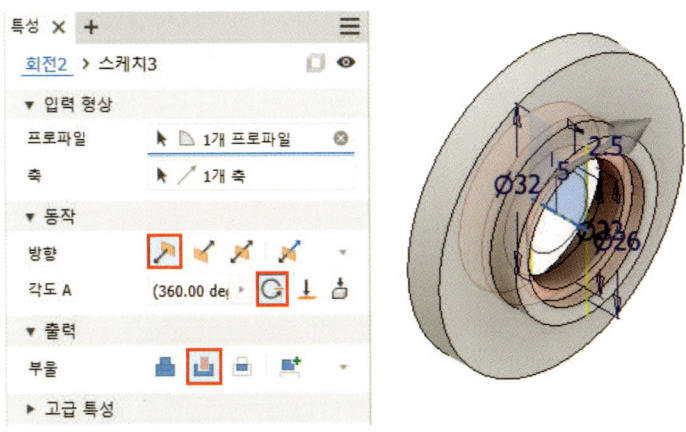

05 카운터 보어 구멍의 위치를 지정하기 위해 아래 이미지를 참고하여 스케치를 작성합니다.

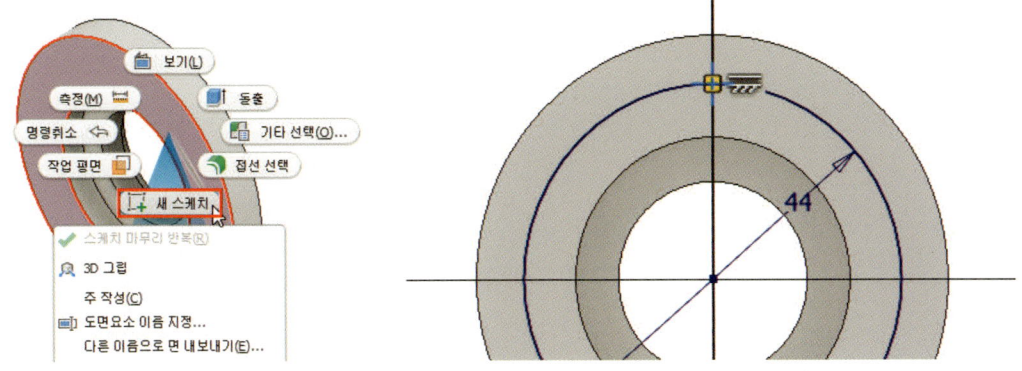

CHAPTER 2 동력전달장치 3D 모델링   69

06 [구멍] 명령을 실행하고 유형 및 크기를 입력하여 카운터 보어 구멍을 작성합니다.
· 구멍 유형 : 틈새 구멍 / · 시트 : 카운터보어 / · 종료 : 전체 관통 / · 방향 : 기본값 / · 구멍 지름 : 4.5mm
· 조임쇠 표준 : ISO / · 조임쇠 유형 : Socket Head Cap Screw ISO 4762 / · 크기 : M4 / · 맞춤 : 표준

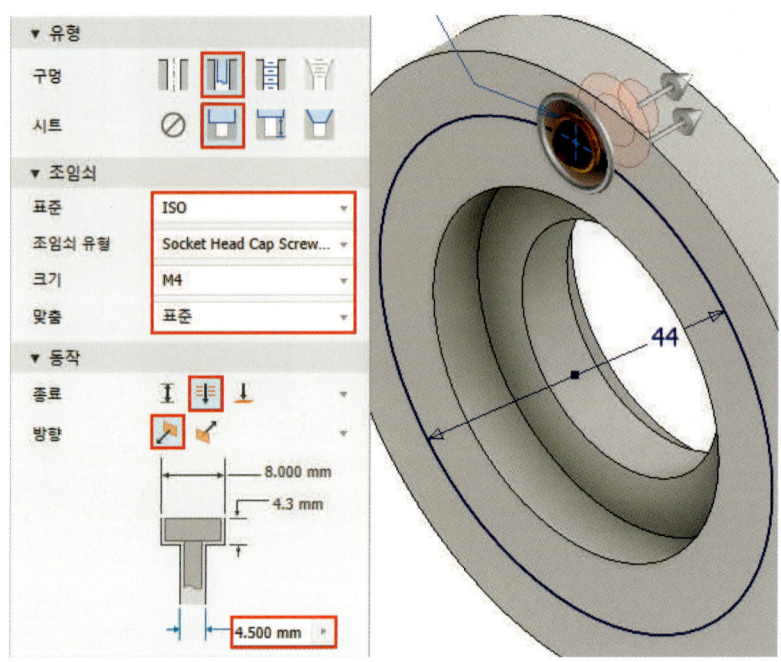

07 [원형 패턴] 명령을 실행하고 구멍 피처와 회전축을 선택해 카운터 보어 구멍을 패턴합니다.
· 피쳐 유형 : 개별 피쳐 패턴 / · 수량 : 4개 / · 각도 : 360도

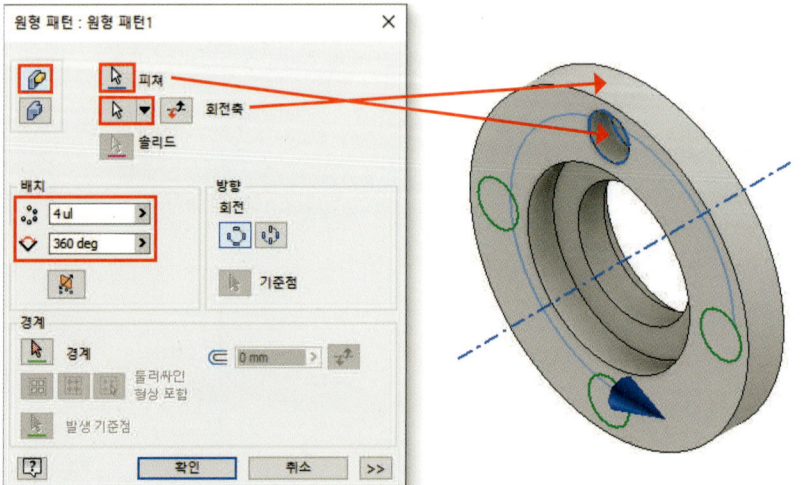

08 [모따기] 명령을 실행하고 2개의 모서리에 1mm 모따기를 작성합니다.

09 [모따기] 명령을 실행하고 오일실 홈 부 입구의 모따기를 작성합니다.

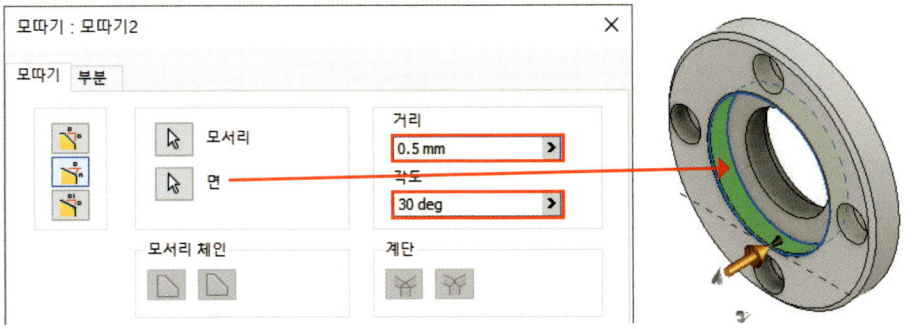

10 [모깎기] 명령을 실행하고 오일실 구석 부의 모깎기를 작성하여 커버 모델링을 완료합니다.

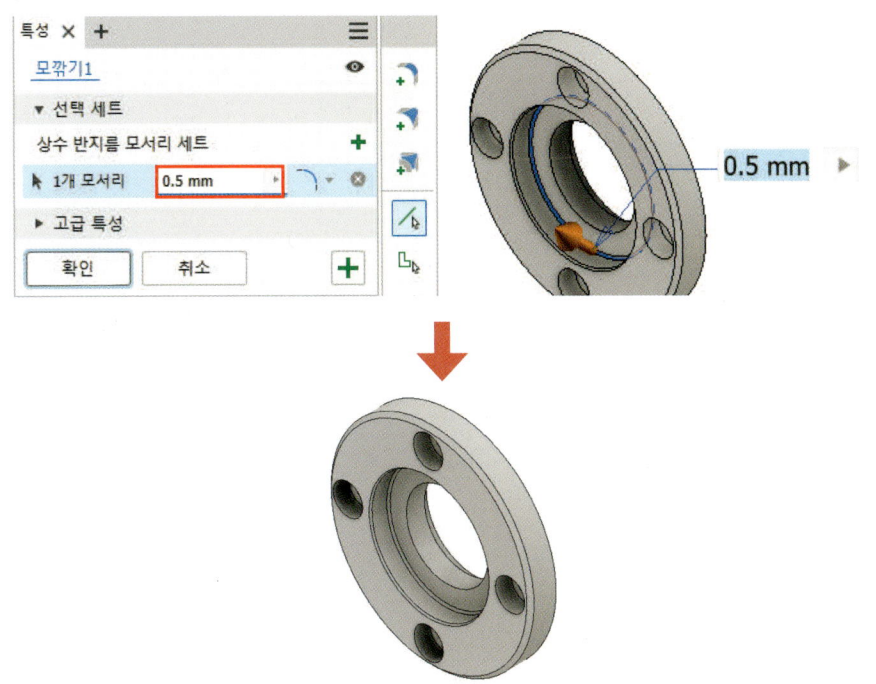

SECTION 05

V 벨트 풀리

01 부품도

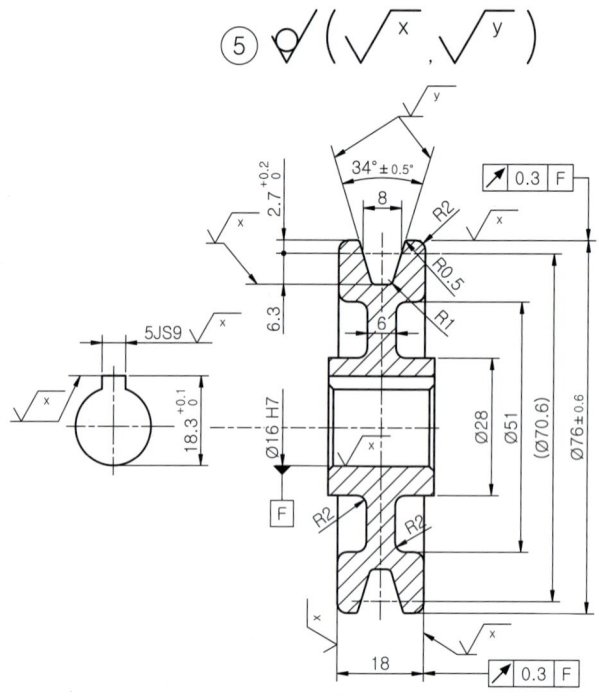

02 참고 KS 규격

1 V 벨트 풀리

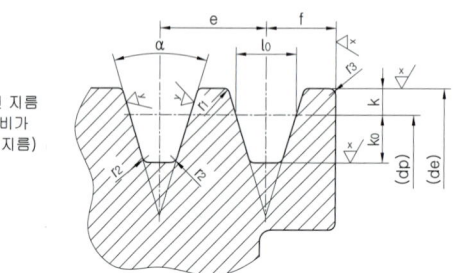

V 벨트 형별	α의 허용차(°)	k의 허용차	e의 허용차	f의 허용차
M	±0.5	+0.2 0	–	±1.0
A			±0.4	
B				

호칭지름 (mm)	바깥지름 d_e 허용차	바깥둘레 흔들림 허용값	림 측면 흔들림 허용값
75 이상 118 이하	±0.6	0.3	0.3
125 이상 300 이하	±0.8	0.4	0.4

V 벨트 형별	호칭 지름	α(°)	ℓ_0	k	k_0	e	f	r_1	r_2	r_3
M	50 이상 ~71 이하 71 초과~90 이하 90 초과	34 36 38	8.0	2.7	6.3	–	9.5	0.2 ~ 0.5	0.5 ~ 1.0	1~2
A	71 이상~100 이하 100 초과~125 이하 125 초과	34 36 38	9.2	4.5	8.0	15.0	10.0	0.2 ~ 0.5	0.5 ~ 1.0	1~2
B	125 이상~165 이하 165 초과~200 이하 200 초과	34 36 38	12.5	5.5	9.5	19.0	12.5	0.2 ~ 0.5	0.5 ~ 1.0	1~2

[비고] M형은 원칙적으로 한 줄만 걸친다.(e)

2 평행 키 (키 홈)

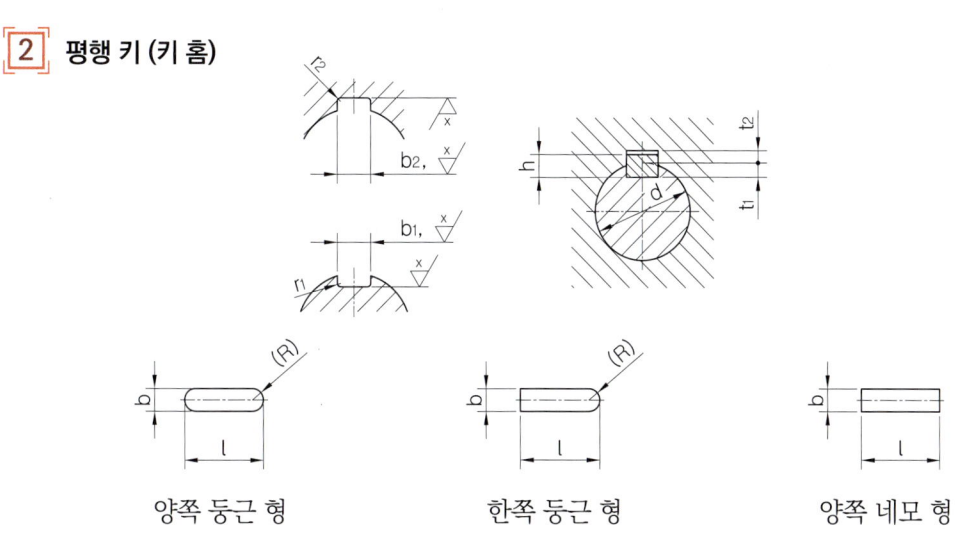

양쪽 둥근 형   한쪽 둥근 형   양쪽 네모 형

키 홈의 치수								적용하는 축 지름 d (초과~이하)
b_1 및 b_2의 기준 치수	활동형		보통형		t_1의 기준 치수	t_2의 기준 치수	t_1 및 t_2의 허용차	
	b_1 허용차	b_2 허용차	b_1 허용차	b_2 허용차				
2	H9	D10	N9	JS9	1.2	1.0	+0.1 0	6~8
3					1.8	1.4		8~10
4					2.5	1.8		10~12
5					3.0	2.3		12~17
6					3.5	2.8		17~22

03　3D 모델링 작업

01 XZ 평면(뷰큐브 방향 : 정면도)에 예제 도면의 정면도 형상 및 치수를 참고하여 스케치를 작성합니다.

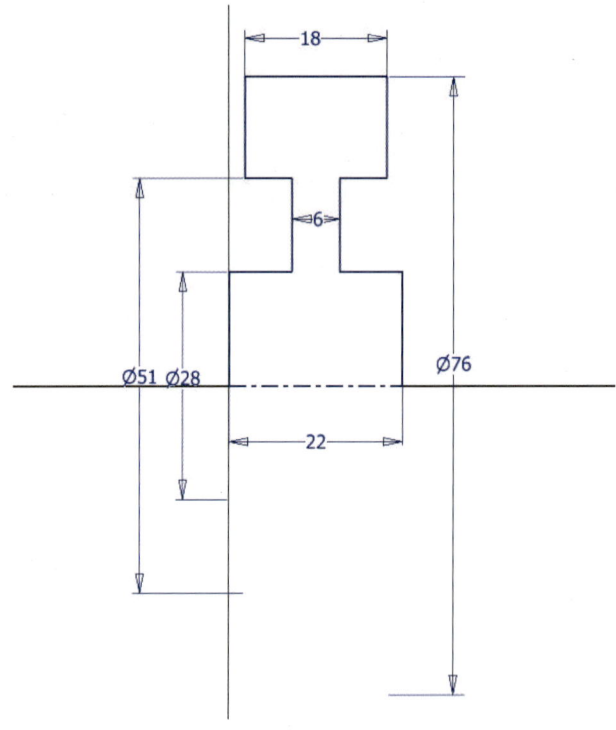

02 [회전] 명령을 실행하고 프로파일과 축을 선택하여 형상을 작성합니다.

· 방향 : 기본 값(기본 방향) / · 각도 : 전체 / · 출력 : 솔리드1

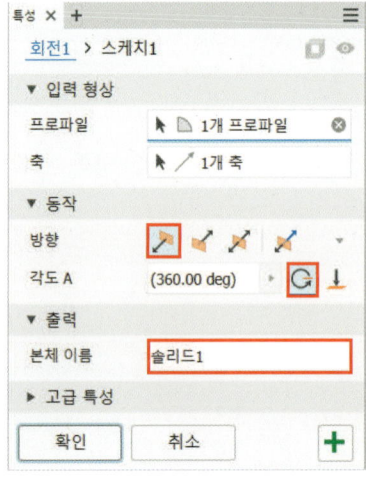 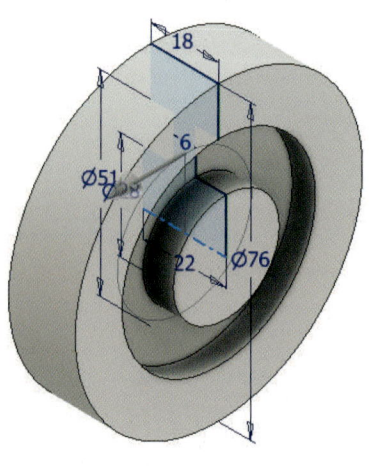

03 XZ 평면에 V 벨트 형별 및 크기를 확인하여 V홈에 대한 스케치를 작성합니다.

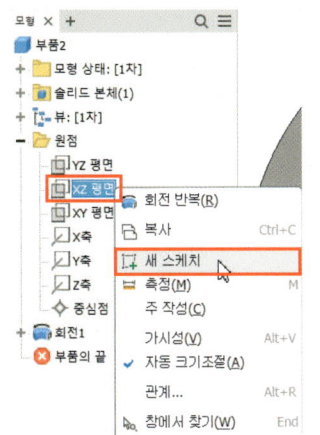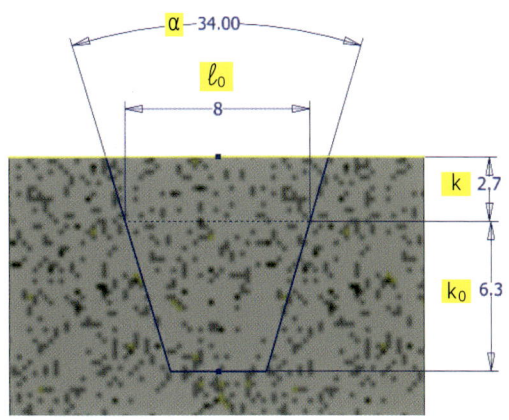

04 [회전] 명령을 실행하고 프로파일과 축을 선택하여 형상을 제거합니다.

· 방향 : 기본값 / · 각도 : 전체 / · 출력 : 절단

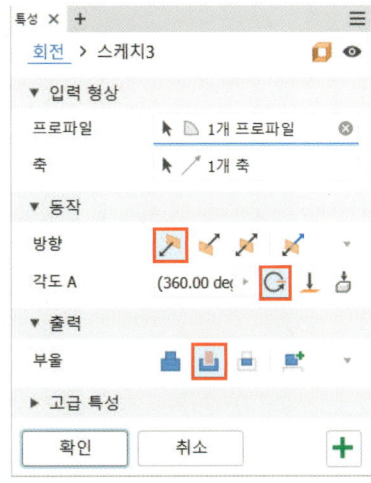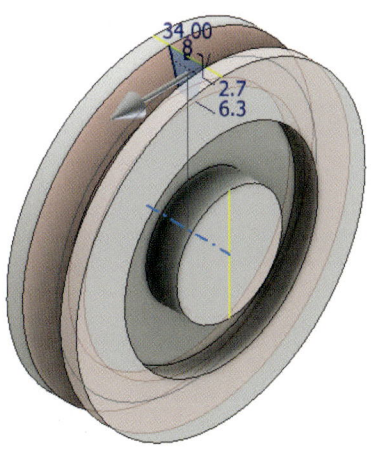

05 선택한 평면에 아래 이미지를 참고하여 스케치를 작성합니다.

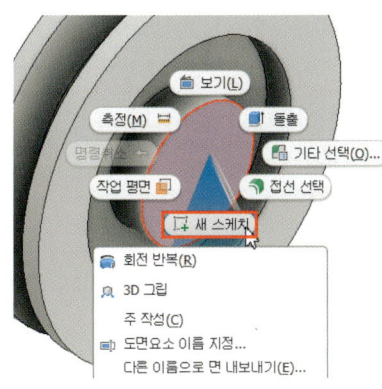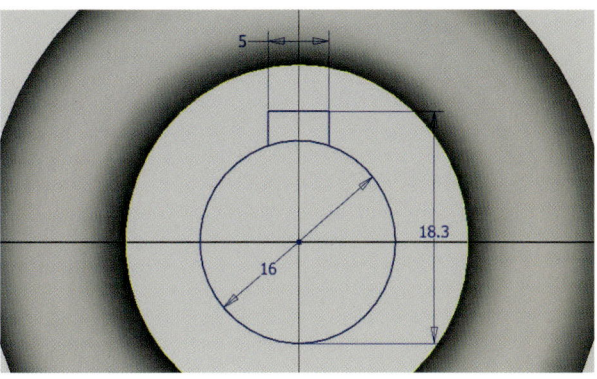

06 [돌출] 명령을 실행하고 방향, 거리, 출력을 입력하여 형상을 제거합니다.
· 방향 : 반전 / · 거리 : 전체 관통 / · 출력 : 절단

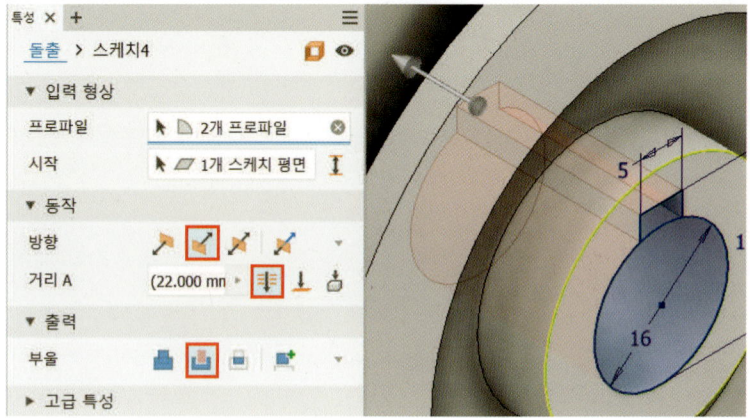

07 [모따기] 명령을 실행하고 2개의 모서리에 1mm 모따기를 작성합니다.

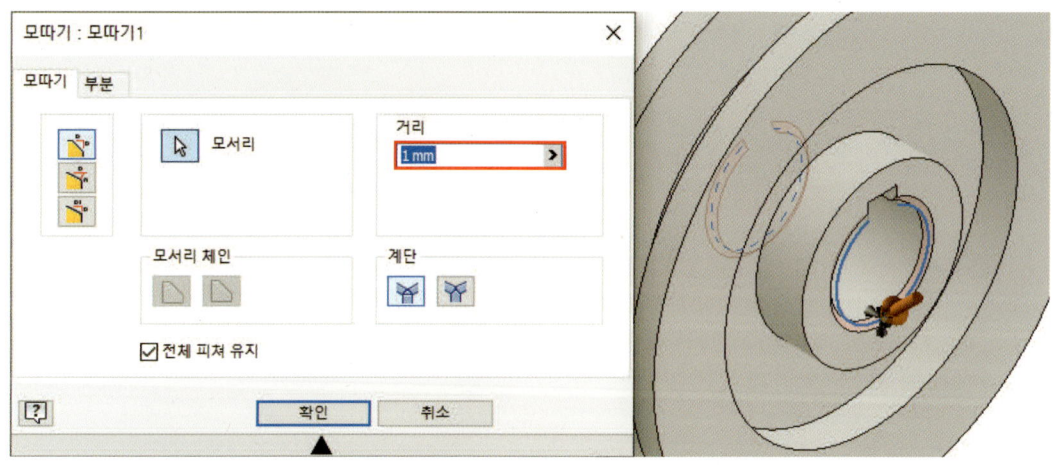

08 [모깎기] 명령을 실행하고 6개의 모서리에 2mm 모깎기를 작성합니다.

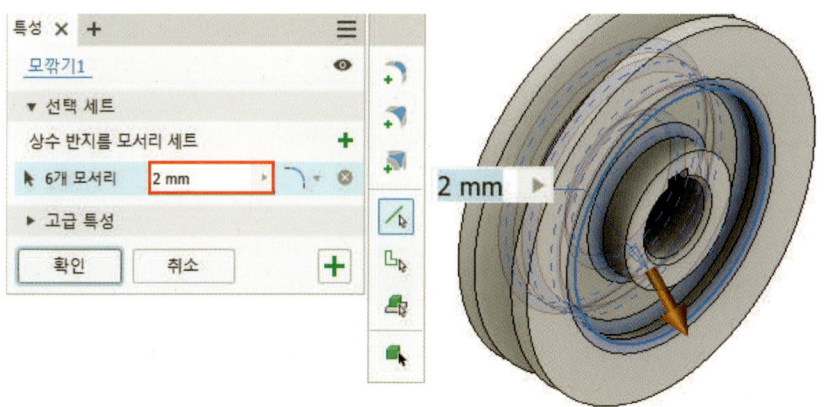

09 [모깎기] 명령을 실행하고 V 벨트 풀리 규격과 아래 이미지를 참고하여 각각 0.5, 1, 2mm 모깎기를 작성하고 V 벨트 풀리 모델링을 완료합니다.

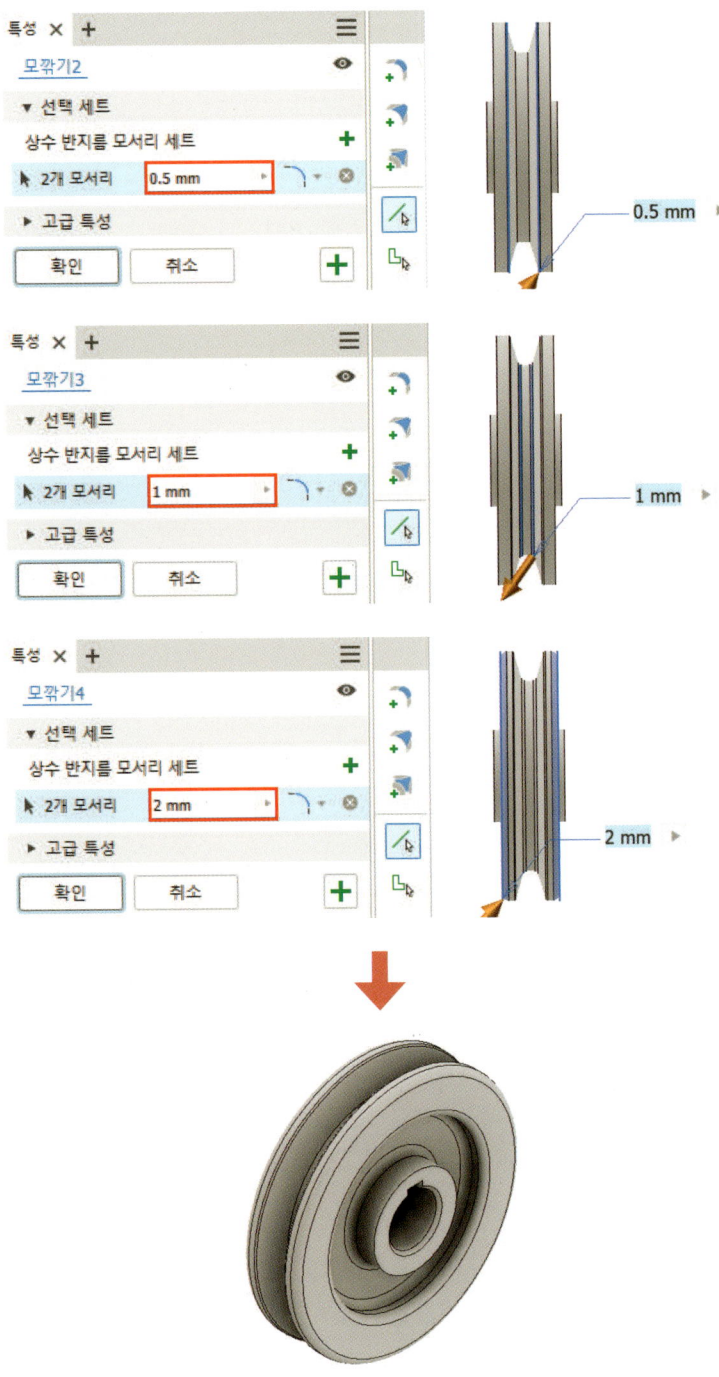

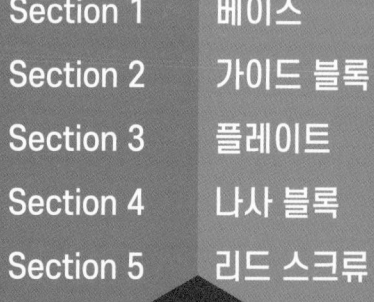

Section 1	베이스	----------	82
Section 2	가이드 블록	----------	90
Section 3	플레이트	----------	97
Section 4	나사 블록	----------	103
Section 5	리드 스크류	----------	109

CHAPTER.03

드릴지그 3D 모델링

● 드릴지그 문제도

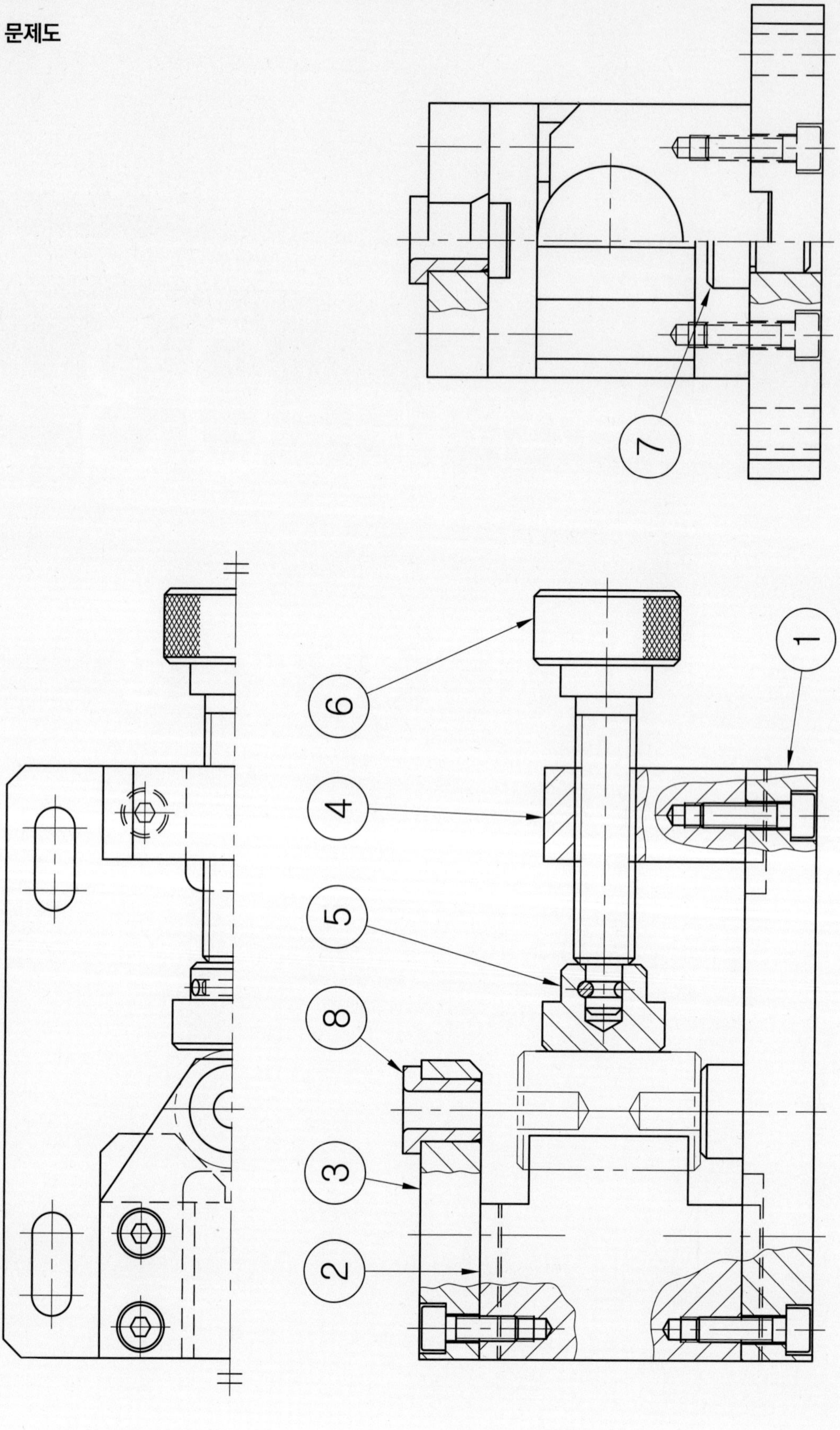

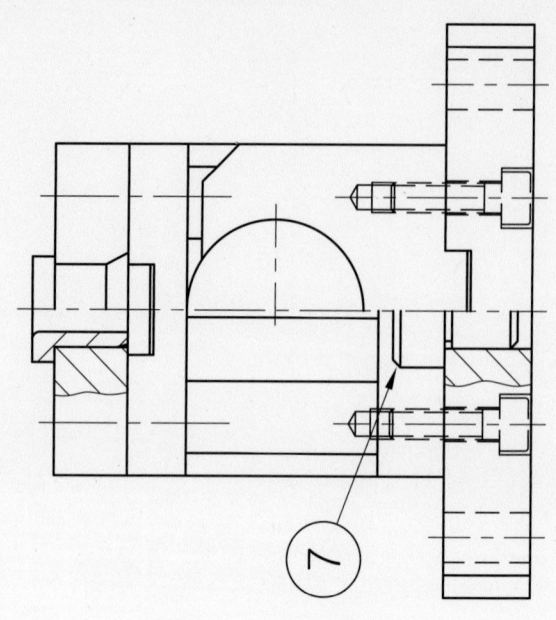

● 드릴지그 3D 조립도

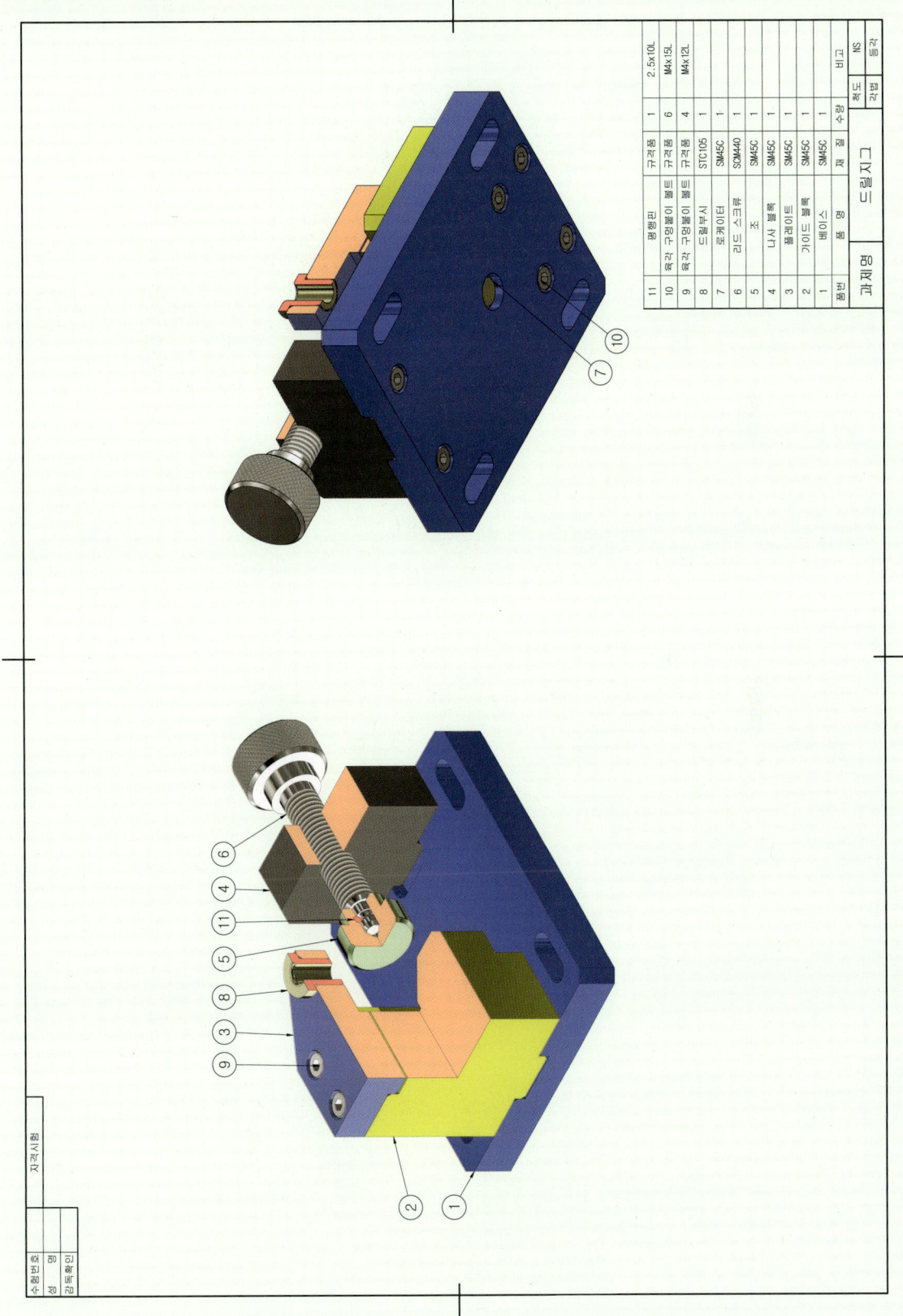

SECTION 01

베이스

01 부품도

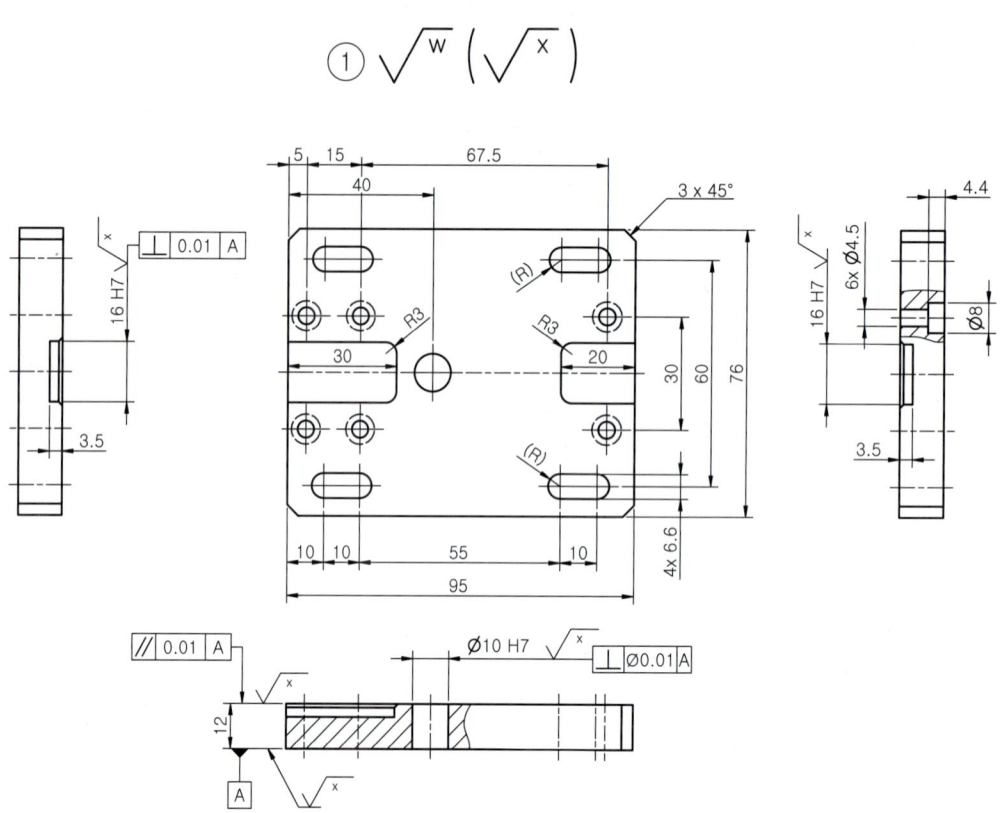

02 참고 KS 규격

1 6각 구멍붙이 볼트

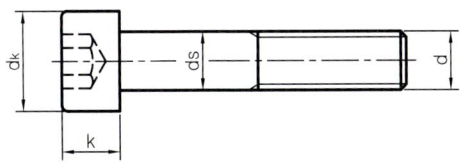

나사 호칭 지름(d)	M3	M4	M5	M6	M8	M10	M12	(M14)	M16
머리부 지름(dk, mm)	5.32 ~ 5.68	6.78 ~ 7.22	8.28 ~ 8.72	9.78 ~ 10.22	12.73 ~ 13.27	15.73 ~ 16.27	17.73 ~ 18.27	20.67 ~ 21.33	23.67 ~ 24.33
머리부 높이(k, mm)	2.86 ~ 3.00	3.82 ~ 4.00	4.82 ~ 5.00	5.70 ~ 6.00	7.64 ~ 8.00	9.64 ~ 10.00	11.57 ~ 12.00	13.57 ~ 14.00	15.57 ~ 16.00
목부 지름(ds, mm)	2.86 ~ 3.00	3.82 ~ 4.00	4.82 ~ 5.00	5.82 ~ 6.00	7.78 ~ 8.00	9.78 ~ 10.00	11.73 ~ 12.00	13.73 ~ 14.00	15.73 ~ 16.00

※ 6각 구멍붙이 볼트용 카운터 보어(KS B 3505)는 현재 폐지되었으니 참고하시기 바랍니다.

03 3D 모델링 작업

01 XY 평면(뷰큐브 방향 : 평면도)에 예제 도면의 평면도 형상 및 치수를 참고하여 스케치를 작성합니다.

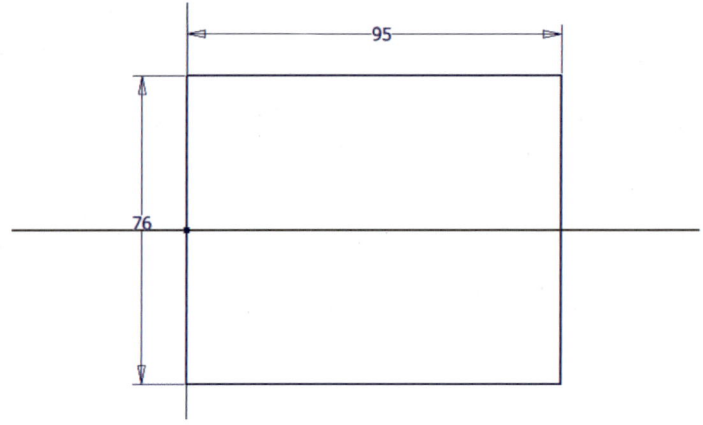

02 [돌출] 명령을 실행하고 방향과 거리를 입력하여 형상을 작성합니다.

· 방향 : 기본값 / · 거리 : 12mm / · 출력 : 솔리드1

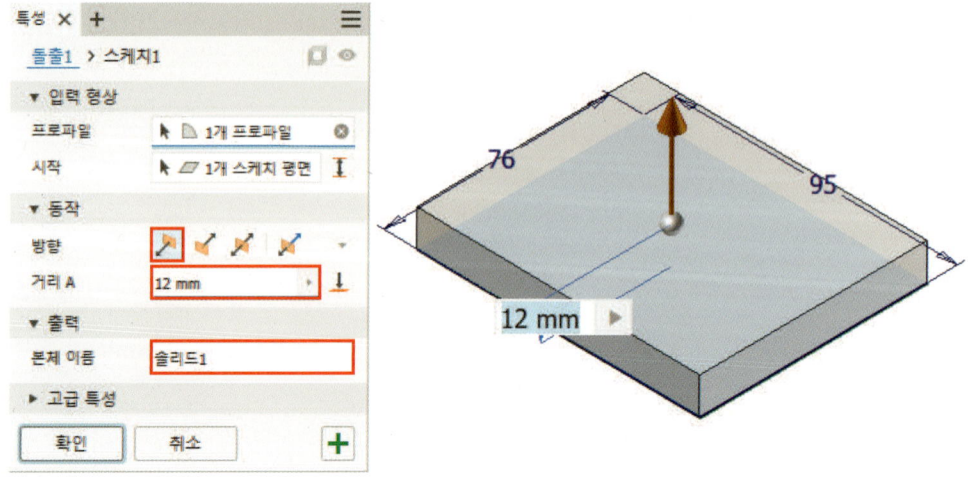

03 선택한 평면에 아래 이미지를 참고하여 스케치를 작성합니다.

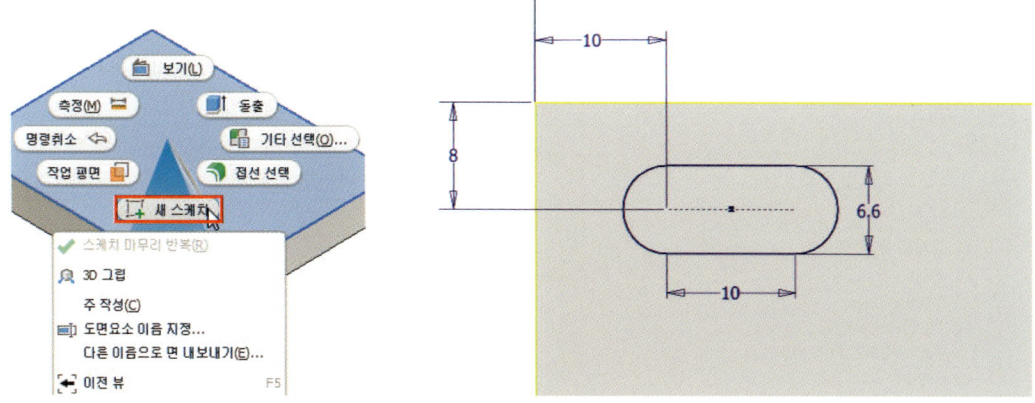

04 [돌출] 명령을 실행하고 방향, 거리, 출력을 입력하여 슬롯 구멍을 작성합니다.

· 방향 : 반전 / · 거리 : 전체 관통 / · 출력 : 절단

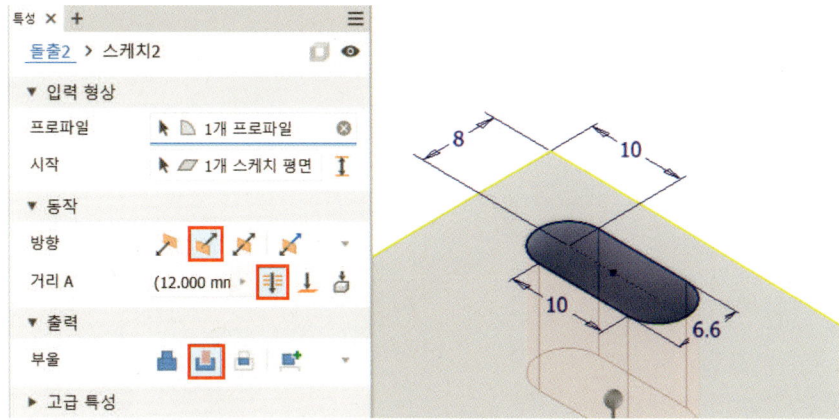

05 [직사각형 패턴] 명령을 실행하고 옵션, 방향 및 거리를 입력하여 슬롯 구멍을 패턴합니다.

· 피쳐 유형 : 개별 피쳐 패턴 / · 방향 1 수량 : 2개 / · 거리 : 60mm / · 방향 2 수량 : 2개 / · 거리 : 65mm

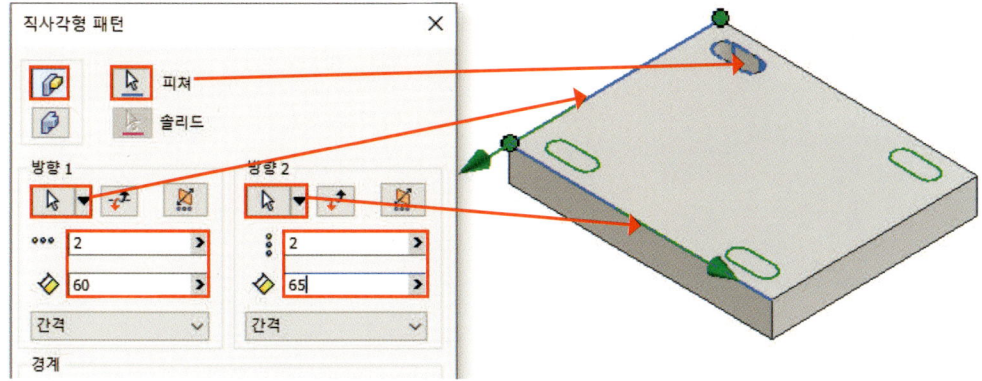

06 선택한 평면에 아래 이미지를 참고하여 스케치를 작성합니다.

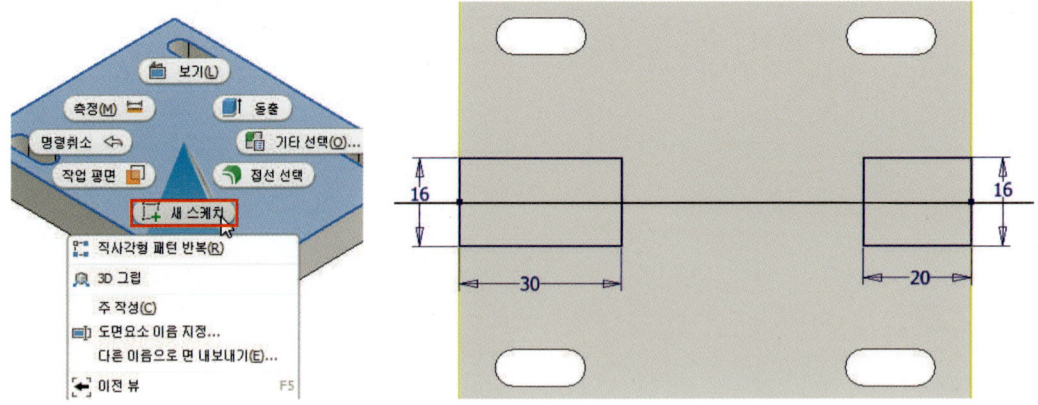

07 [돌출] 명령을 실행하고 방향, 거리, 출력을 입력하여 홈 형상을 작성합니다.

· 방향 : 반전 / · 거리 : 3.5mm / · 출력 : 절단

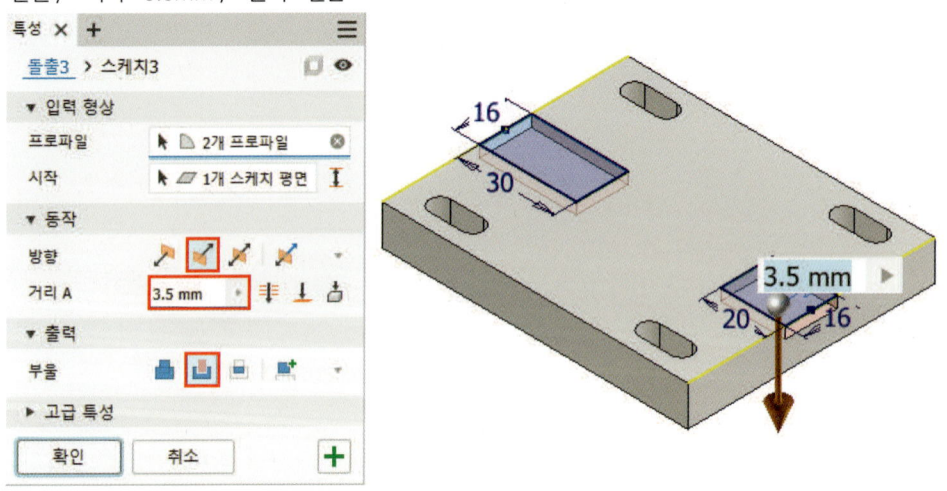

08 카운터 보어 구멍의 위치를 지정하기 위해 아래 이미지를 참고하여 스케치를 작성합니다.

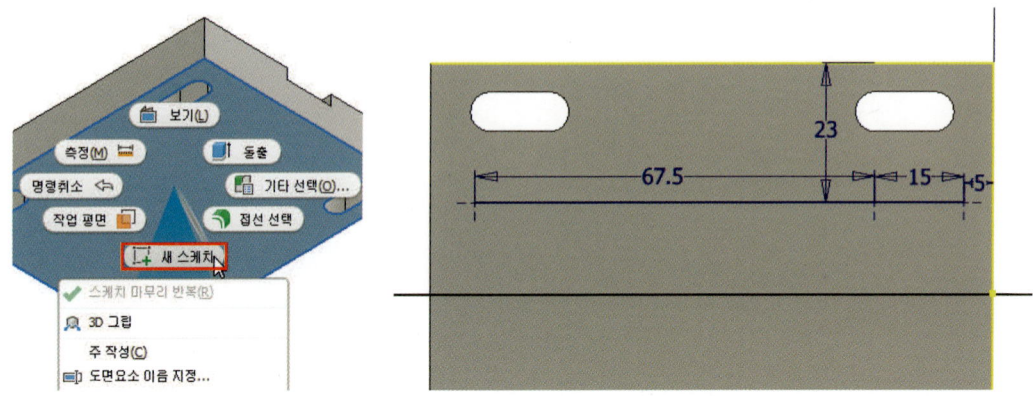

09 [구멍] 명령을 실행하고 유형 및 크기를 입력하여 카운터 보어 구멍을 작성합니다.

· 구멍 유형 : 틈새 구멍 / · 시트 : 카운터보어 / · 종료 : 전체 관통 / · 방향 : 기본값 / · 구멍 지름 : 4.5mm
· 조임쇠 표준 : ISO / · 조임쇠 유형 : Socket Head Cap Screw ISO 4762 / · 크기 : M4 / · 맞춤 : 표준

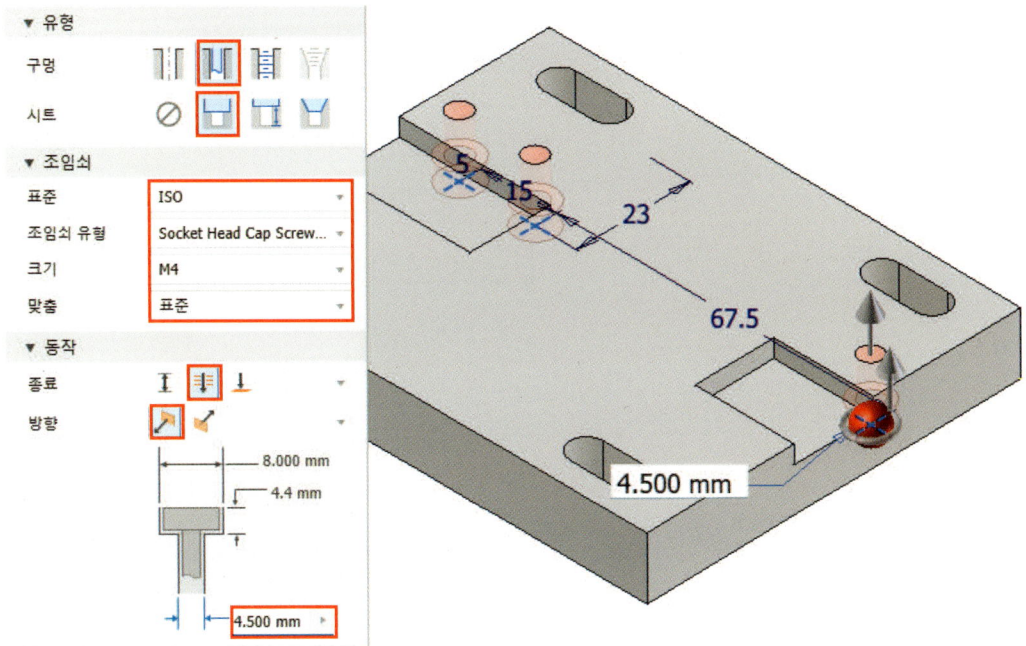

10 [미러] 명령을 실행하고 카운터 보어 피쳐 및 미러 평면을 선택하여 반대쪽에도 카운터 보어 구멍을 작성합니다.

· 피쳐 유형 : 개별 피쳐 미러 / · 미러 평면 : XY 평면

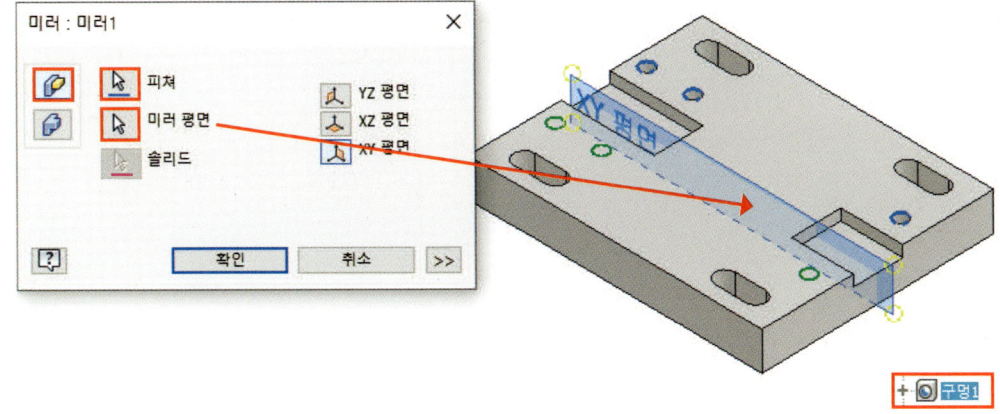

11 구멍의 위치를 지정하기 위해 아래 이미지를 참고하여 스케치를 작성합니다.

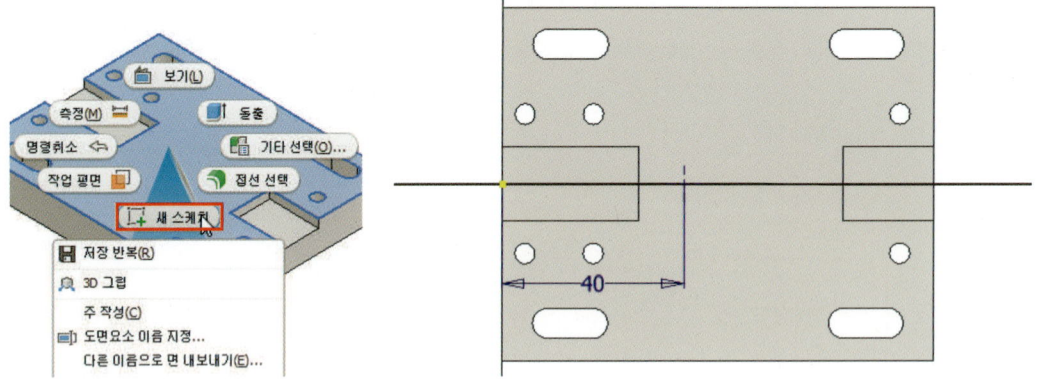

12 [구멍] 명령을 실행하고 유형 및 크기를 입력하여 10mm 구멍을 작성합니다.

· 구멍 유형 : 단순 구멍 / · 시트 : 없음 / · 종료 : 전체 관통 / · 방향 : 기본값 / · 구멍 지름 : 10mm

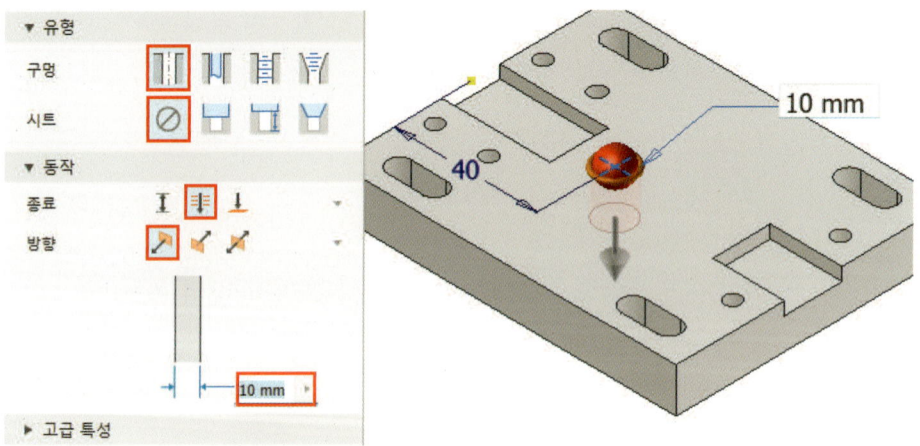

13 [모따기] 명령을 실행하고 4개의 모서리에 3mm 모따기를 작성합니다.

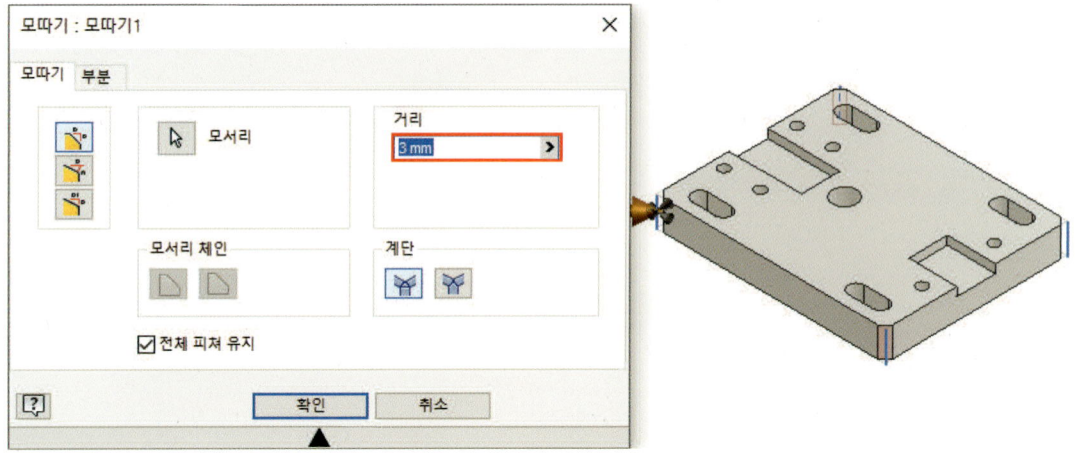

14 [모깎기] 명령을 실행하고 4개의 모서리에 3mm 모깎기를 작성합니다.

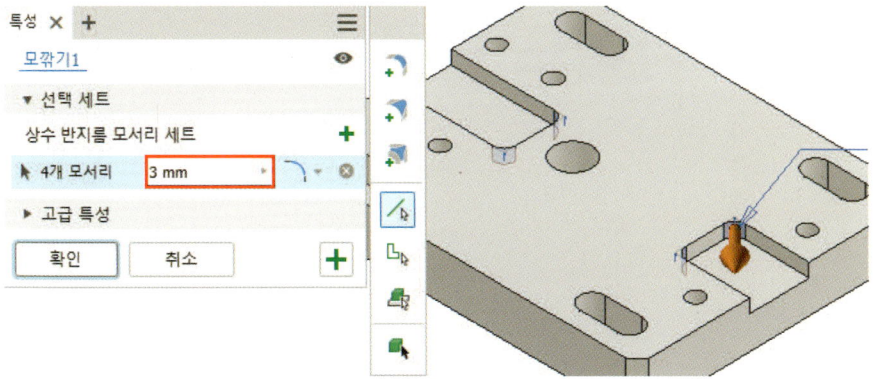

15 [모따기] 명령을 실행하고 2개의 모서리에 1mm 모따기를 작성하여 베이스 부품 모델링을 완료합니다.

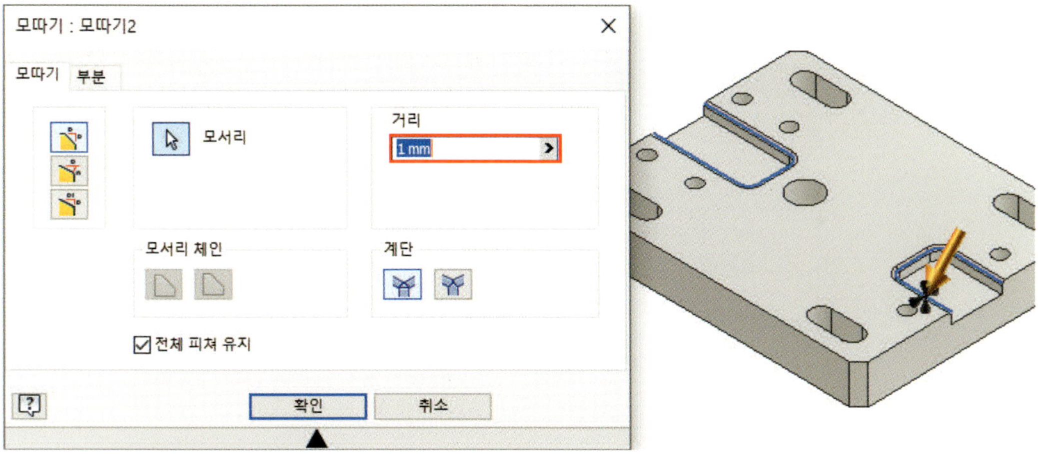

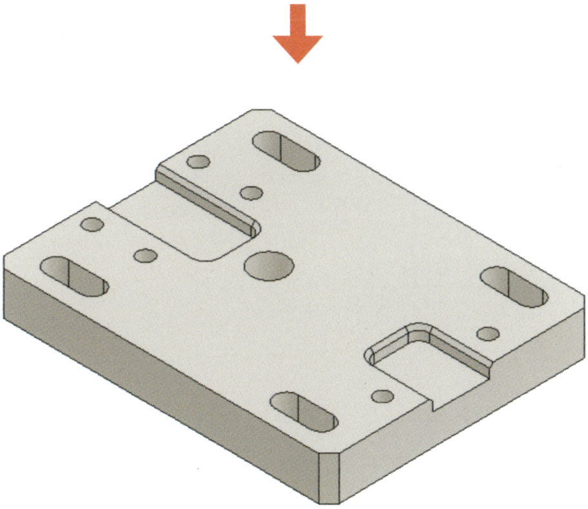

SECTION 02 가이드 블록

01 부품도

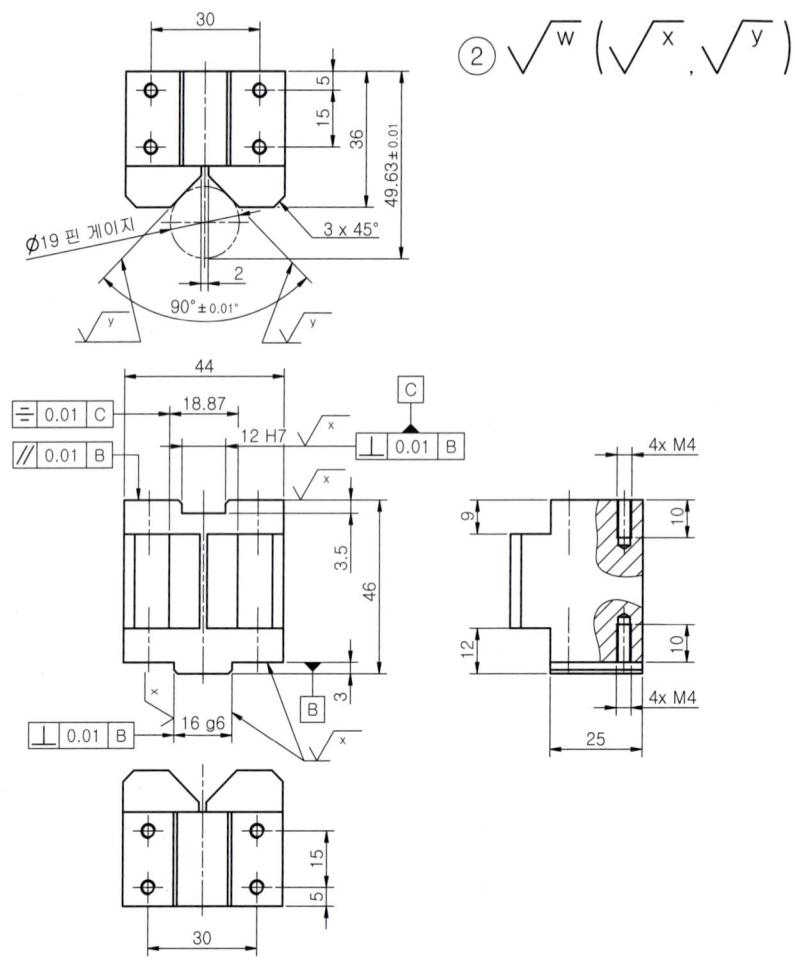

02 3D 모델링 작업

01 XY 평면(뷰큐브 방향 : 평면도)에 예제 도면의 평면도 형상 및 치수를 참고하여 스케치를 작성합니다.

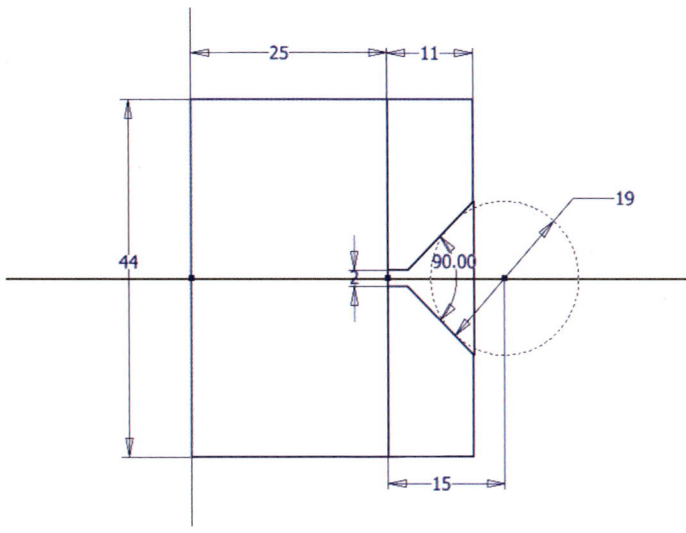

02 [돌출] 명령을 실행하고 방향과 거리를 입력하여 형상을 작성합니다.

· 방향 : 대칭 / · 거리 : 43mm / · 출력 : 솔리드1

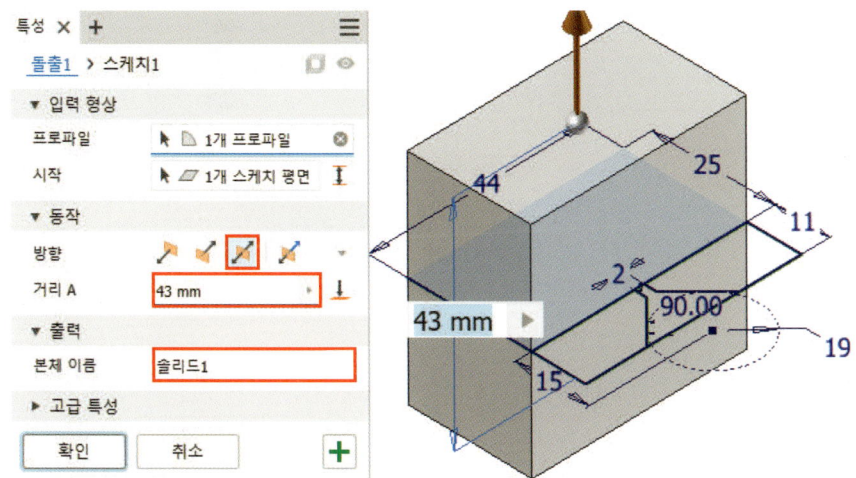

CHAPTER 3 드릴지그 3D 모델링

03 스케치1을 마우스 우측 버튼으로 클릭하여 [스케치 공유]를 선택합니다.

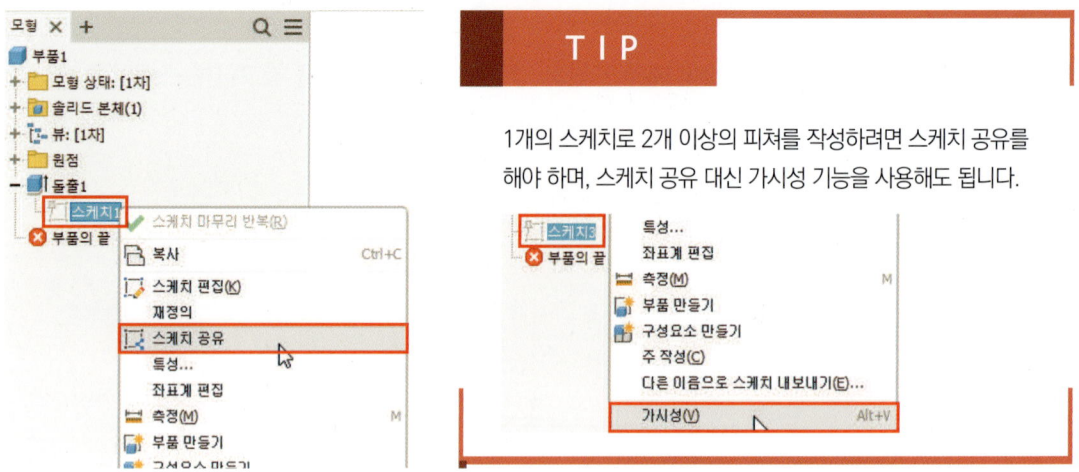

04 [돌출] 명령을 실행하고 방향, 거리, 출력을 입력하여 V홈 형상을 작성합니다.

· 방향 : 대칭 / · 거리 : 25mm / · 출력 : 접합

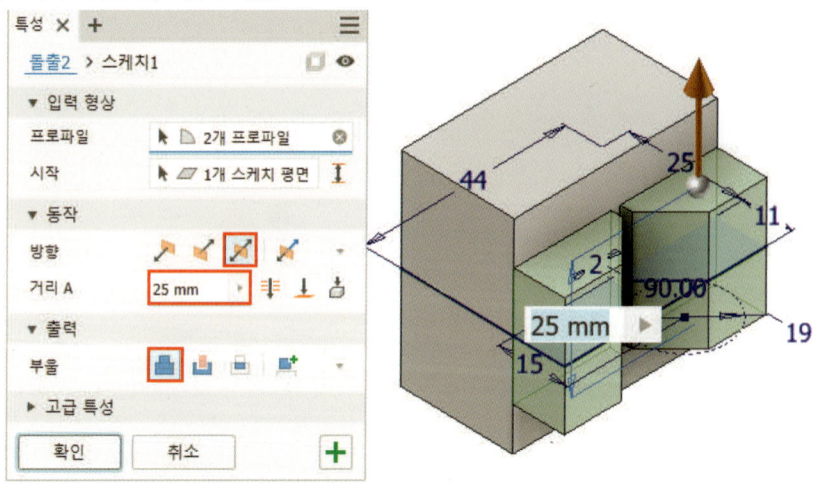

05 선택한 평면에 아래 이미지를 참고하여 스케치를 작성합니다.

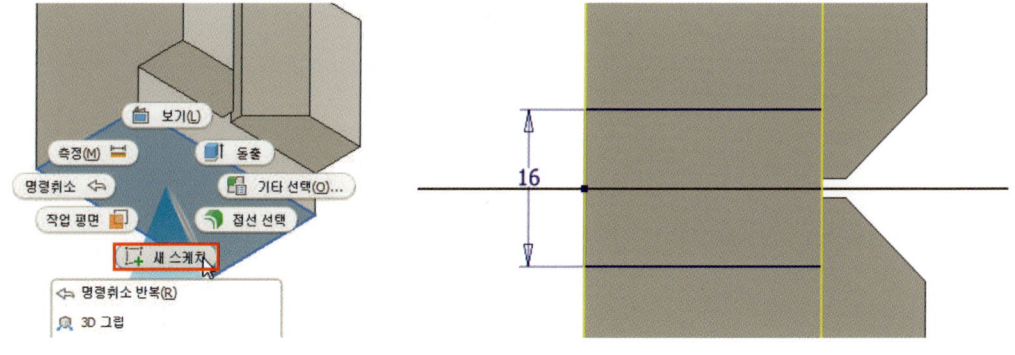

06 [돌출] 명령을 실행하고 방향, 거리, 출력을 입력하여 형상을 작성합니다.

· 방향 : 기본값 / · 거리 : 3mm / · 출력 : 접합

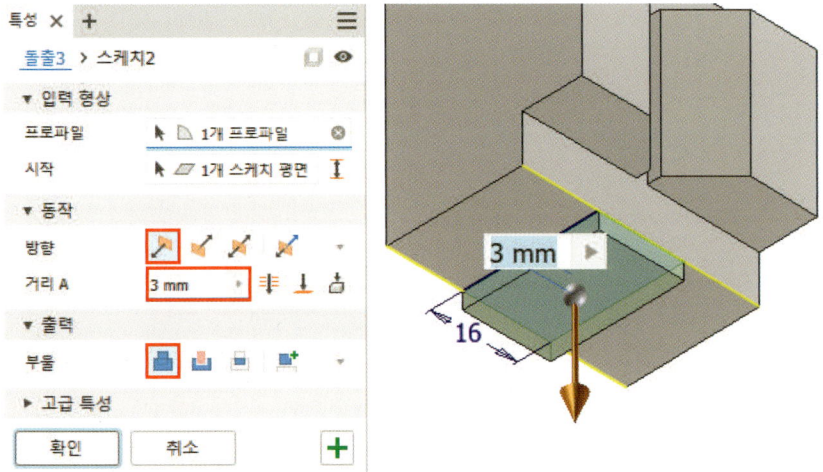

07 선택한 평면에 아래 이미지를 참고하여 스케치를 작성합니다.

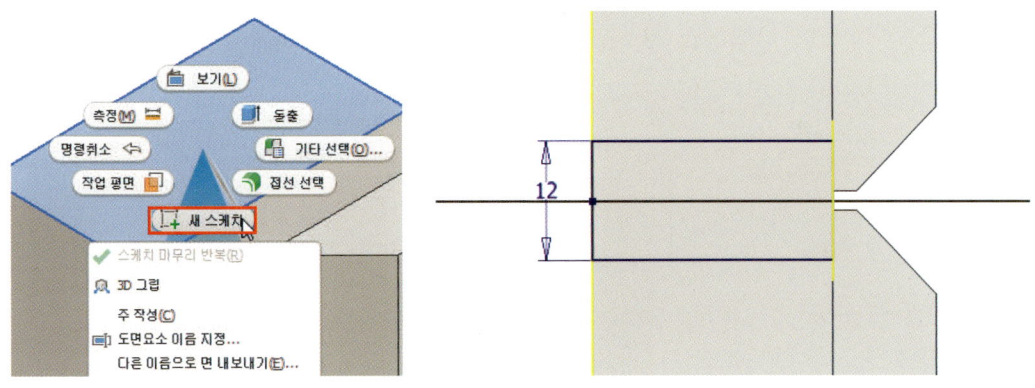

08 [돌출] 명령을 실행하고 방향, 거리, 출력을 입력하여 형상을 제거합니다.

· 방향 : 반전 / · 거리 : 3.5mm / · 출력 : 절단

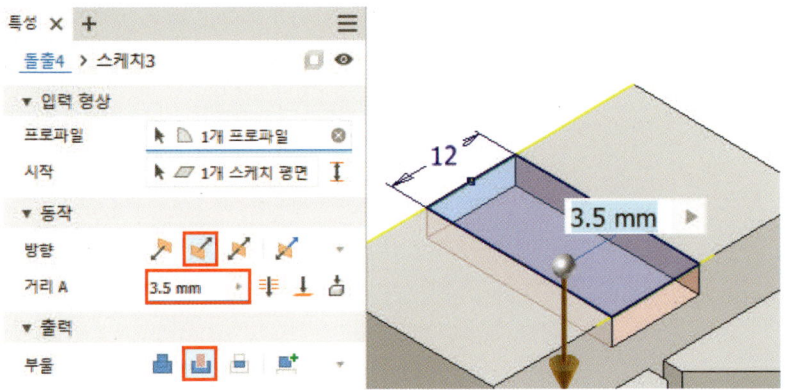

09 가이드 블록 윗면의 탭 구멍을 작성하기 위해 구멍의 위치 스케치를 작성합니다.

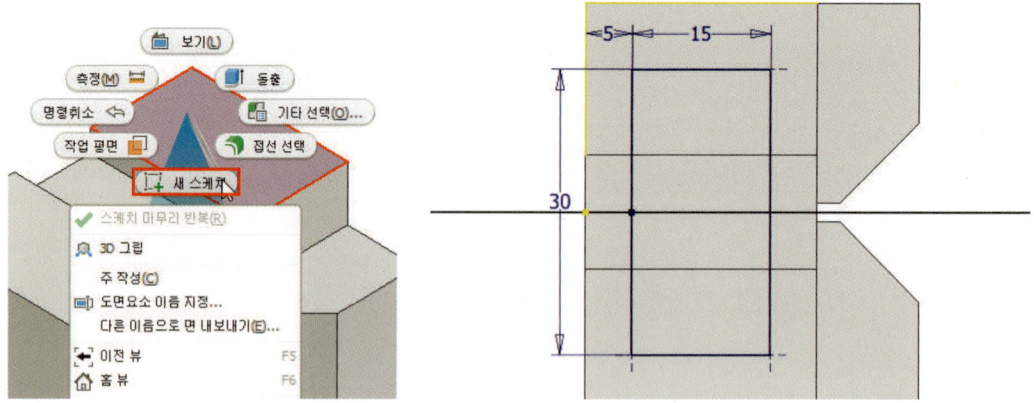

10 [구멍] 명령을 실행하고 유형 및 크기를 입력하여 탭 구멍을 작성합니다.
· 구멍 유형 : 탭 구멍 / · 시트 : 없음 / · 유형 : ISO Metric profile / · 크기 : 4 / · 지정 : M4x0.7
· 종료 : 거리 / · 방향 : 기본값 / · 스레드 깊이 : 10mm / · 구멍 깊이 : 12mm

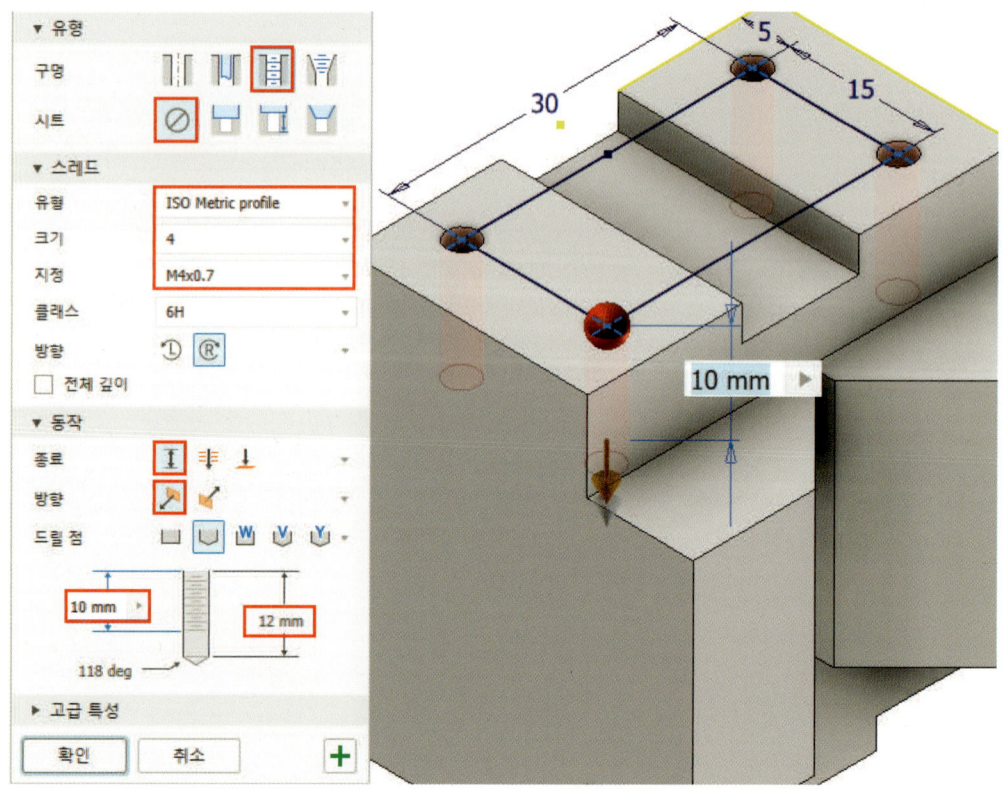

11 [미러] 명령을 실행하고 탭 구멍과 및 미러 평면을 선택하여 아랫면에 탭 구멍을 작성합니다.

· 피쳐 유형 : 개별 피쳐 미러 / · 미러 평면 : XZ 평면

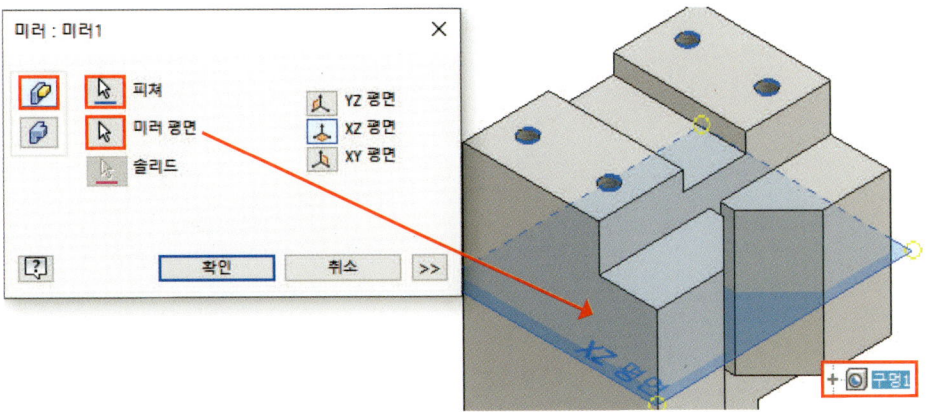

12 [모따기] 명령을 실행하고 2개의 모서리에 3mm 모따기를 작성합니다.

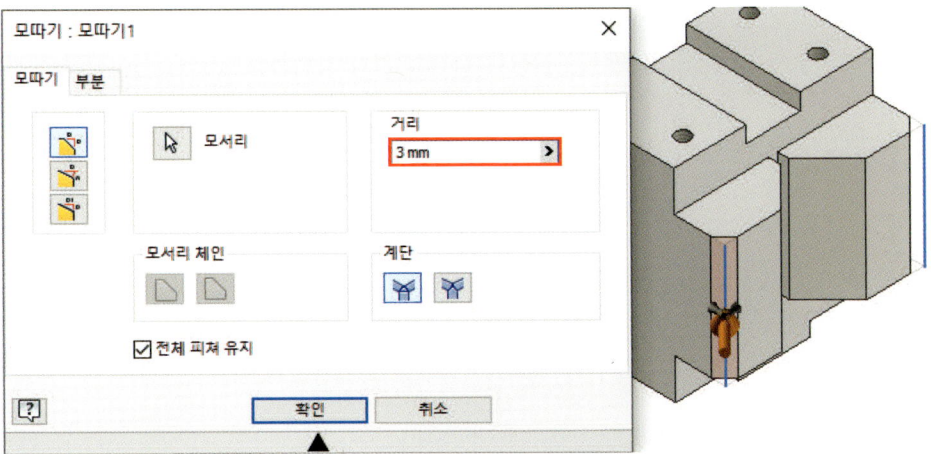

13 [모따기] 명령을 실행하고 4개의 모서리에 1mm 모따기를 작성하여 가이드 블록 모델링을 완료합니다.

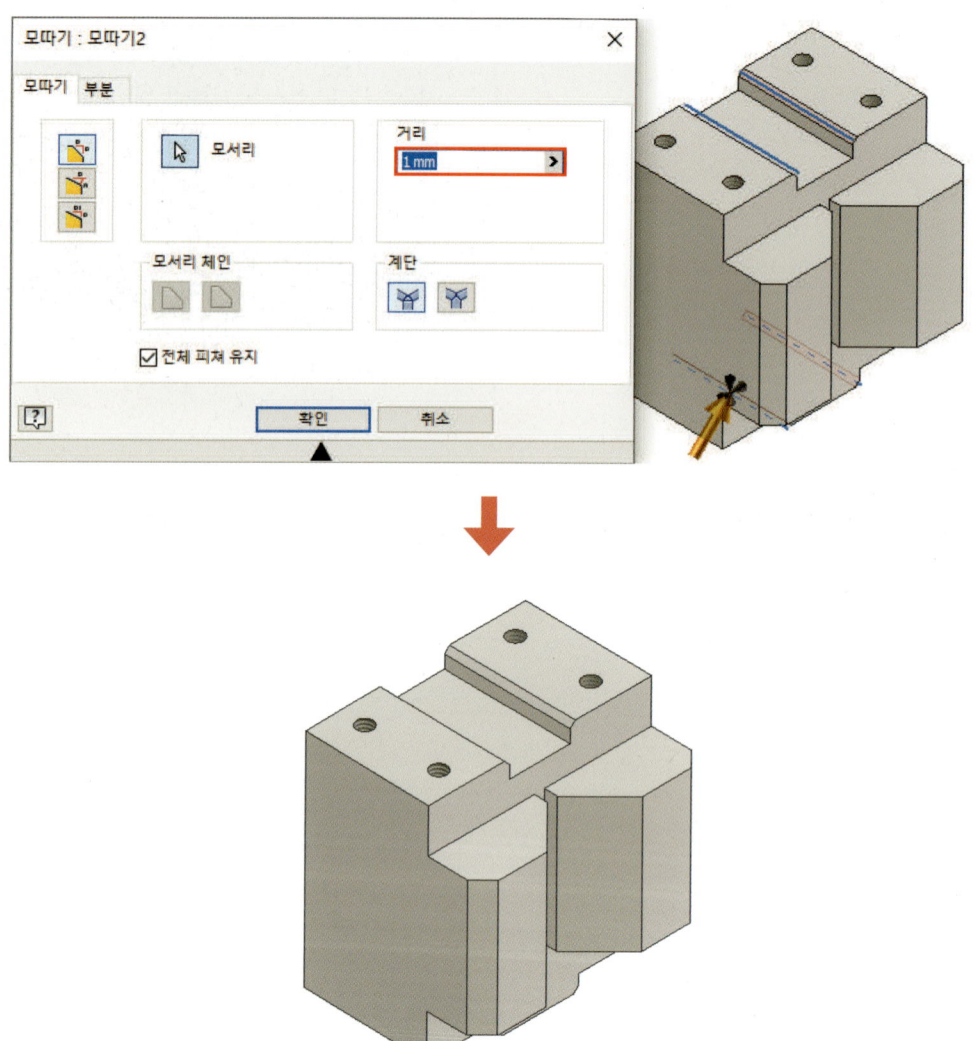

SECTION 03

플레이트

01 부품도

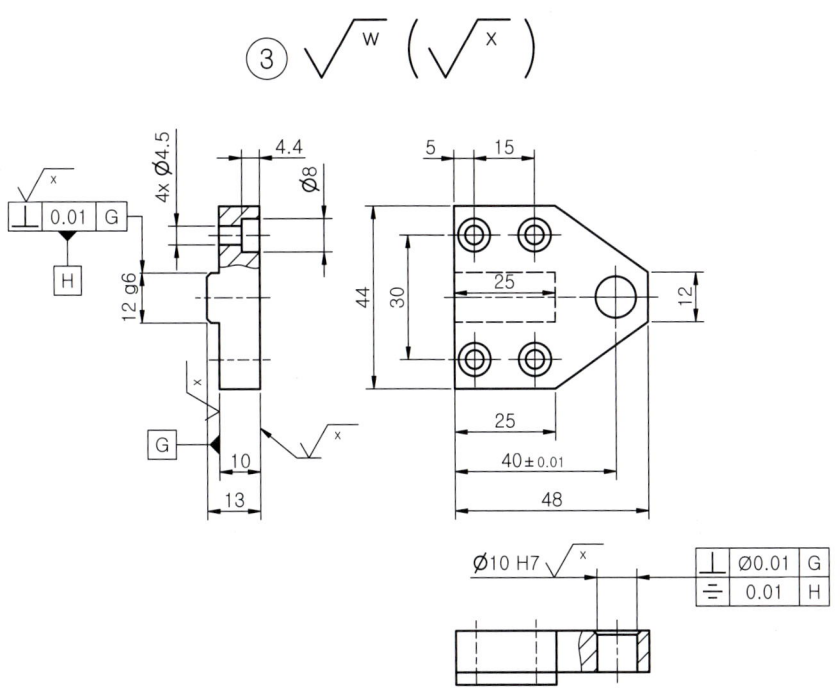

02 참고 KS 규격

1 6각 구멍붙이 볼트

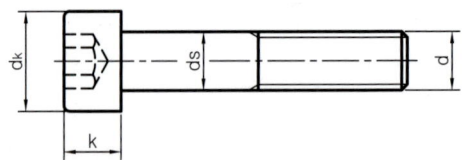

나사 호칭 지름(d)	M3	M4	M5	M6	M8	M10	M12	(M14)	M16
머리부 지름(dk, mm)	5.32 ~ 5.68	6.78 ~ 7.22	8.28 ~ 8.72	9.78 ~ 10.22	12.73 ~ 13.27	15.73 ~ 16.27	17.73 ~ 18.27	20.67 ~ 21.33	23.67 ~ 24.33
머리부 높이(k, mm)	2.86 ~ 3.00	3.82 ~ 4.00	4.82 ~ 5.00	5.70 ~ 6.00	7.64 ~ 8.00	9.64 ~ 10.00	11.57 ~ 12.00	13.57 ~ 14.00	15.57 ~ 16.00
목부 지름(ds, mm)	2.86 ~ 3.00	3.82 ~ 4.00	4.82 ~ 5.00	5.82 ~ 6.00	7.78 ~ 8.00	9.78 ~ 10.00	11.73 ~ 12.00	13.73 ~ 14.00	15.73 ~ 16.00

※ 6각 구멍붙이 볼트용 카운터 보어(KS B 3505)는 현재 폐지되었으니 참고하시기 바랍니다.

03 3D 모델링 작업

01 XY 평면(뷰큐브 방향 : 평면도)에 예제 도면의 평면도 형상 및 치수를 참고하여 스케치를 작성합니다.

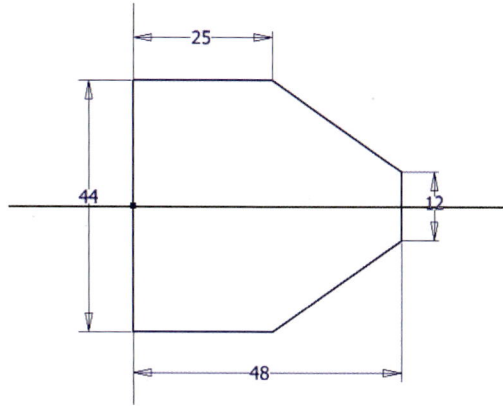

02 [돌출] 명령을 실행하고 방향과 거리를 입력하여 형상을 작성합니다.

· 방향 : 기본값 / · 거리 : 10mm / · 출력 : 솔리드1

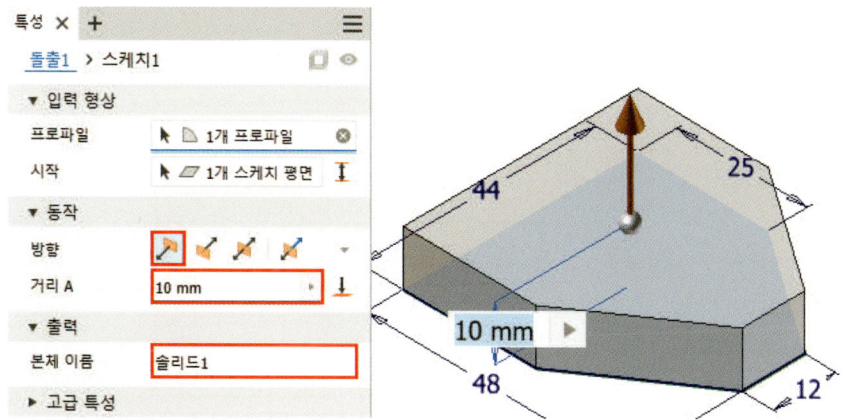

03 선택한 평면에 아래 이미지를 참고하여 스케치를 작성합니다.

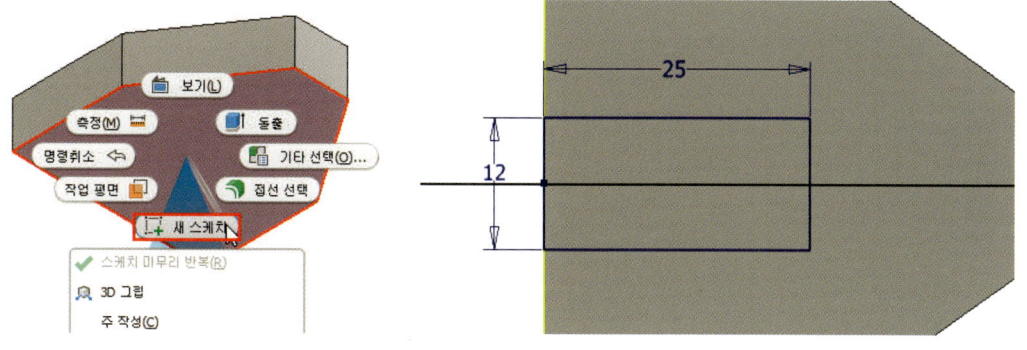

CHAPTER 3 드릴지그 3D 모델링

04 [돌출] 명령을 실행하고 방향, 거리, 출력을 입력하여 형상을 작성합니다.

· 방향 : 기본값 / · 거리 : 3mm / · 출력 : 접합

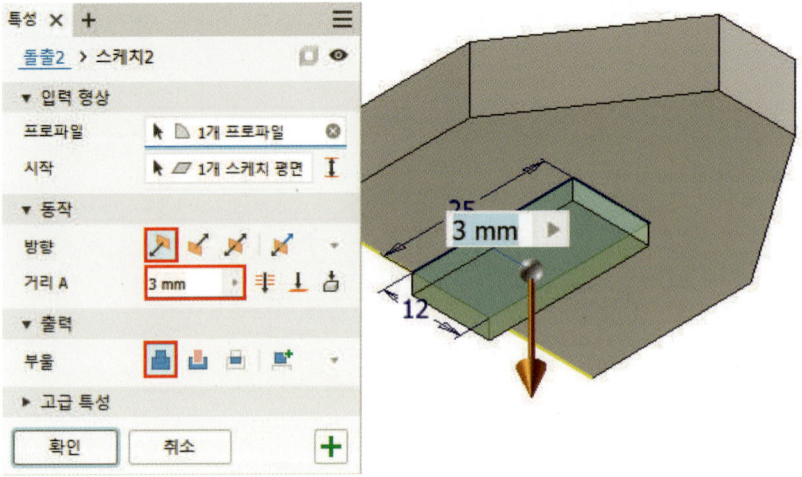

05 플레이트 윗면에 아래 이미지를 참고하여 카운터 보어 구멍의 위치에 대한 스케치를 작성합니다.

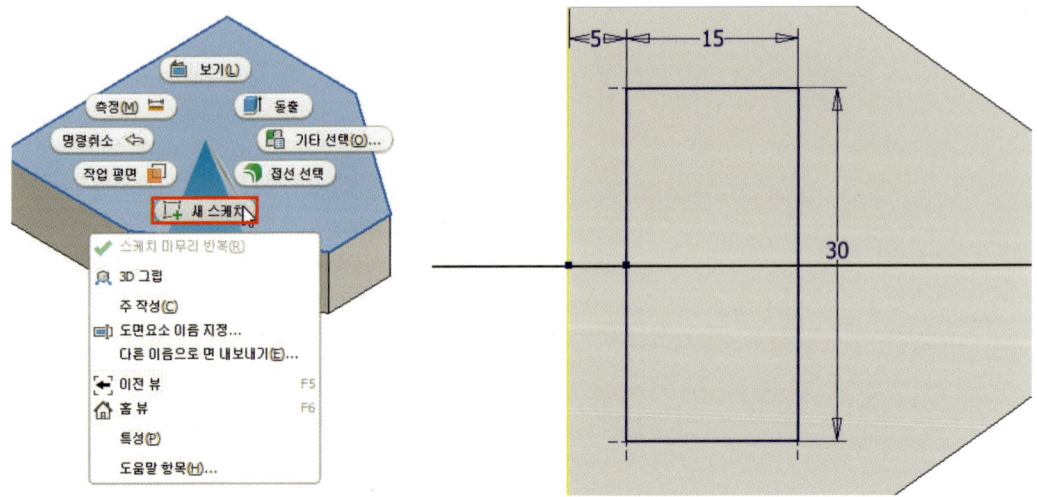

06 [구멍] 명령을 실행하고 유형 및 크기를 입력하여 카운터 보어 구멍을 작성합니다.

· 구멍 유형 : 틈새 구멍 / · 시트 : 카운터보어 / · 종료 : 전체 관통 / · 방향 : 기본값 / · 구멍 지름 : 4.5mm
· 조임쇠 표준 : ISO / · 조임쇠 유형 : Socket Head Cap Screw ISO 4762 / · 크기 : M4 / · 맞춤 : 표준

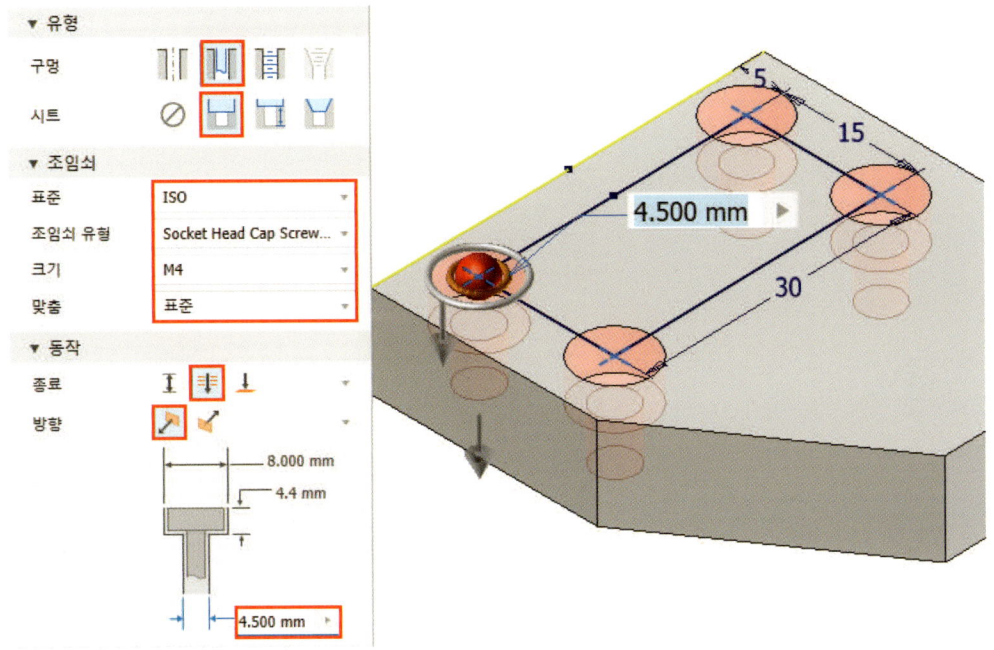

07 플레이트 윗면에 아래 이미지를 참고하여 구멍 위치에 대한 스케치를 작성합니다.

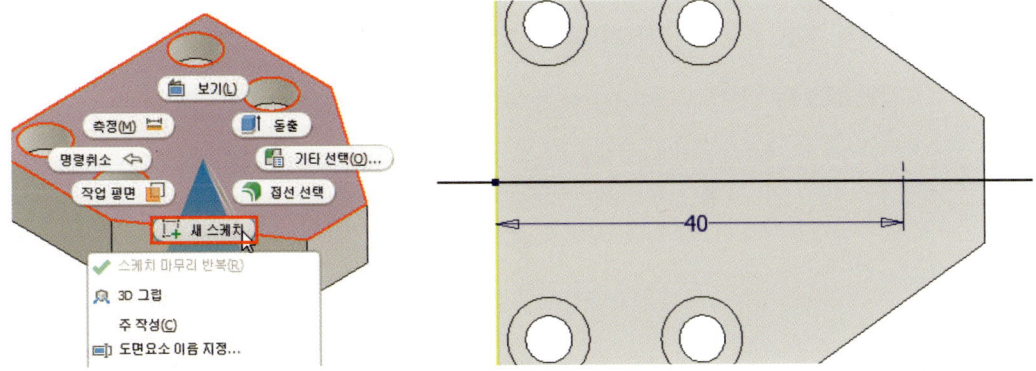

CHAPTER 3 드릴지그 3D 모델링　　101

08 [구멍] 명령을 실행하고 유형 및 크기를 입력하여 10mm 구멍을 작성합니다.

· 구멍 유형 : 단순 구멍 / · 시트 : 없음 / · 종료 : 전체 관통 / · 방향 : 기본값 / · 구멍 지름 : 10mm

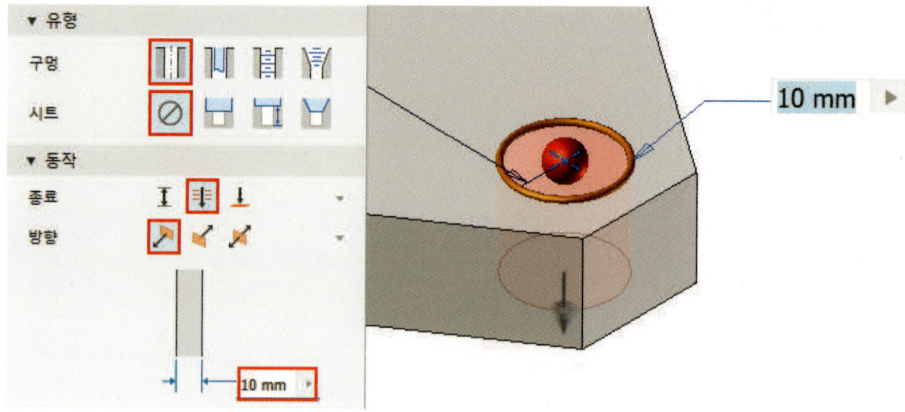

09 [모따기] 명령을 실행하고 3개의 모서리에 1mm 모따기를 작성하여 플레이트 모델링을 완료합니다.

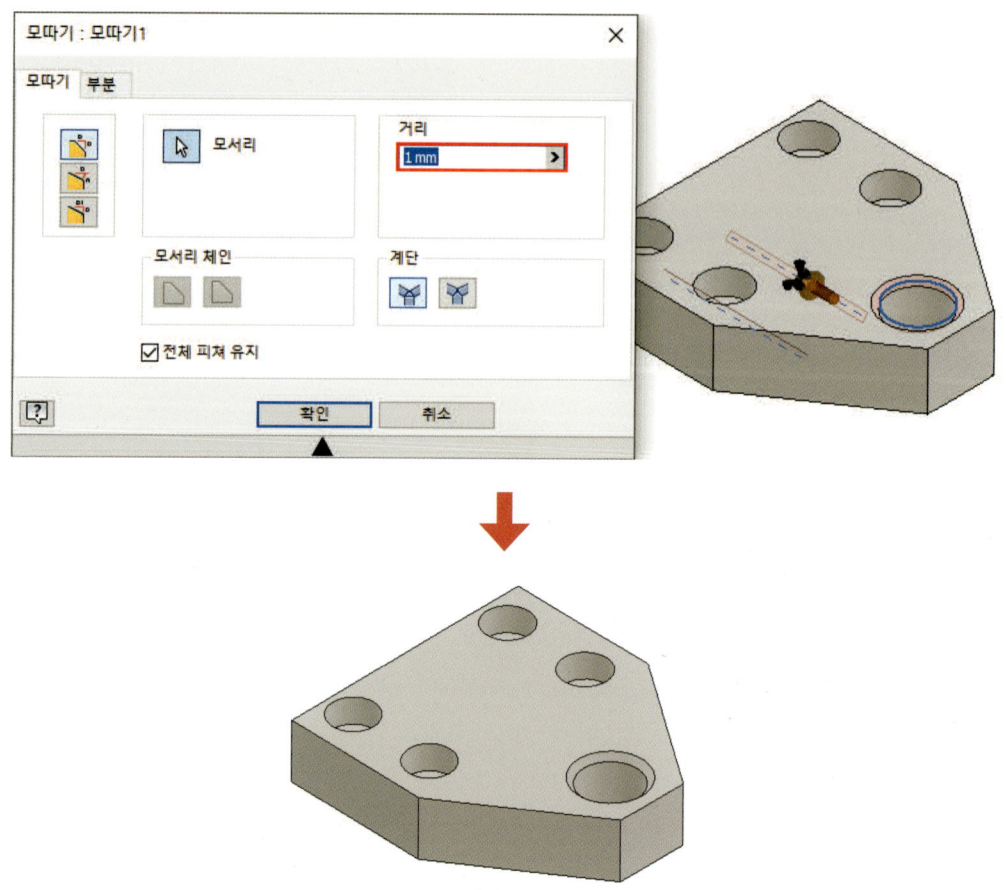

SECTION 04

나사 블록

01 부품도

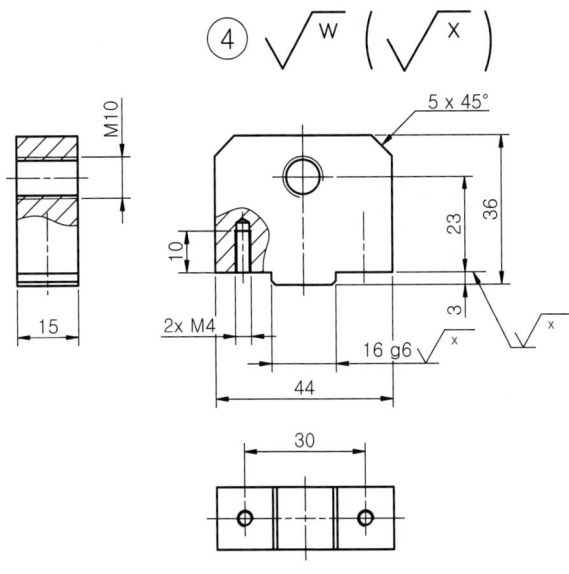

02 3D 모델링 작업

01 XZ 평면(뷰큐브 방향 : 정면도)에 예제 도면의 정면도 형상 및 치수를 참고하여 스케치를 작성합니다.

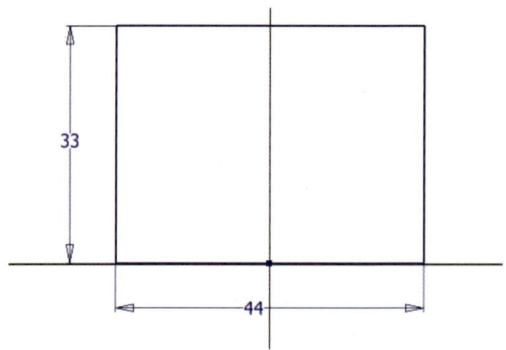

02 [돌출] 명령을 실행하고 방향과 거리를 입력하여 형상을 작성합니다.

· 방향 : 기본값 / · 거리 : 15mm / · 출력 : 솔리드1

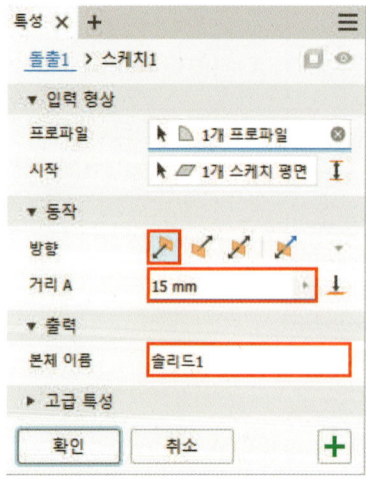
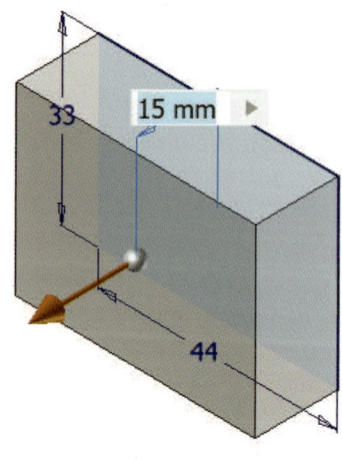

03 선택한 평면에 아래 이미지를 참고하여 스케치를 작성합니다.

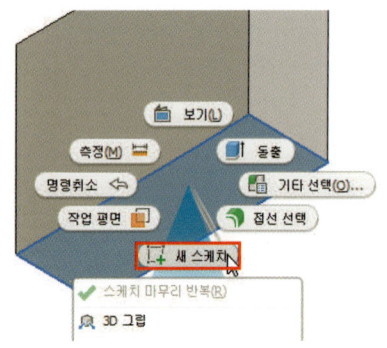
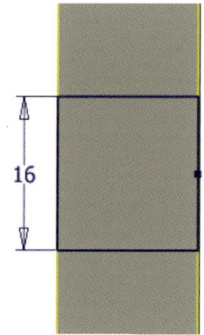

04 [돌출] 명령을 실행하고 방향, 거리, 출력을 입력하여 형상을 작성합니다.

· 방향 : 기본값 / · 거리 : 3mm / · 출력 : 접합

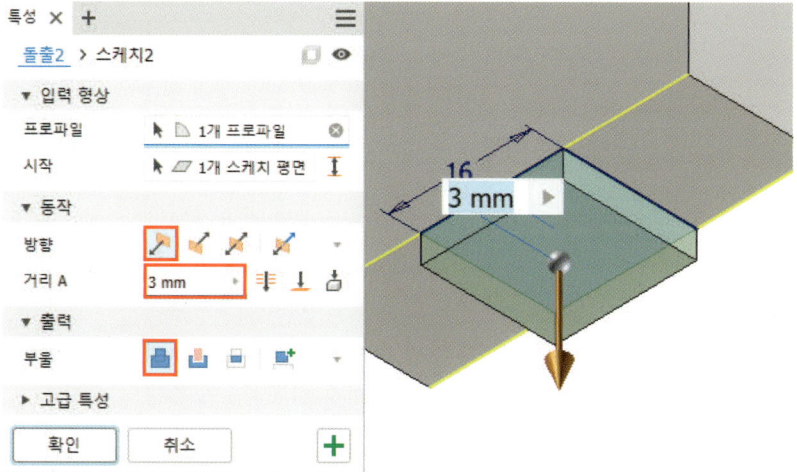

05 나사 블록 아랫면에 아래 이미지를 참고하여 탭 구멍의 위치에 대한 스케치를 작성합니다.

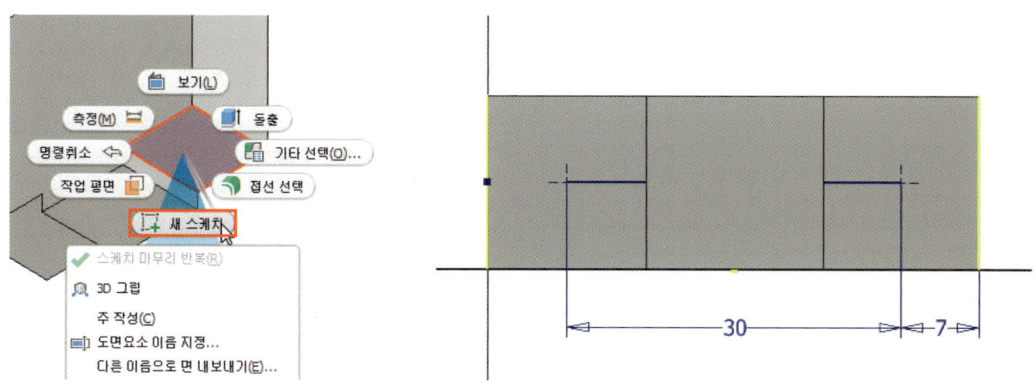

06 [구멍] 명령을 실행하고 유형 및 크기를 입력하여 탭 구멍을 작성합니다.

· 구멍 유형 : 탭 구멍 / · 시트 : 없음 / · 유형 : ISO Metric profile / · 크기 : 4 / · 지정 : M4x0.7
· 종료 : 거리 / · 방향 : 기본값 / · 스레드 깊이 : 10mm / · 구멍 깊이 : 12mm

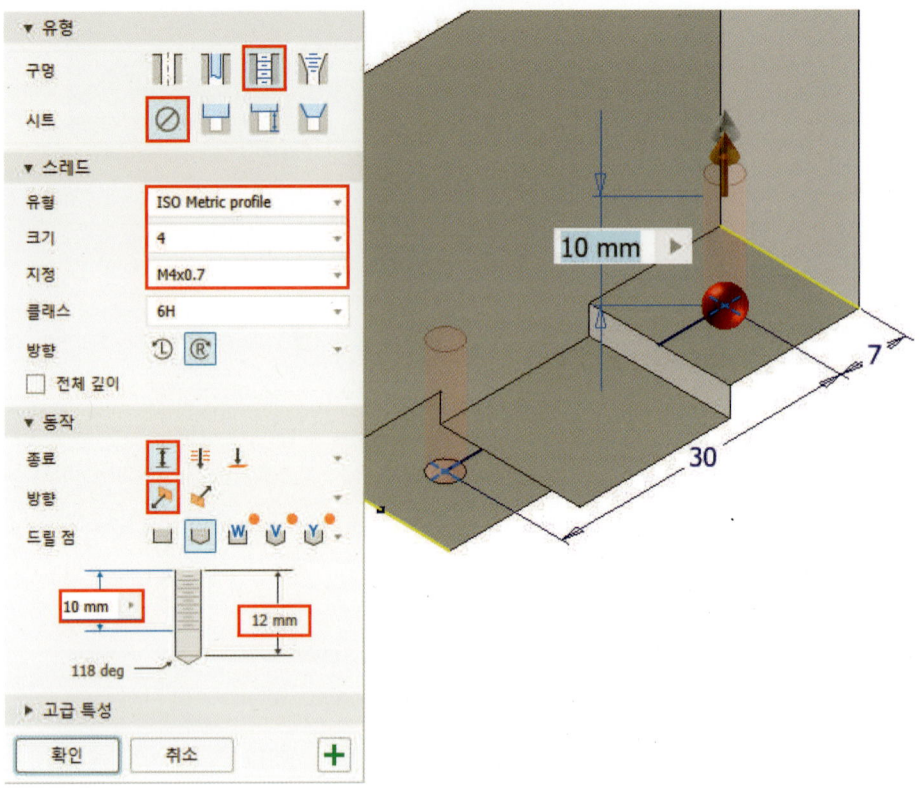

07 나사 블록 정면에 아래 이미지를 참고하여 탭 구멍의 위치에 대한 스케치를 작성합니다.

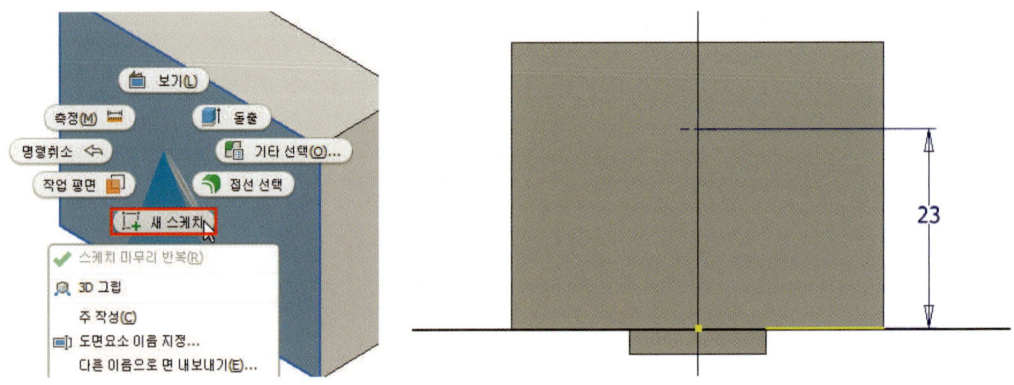

08 [구멍] 명령을 실행하고 유형 및 크기를 입력하여 탭 구멍을 작성합니다.

· 구멍 유형 : 탭 구멍 / · 시트 : 없음 / · 유형 : ISO Metric profile / · 크기 : 10 / · 지정 : M10x1.5
· 전체 깊이 : 체크 / · 종료 : 전체 관통 / · 방향 : 기본값

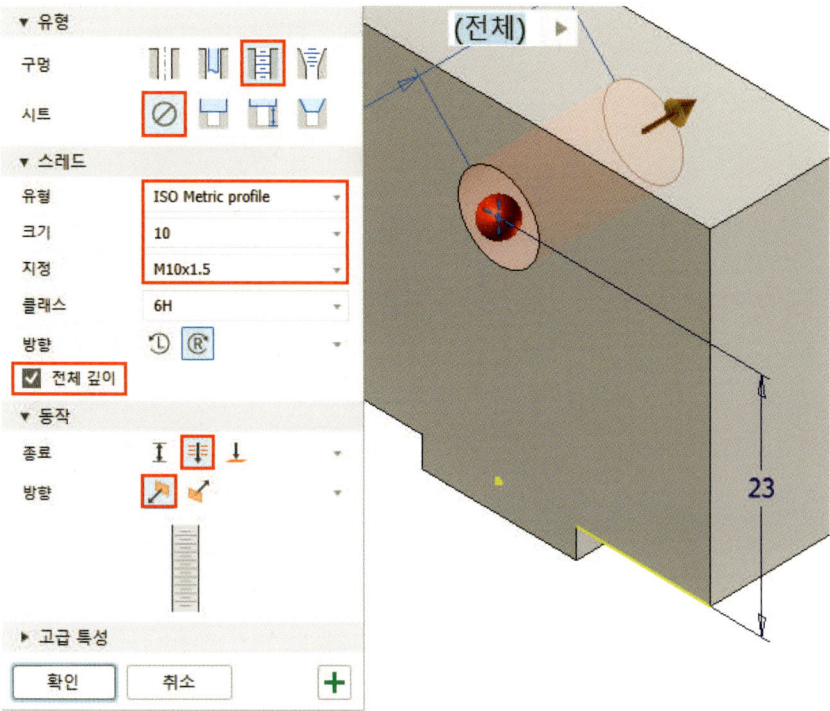

09 [모따기] 명령을 실행하고 2개의 모서리에 1mm 모따기를 작성합니다.

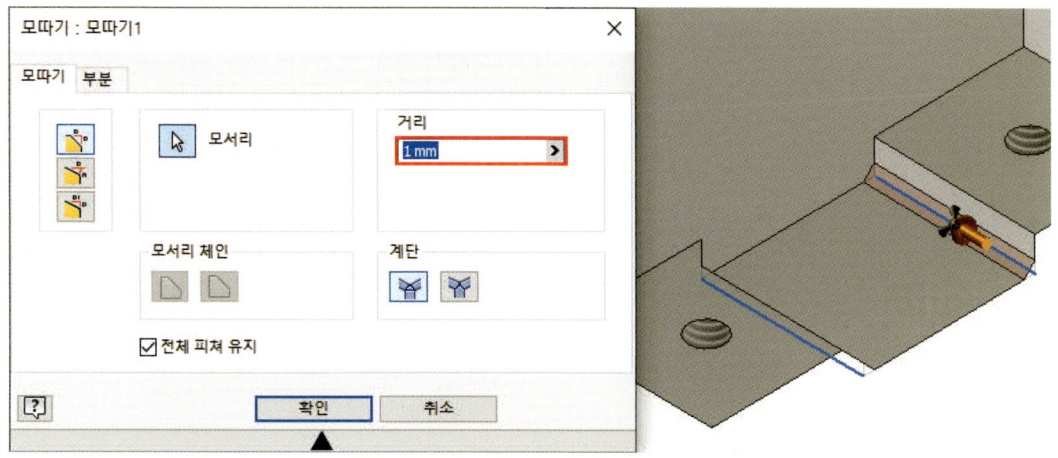

10 [모따기] 명령을 실행하고 2개의 모서리에 5mm 모따기를 작성하여 나사 블록 모델링을 완료합니다.

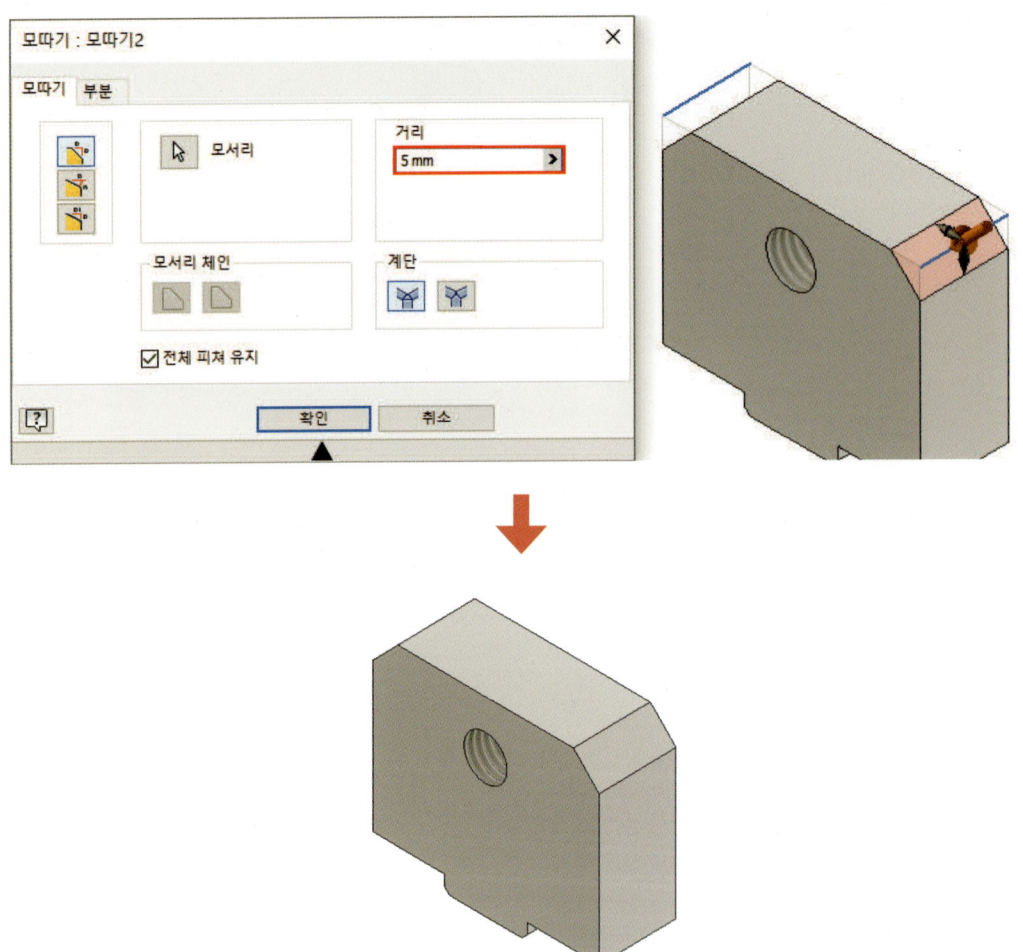

SECTION 05

리드 스크류

01 부품도

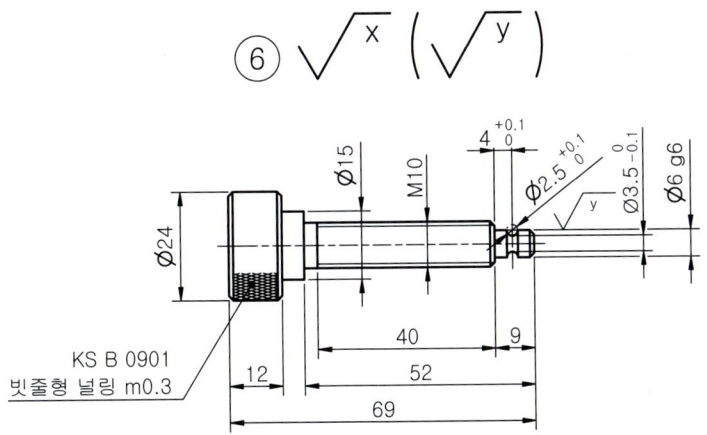

02 3D 모델링 작업

01 XZ 평면(뷰큐브 방향 : 정면도)에 예제 도면의 정면도 형상 및 치수를 참고하여 스케치를 작성합니다.

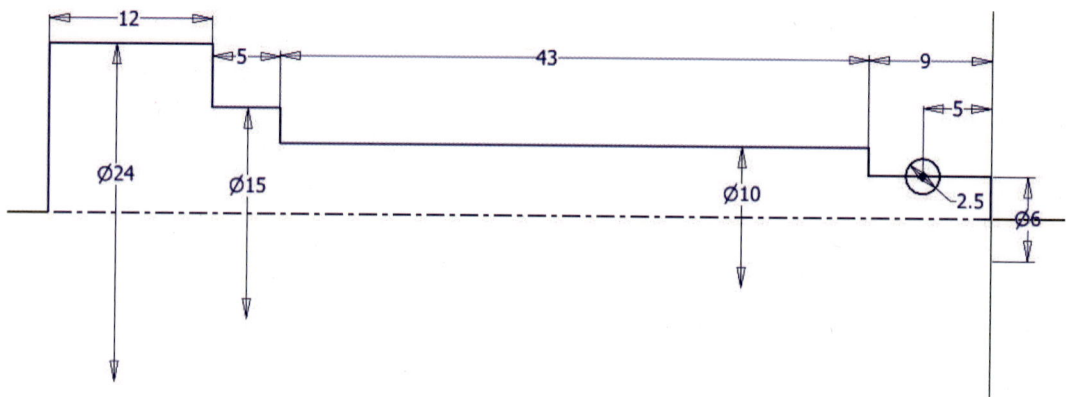

02 [회전] 명령을 실행하고 프로파일과 축을 선택하여 형상을 작성합니다.
· 방향 : 기본 값(기본 방향) / · 각도 : 전체 / · 출력 : 솔리드1

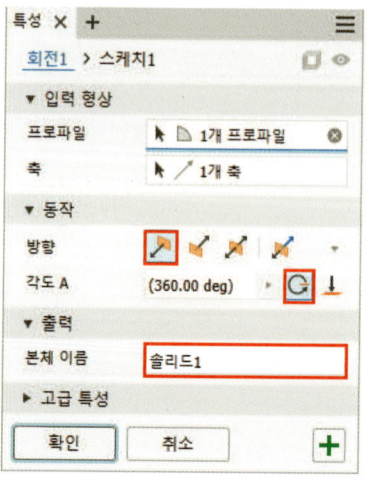 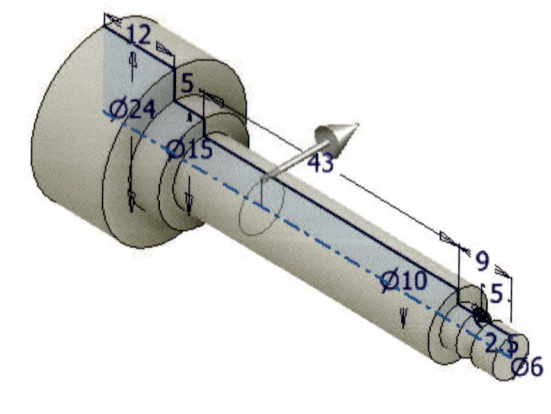

03 [스레드] 명령을 실행하고 유형 및 크기, 길이를 지정하여 스레드 형상을 작성합니다.

· 유형 : ISO Metric profile / · 크기 : 10 / · 지정 : M10x1.5 / · 깊이 : 40mm

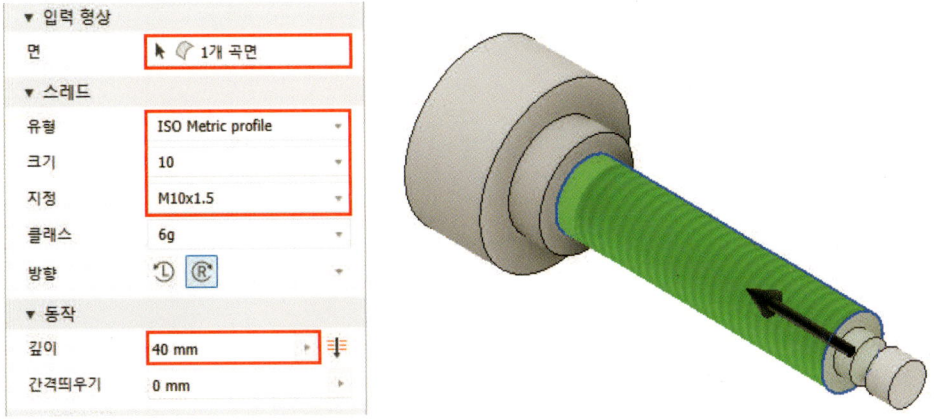

04 [모따기] 명령을 실행하고 4개의 모서리에 1mm 모따기를 작성하여 리드 스크류 모델링을 완료합니다.

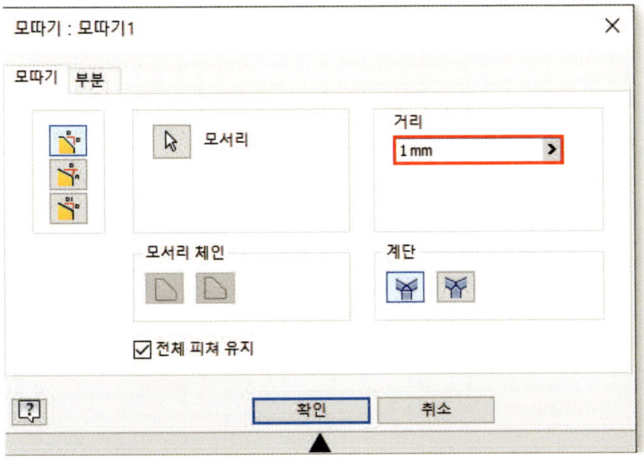

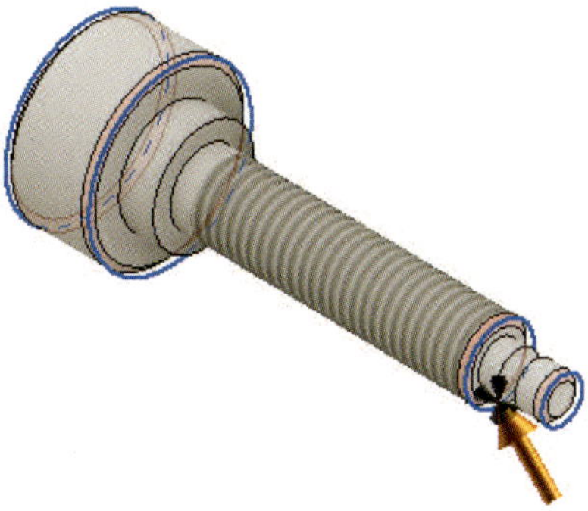

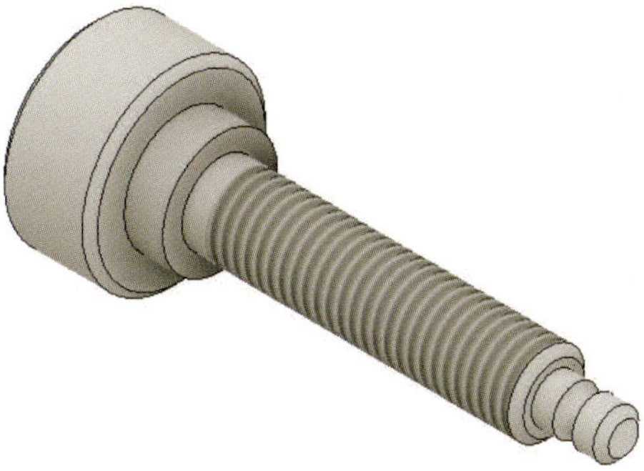

CHAPTER 3 드릴지그 3D 모델링

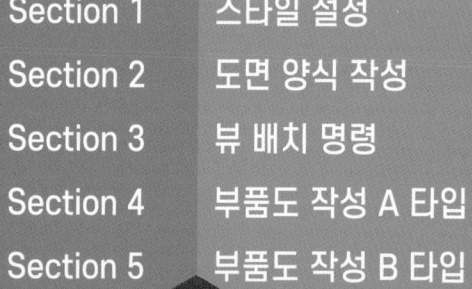

Section 1	스타일 설정	114
Section 2	도면 양식 작성	128
Section 3	뷰 배치 명령	136
Section 4	부품도 작성 A 타입	139
Section 5	부품도 작성 B 타입	174

CHAPTER.04

2D 도면 작성

SECTION 01

스타일 설정

01 스타일 편집기 설정

　스타일 편집기는 도면에서 사용되는 투상법 설정, 치수 스타일, 표면 텍스처 등 다양한 도면 요소의 형식과 속성을 지정할 수 있는 기능입니다. 이를 활용하여 시험 기준에 맞는 도면 스타일을 설정하는 방법에 대해 알아보겠습니다.

스타일			내용
표준	기본 표준 (ISO)	뷰 기본 설정	삼각법(T)
텍스트	레이블 텍스트 (ISO)	텍스트 높이 : 5mm	〈공통 사항〉 글꼴 : 굴림 색상 : 검정
	주 텍스트 (ISO)	텍스트 높이 : 3.5mm	
	보조 텍스트	텍스트 높이 : 2.5mm	
중심 표식	중심 표식 (ISO)	간격(G) : 1mm, 기본 반지름(D) : 5mm	
치수	기본값 (ISO)	단위	십진 표기기(M) : . 마침표 화면표시 : 후행 체크해제 각도 화면표시 : 후행 체크해제
		화면표시	종료자(M) : 채움 크기(X)(Z) : 3mm A 연장(E) : 2mm B 원점 간격띄우기(O): 1mm C 간격(G) : 0.5mm D 간격(S) : 8mm E 부품 간격띄우기(P) : 12mm
		텍스트	공차 텍스트 스타일 : 보조 텍스트 자리맞추기 : 맨 아래 자리맞추기
		공차	표시 옵션 : 후행 0 없음 – 기호 없음
		옵션	반지름 치수 : , 지름 치수 :
		주 및 지시선	모따기 주 형식 : C〈DIST1〉 지시선 스타일(L) : ,

스타일		내용	
기하 공차	기하 공차 (ISO)	기호 표시 대상(S)	↗ 원형 런아웃(채움) ↗↗ 전체 런아웃(채움)
		1차 단위	선형(L) : mm 소수점(M) : . 마침표
도면층	단면선(ISO)	모양 : ■ 선가중치 : 0.5mm 선가중치로 축척 : 체크	
	좁은 외형선(ISO)	모양 : ■ 선가중치 : 0.25mm 선가중치로 축척 : 체크	
	해치(ISO)	모양 : ■ 선가중치 : 0.25mm 선가중치로 축척 : 체크	
지시선	일반 (ISO)	종료자	화살촉(A) : 채움 크기(X)(Z) : 3mm
표면 텍스처	표면 텍스처 (ISO)	하위 스타일	텍스트 스타일(T) : 보조 텍스트 표준 참조(R) : ISO 1302 – 2002
테이블	테이블 (ISO)	테이블 스타일	제목(T) : 체크 해제 텍스트 스타일 : 테이블 제목 간격(H), 행 간격(R) : 2mm 방향(I) : 맨 위에 새 행 추가
		기본 열 설정	특성 : 품번, 품명, 재질, 수량, 비고 폭 : 15, 45, 20, 15, 35
		선가중치	외부 : 0.7mm, 내부 : 0.25mm
뷰 주석	뷰 주석 (ISO)	종료자	치수보조선 길이 : 10mm 종료자(M) : 채움 크기(X)(Z) : 7mm 높이 (Y)(H) : 4mm

관리 탭의 [스타일 편집기]를 클릭합니다.

1 표준 – 기본 표준 (ISO)

[기본 표준 (ISO)] 스타일의 [뷰 기본 설정] 탭에서 투영 유형을 [삼각법(T)]으로 설정합니다.

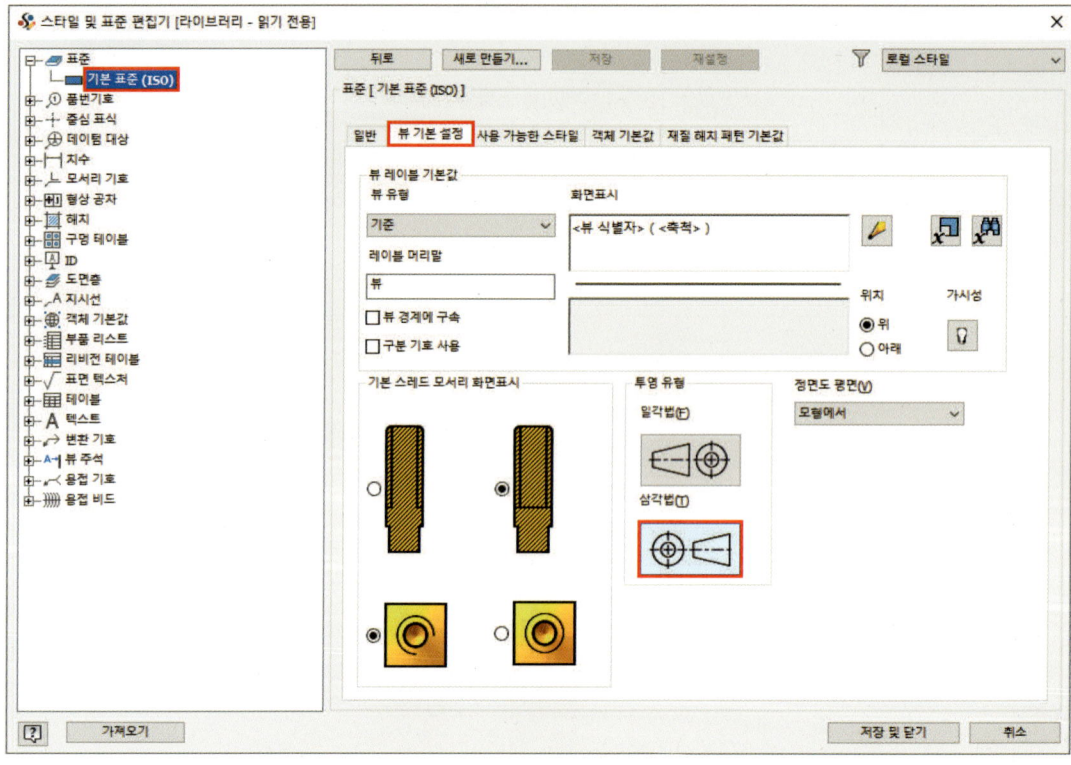

2 텍스트 – 레이블 텍스트 (ISO)

[레이블 텍스트 (ISO)] 스타일에서 글꼴과 텍스트 높이를 [굴림, 5mm]로 지정합니다.

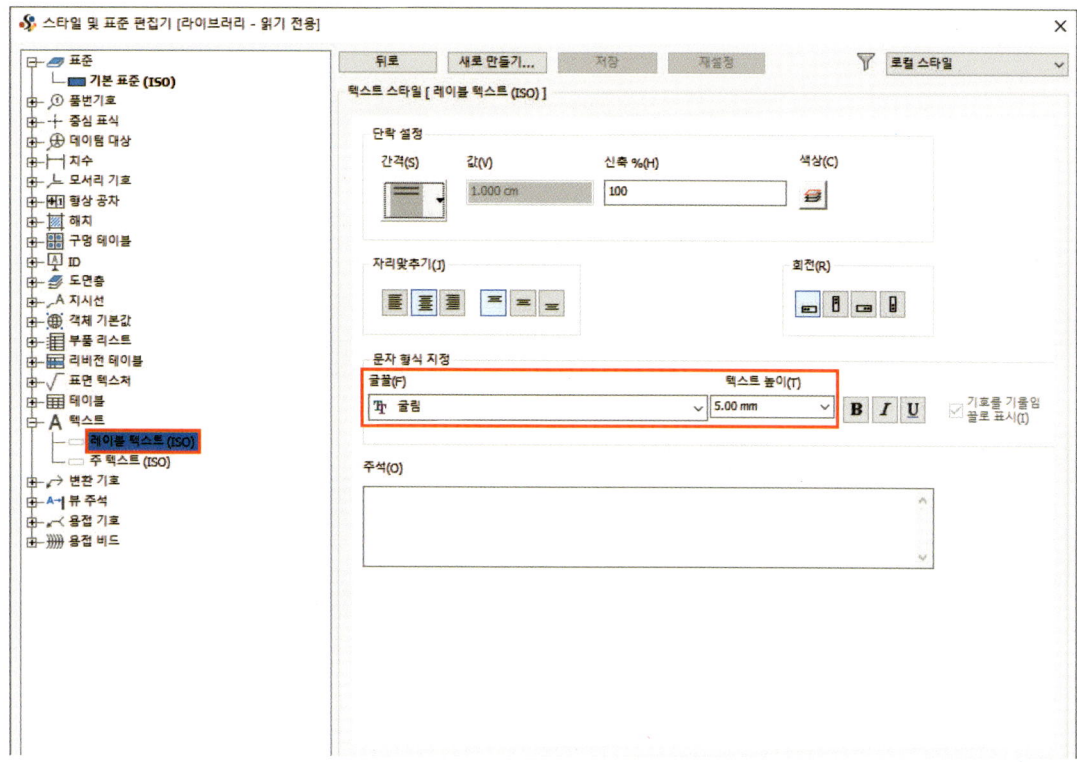

3 텍스트 – 주 텍스트 (ISO)

[주 텍스트 (ISO)] 스타일에서 글꼴과 텍스트 높이를 [굴림, 3.5mm]로 지정합니다.

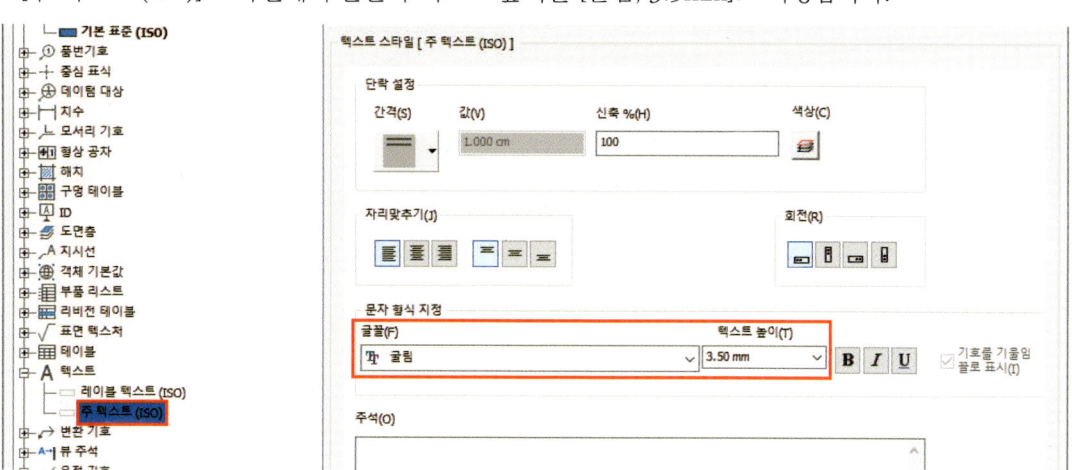

4 텍스트 – 보조 텍스트

[새로 만들기]를 눌러 [보조 텍스트] 스타일을 추가하고, [보조 텍스트] 스타일에서 글꼴과 텍스트 높이를 [굴림, 2.5mm]로 지정합니다.

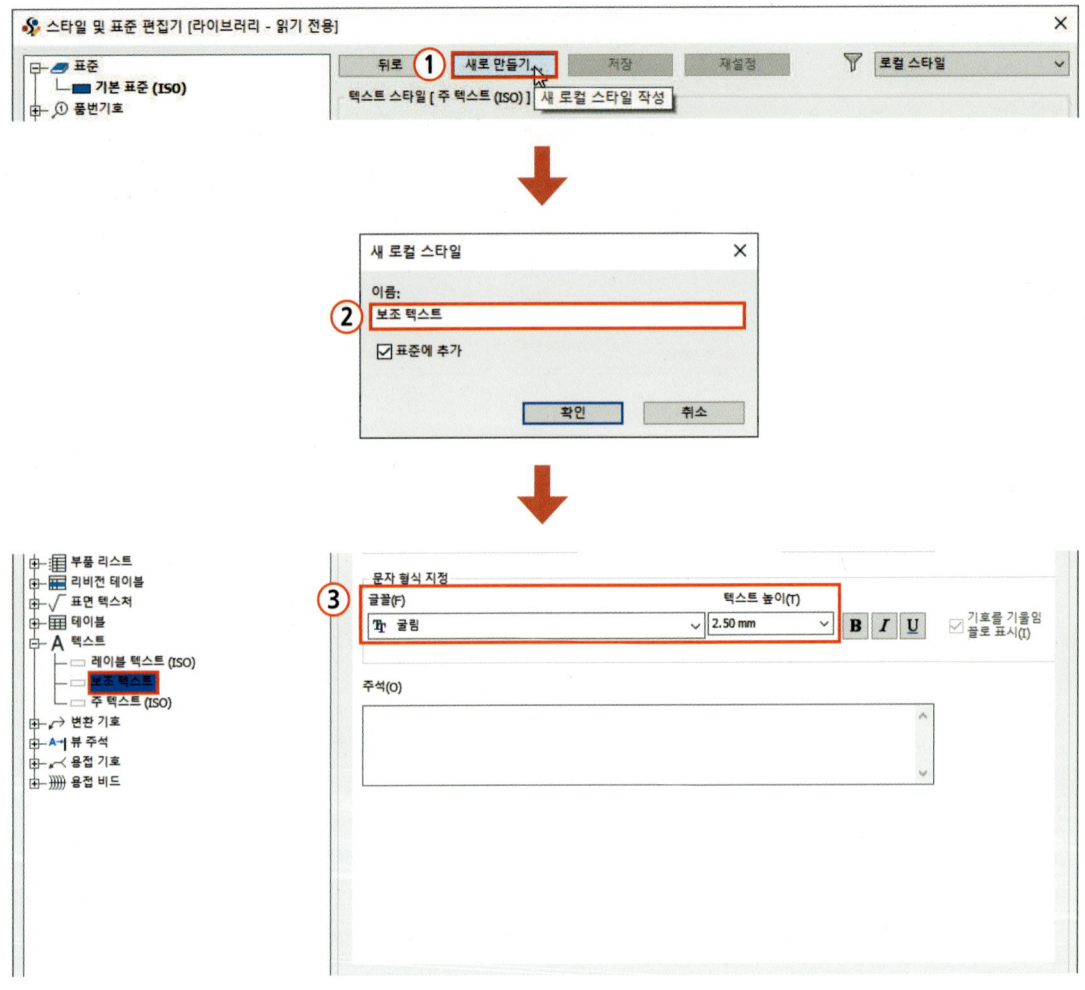

5 중심 표식 - 중심 표식 (ISO)

[중심 표식 (ISO)] 스타일에서 [간격(G)]을 1mm로, [기본 반지름(D)]을 5mm로 지정합니다.

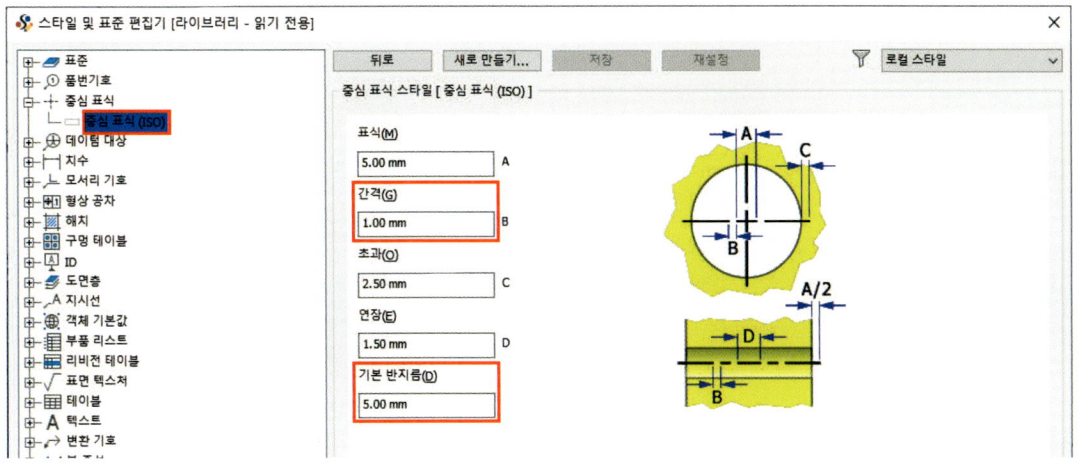

6 치수 - 기본값 (ISO)

[기본값 (ISO)] 스타일의 [단위] 탭에서 [십진 표식기(M)], [화면표시], [각도 화면표시] 옵션을 다음과 같이 설정합니다.

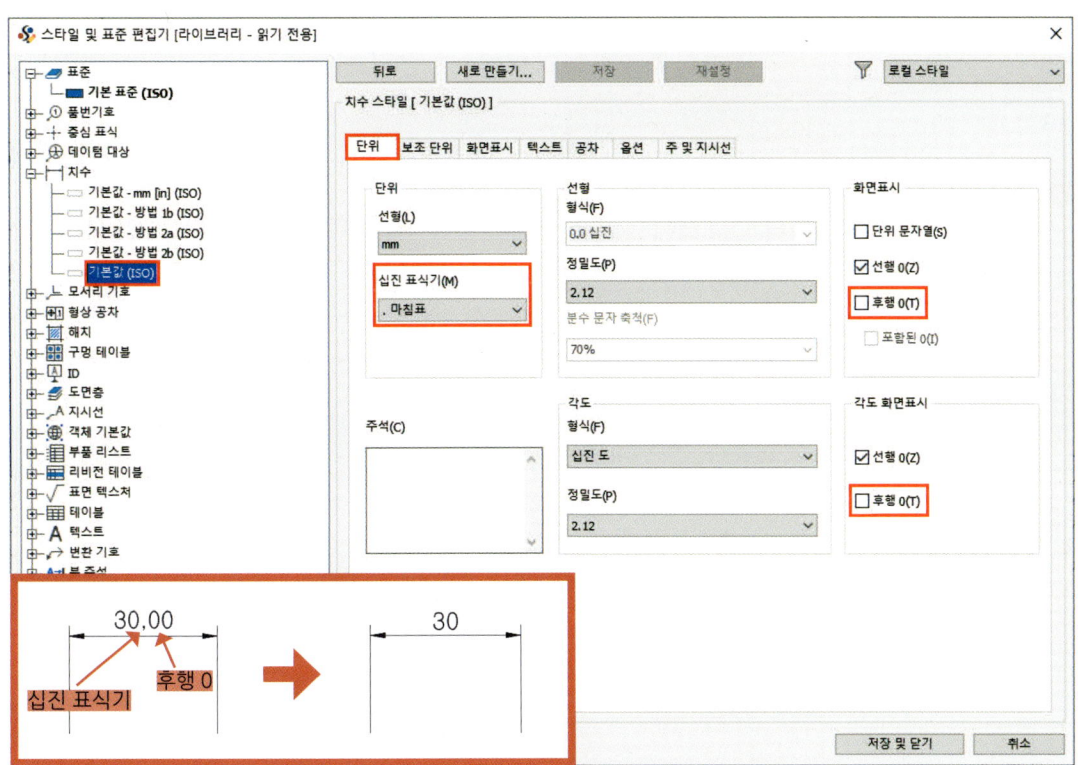

7 치수 - 기본값 (ISO)

[기본값 (ISO)] 스타일의 [화면표시] 탭에서 [종료자] 및 치수의 설정값을 다음과 같이 지정합니다.

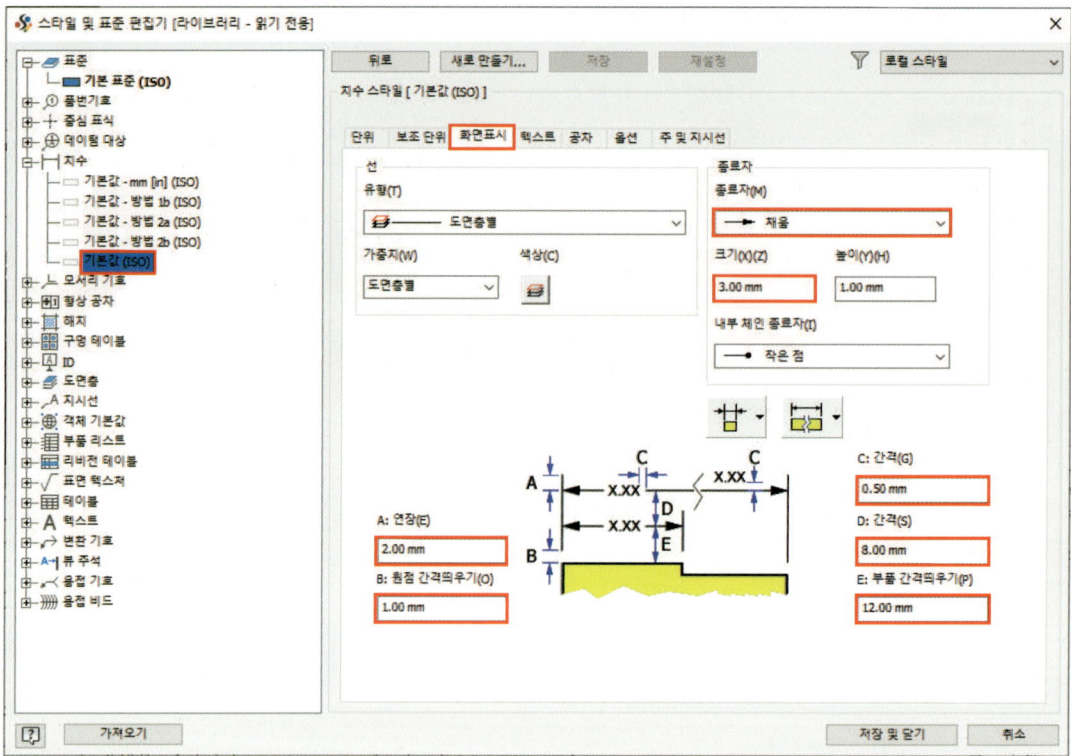

8 치수 - 기본값 (ISO)

[기본값 (ISO)] 스타일의 [텍스트] 탭에서 [공차 텍스트 스타일]과 자리맞추기를 다음과 같이 지정합니다.

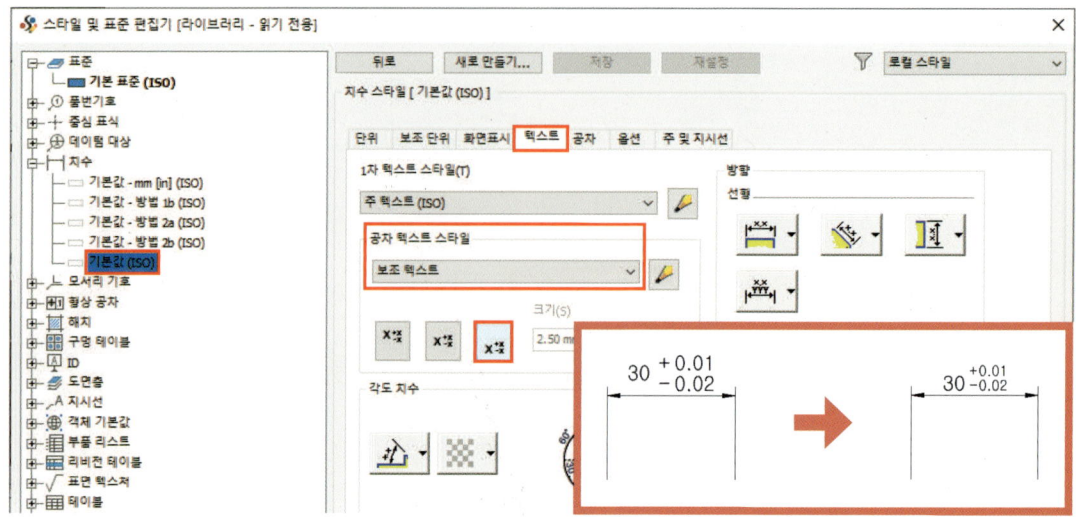

9 치수 – 기본값 (ISO)

[기본값 (ISO)] 스타일의 [공차] 탭에서 [표시 옵션]을 다음과 같이 지정합니다.

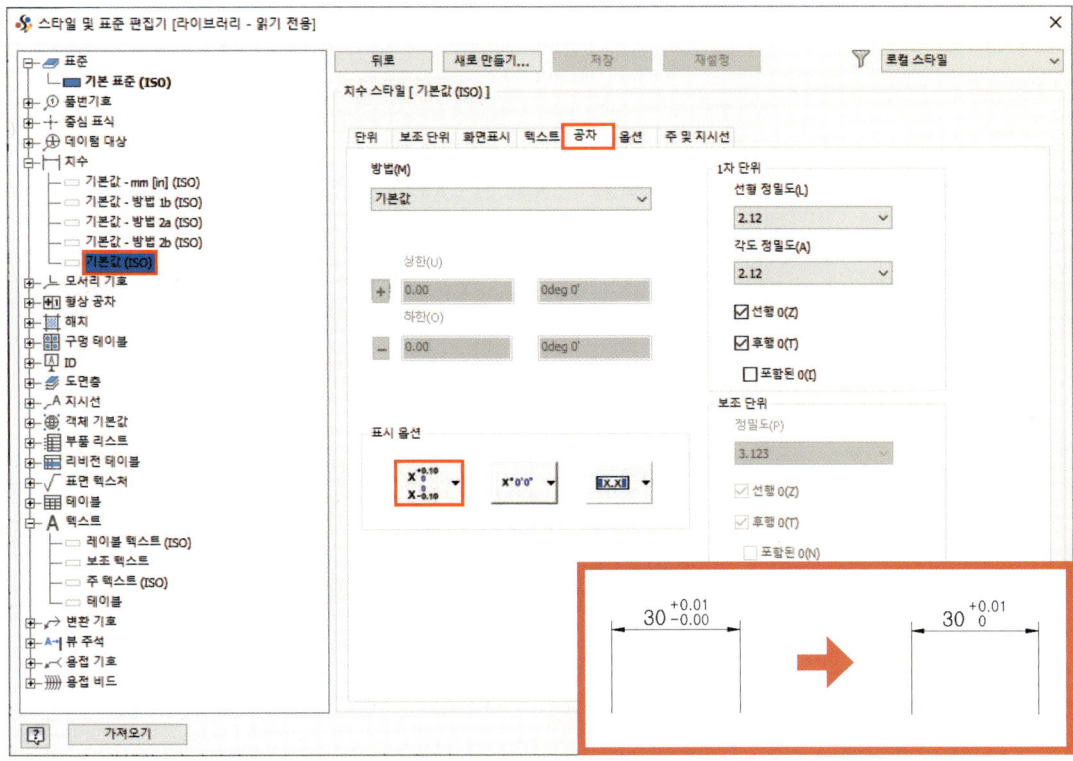

10 치수 – 기본값 (ISO)

[기본값 (ISO)] 스타일의 [옵션] 탭에서 [반지름 치수] 및 [지름 치수] 표시 옵션을 다음과 같이 지정합니다.

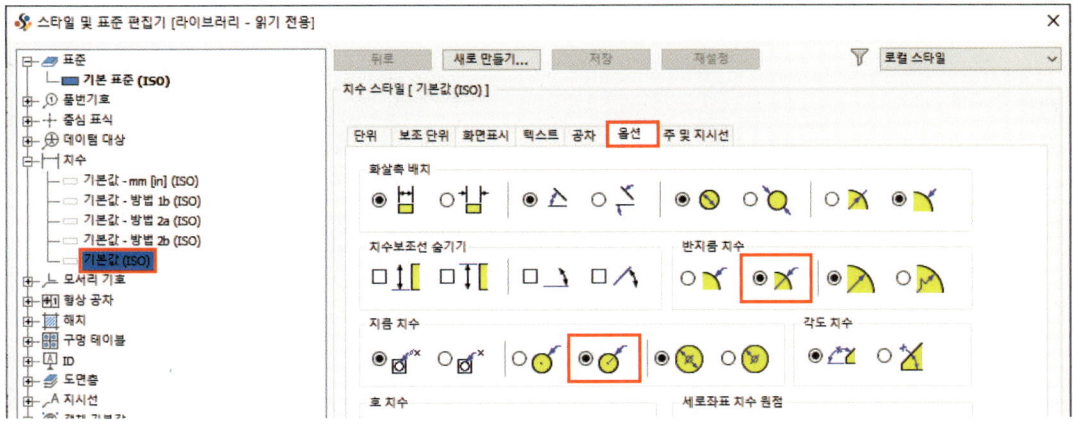

11 치수 - 기본값 (ISO)

[기본값 (ISO)] 스타일의 [주 및 지시선] 탭에서 [주 형식] 및 [지시선 스타일] 표시 옵션을 다음과 같이 지정합니다.

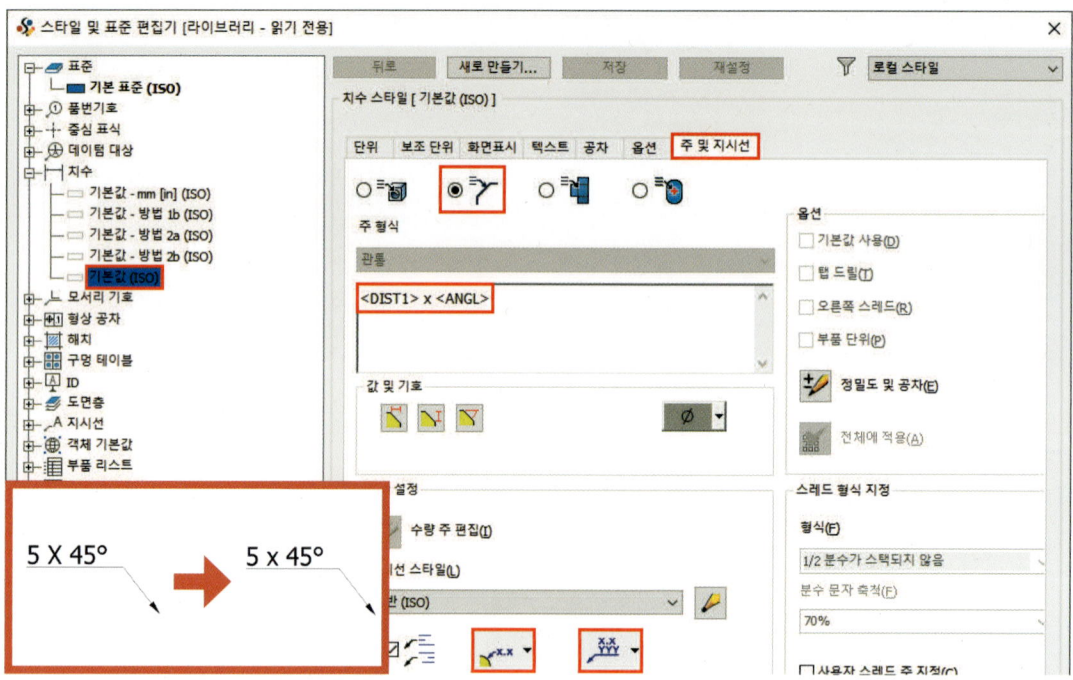

12 기하 공차 - 기하 공차 (ISO)

[기하 공차 (ISO)] 스타일의 [일반] 탭에서 [기호 표시 대상]을 다음과 같이 [원형 런아웃(채움)], [전체 런아웃(채움)]으로 설정합니다.

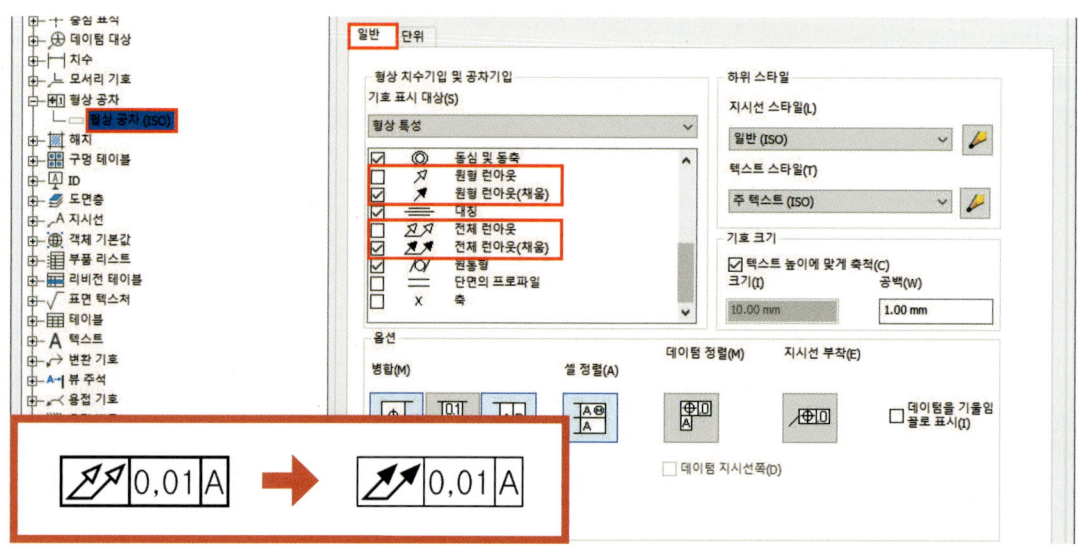

[기하 공차 (ISO)] 스타일의 [단위] 탭에서 1차 단위를 다음과 같이 [mm], [. 마침표]로 설정합니다.

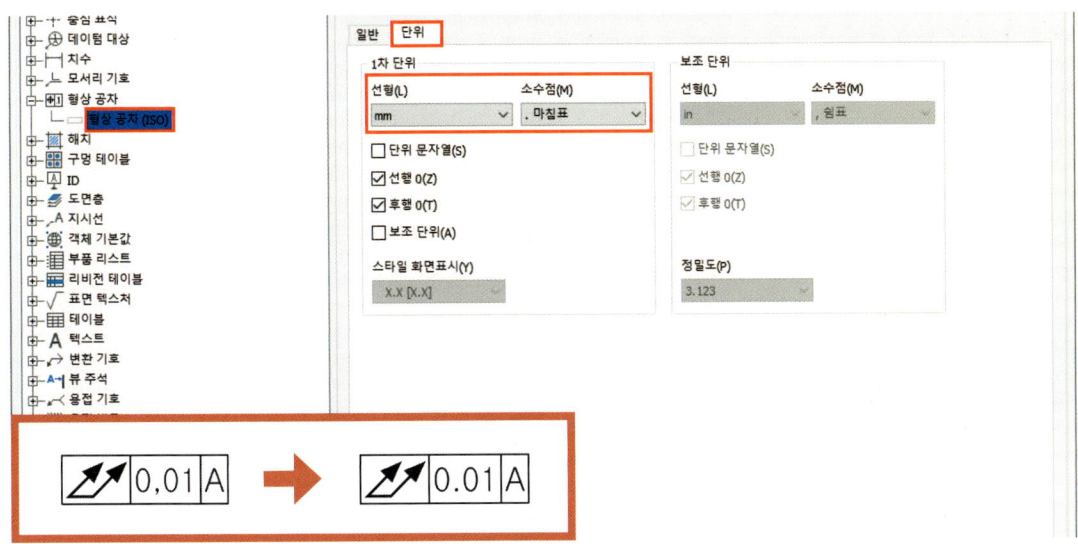

13 도면층

[도면층]의 도면층 스타일을 다음과 같이 설정합니다.

	내 용			
단면선(ISO)	모양 : ■	선종류 : 체인	선가중치 : 0.5mm	선가중치로 축척 : 체크
좁은 외형선(ISO)	모양 : ■	선종류 : 연속	선가중치 : 0.25mm	선가중치로 축척 : 체크
해치(ISO)	모양 : ■	선종류 : 연속	선가중치 : 0.25mm	선가중치로 축척 : 체크

도면층의 스타일은 도면층 스타일 중 하나를 더블 클릭하여 변경할 수 있습니다.

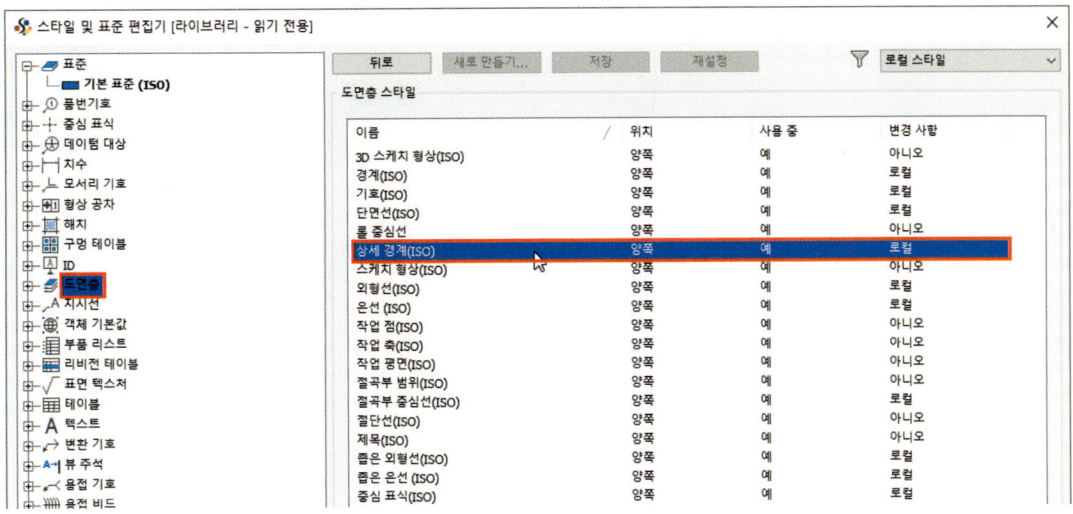

[단면선(ISO)]과 [좁은 외형선(ISO), 해치(ISO)] 도면층의 선가중치를 0.5mm, 0.25mm로 변경합니다.

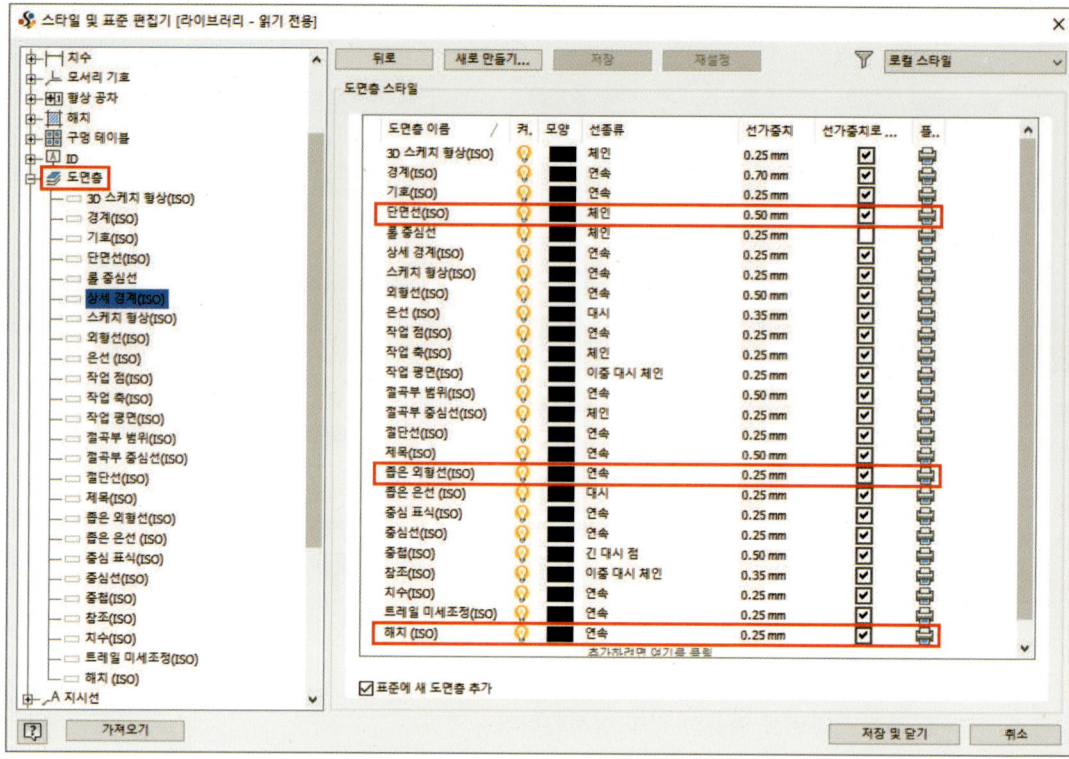

14 지시선 - 일반 (ISO)

[일반 (ISO)] 스타일의 [종료자] 옵션을 다음과 같이 설정합니다.

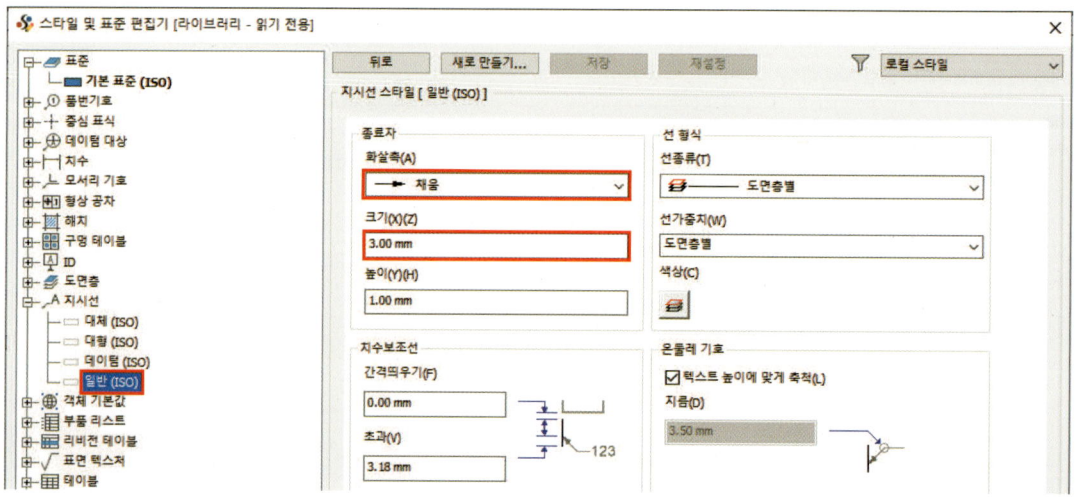

15 표면 텍스처 – 표면 텍스처 (ISO)

[표면 텍스처 (ISO)] 스타일의 [일반] 탭에서 [표준 참조(R)] 및 [텍스트 스타일(T)] 옵션을 다음과 같이 설정합니다.

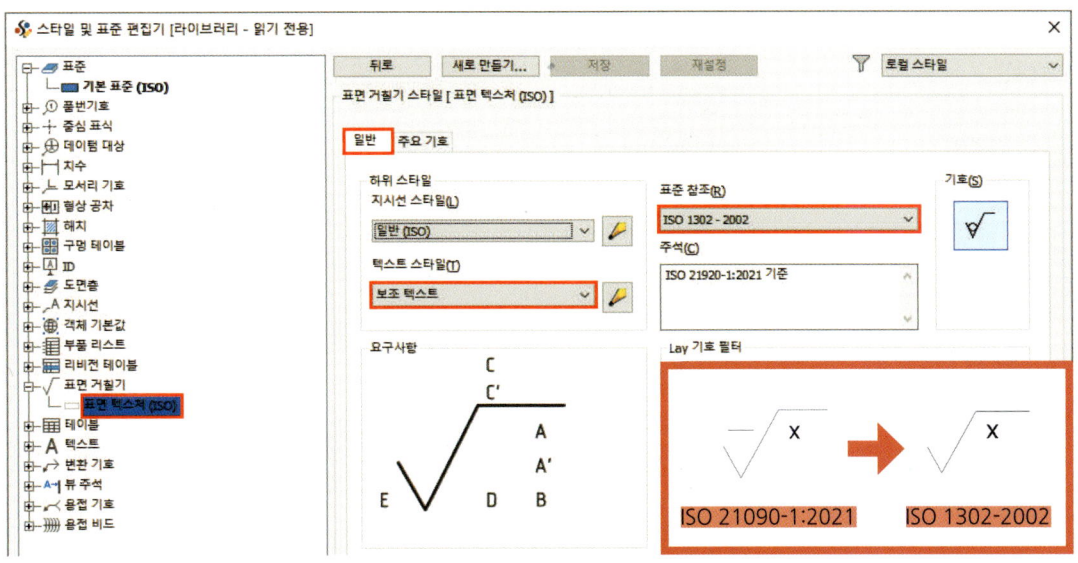

16 테이블 – 테이블 (ISO)

[테이블 (ISO)] 스타일의 테이블 스타일과 기본 열 설정을 다음과 같이 지정합니다.

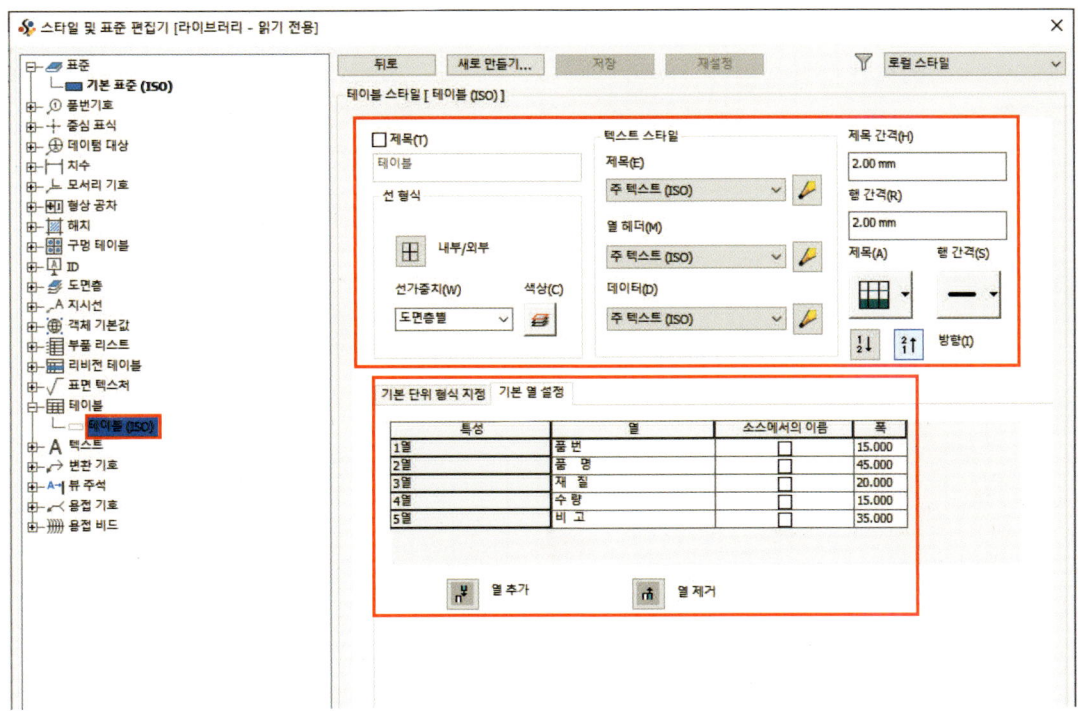

CHAPTER 4 2D 도면 작성

외부 선가중치를 0.7mm로 설정합니다.

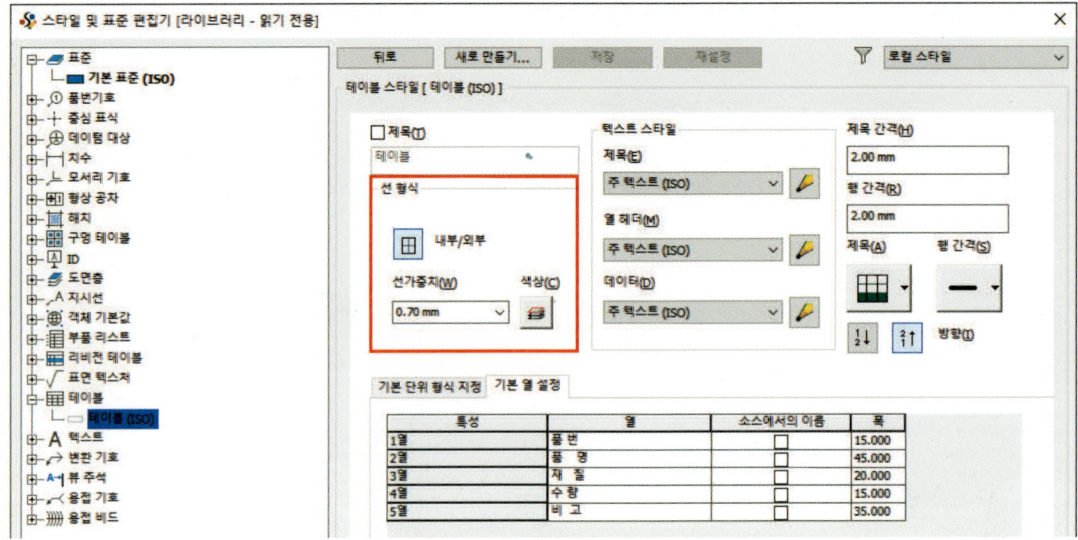

내부 선가중치를 0.25mm로 설정합니다.

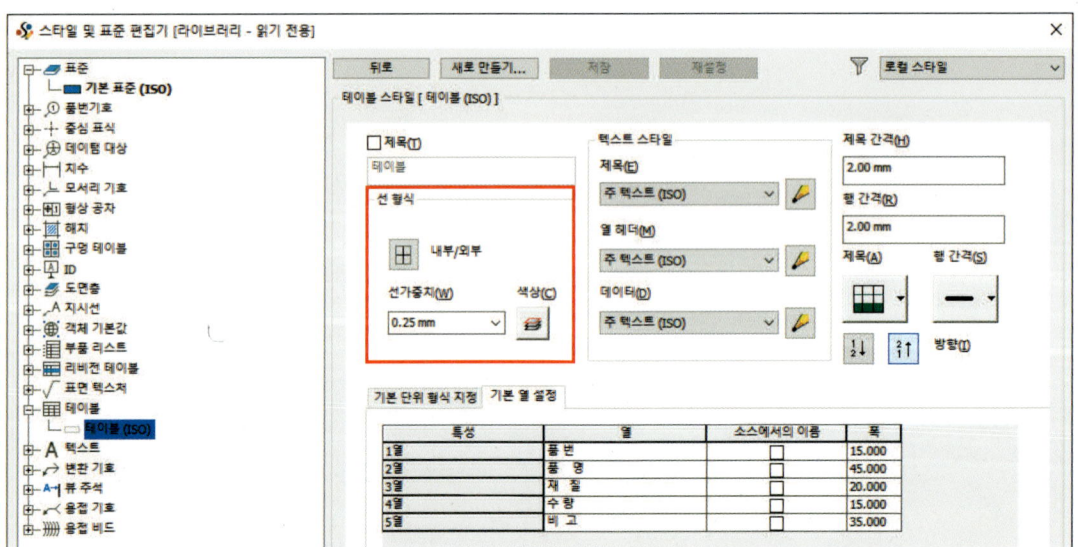

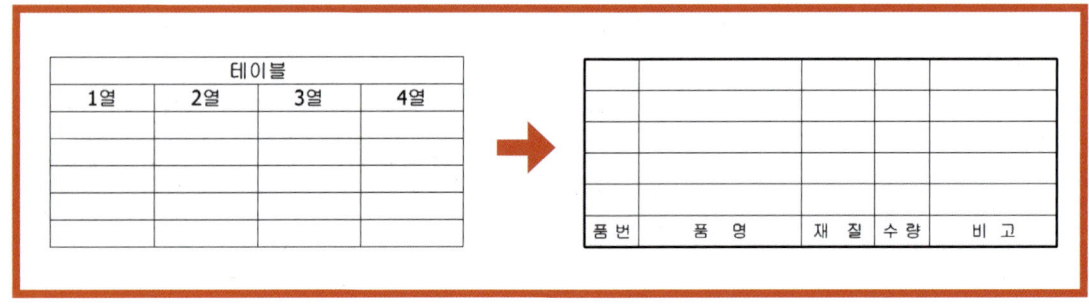

17 뷰 주석 - 뷰 주석(ISO)

[뷰 주석(ISO)] 스타일의 [형식] 및 [종료자] 옵션을 다음과 같이 설정합니다.

SECTION 02

도면 양식 작성

01 도면 양식 작성

1 윤곽선, 수검란 작성하기

01 시트:1에 기본으로 삽입되어 있는 경계와 제목 블록을 선택한 다음 마우스 우측 버튼을 클릭해 [삭제(D)] 버튼을 클릭합니다.

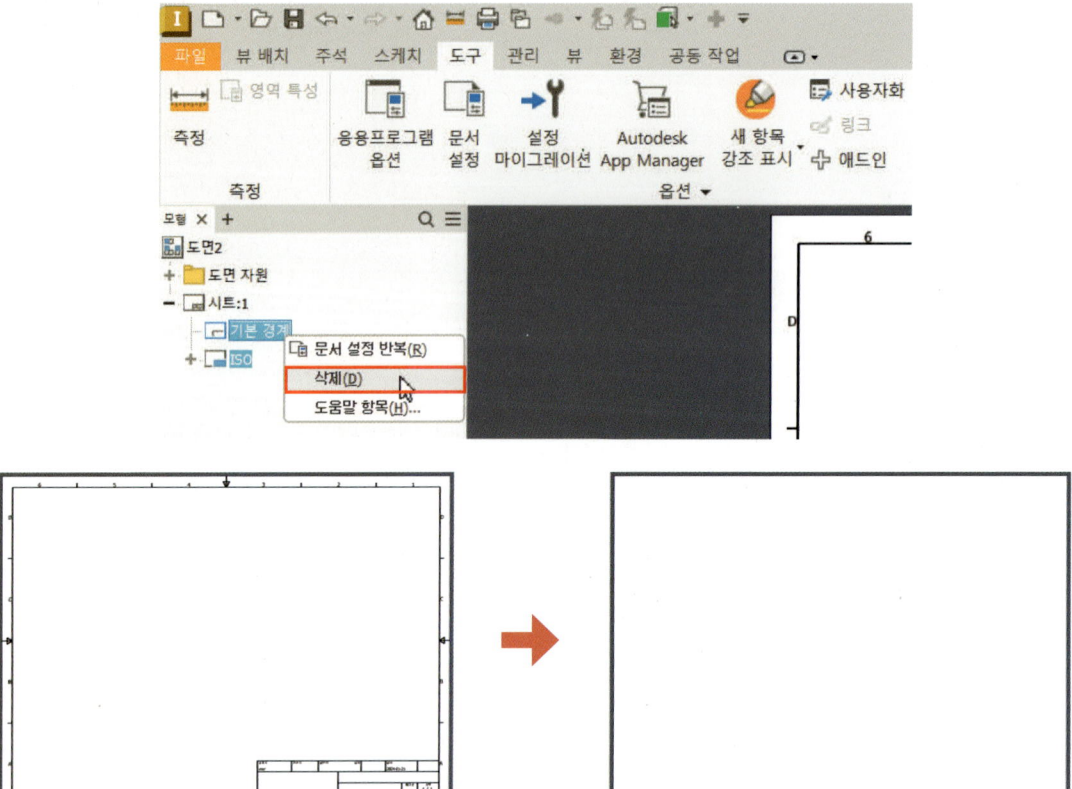

02 도면 자원 폴더의 [경계] 항목을 마우스 우측 버튼으로 선택하여 [새 경계 정의(D)]를 클릭합니다.

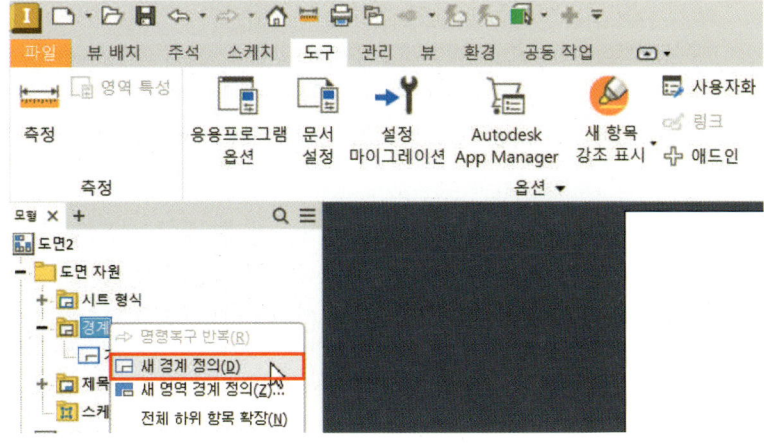

03 [두 점 직사각형], [선] 명령과 [치수] 명령을 이용하여 경계 스케치를 작성합니다.

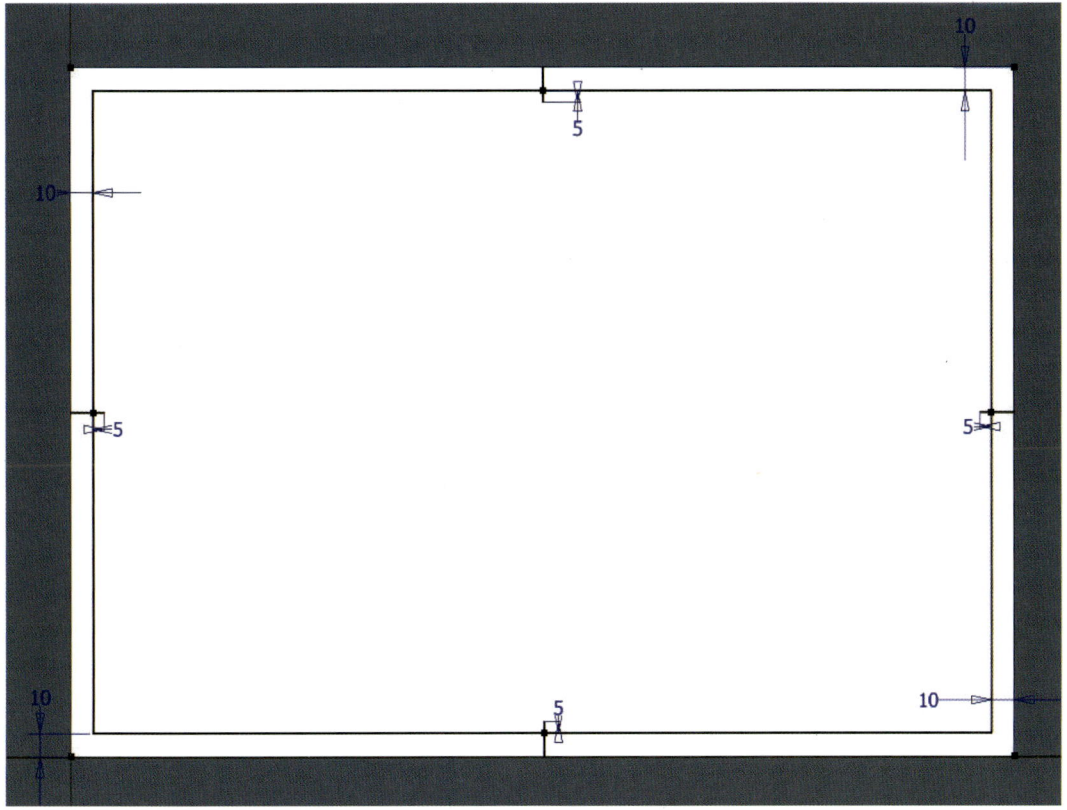

04 [두 점 직사각형] 명령과 [선], [치수] 명령을 이용하여 경계의 왼쪽 상단에 수검란 외곽 스케치를 작성합니다.

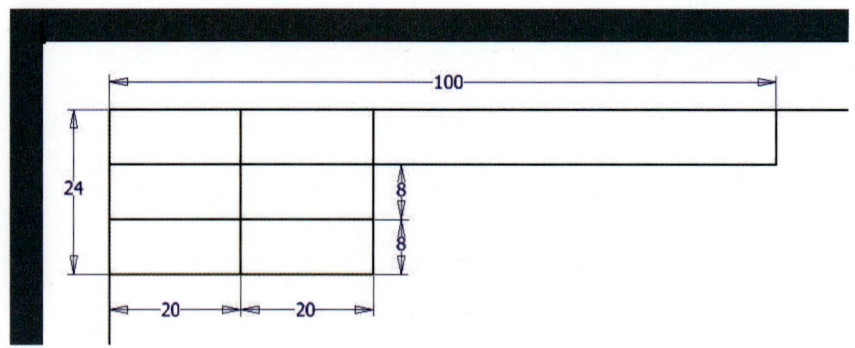

05 [선] 명령으로 각 란에 대각선을 작성합니다. 이는 텍스트를 각 란의 중앙에 위치시키기 위함입니다.

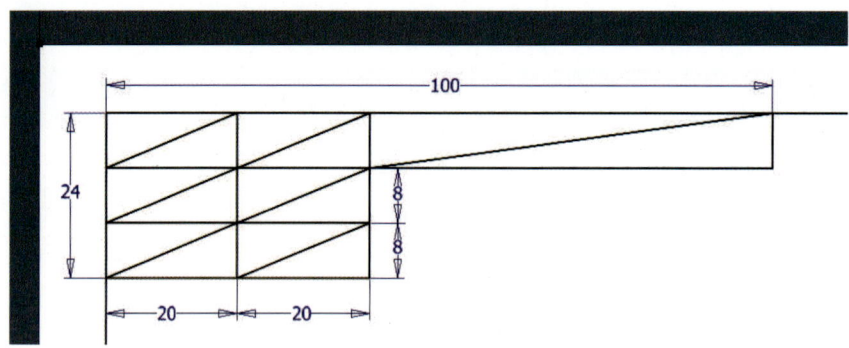

06 작성한 대각선을 일괄 선택한 다음 [스케치만]을 클릭합니다. [스케치만]은 부품 스케치에서의 구성선과 같이 가상선의 역할을 합니다. 즉, 스케치 환경에서만 보이고 스케치를 마무리하면 사라지게 되는 참조선입니다.

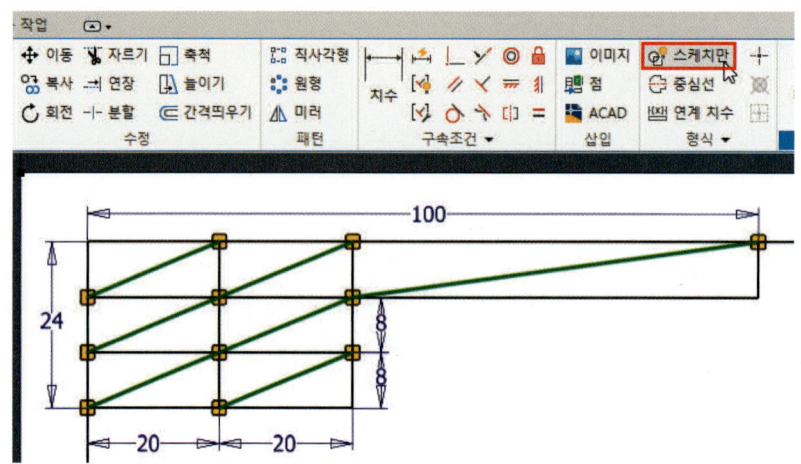

> TIP
>
> 선을 먼저 선택한 다음 [스케치만]을 클릭해야 기존 선을 참조선으로 변경할 수 있습니다.
> [스케치만]을 먼저 클릭하고 선을 선택하면 선택된 선은 변경되지 않으며, 앞으로 작성되는 선이 참조선으로 작성됩니다.

07 [텍스트] 명령을 실행하고 임의의 한 위치를 클릭합니다.

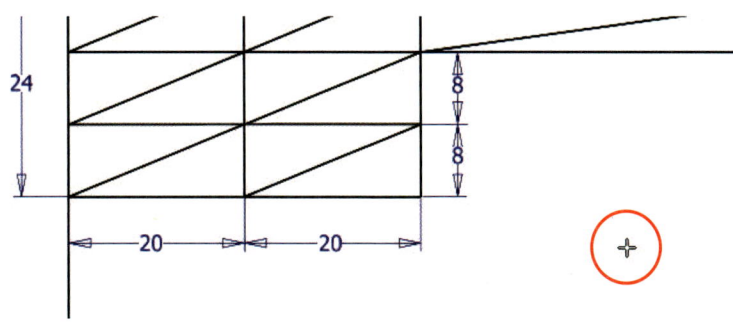

08 텍스트 형식 창이 실행되면 아래 이미지와 같이 설정하고 작성하여 [확인] 버튼을 클릭합니다.

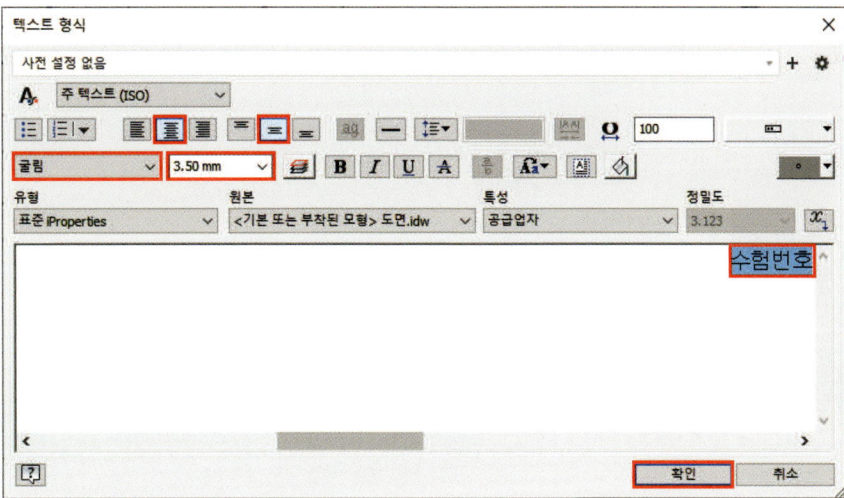

09 작성된 텍스트의 그립을 대각선 중심에 위치시킵니다. 드래그 혹은 [일치] 구속조건으로 작업할 수 있습니다.

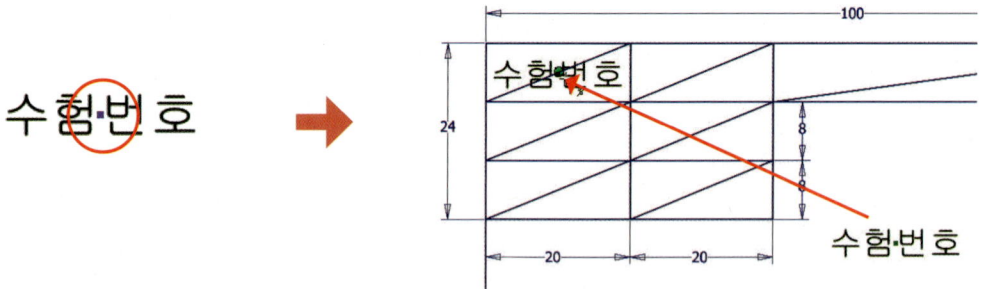

10 마찬가지 방법으로 아래 이미지를 참고하여 텍스트를 작성하고 배치합니다.

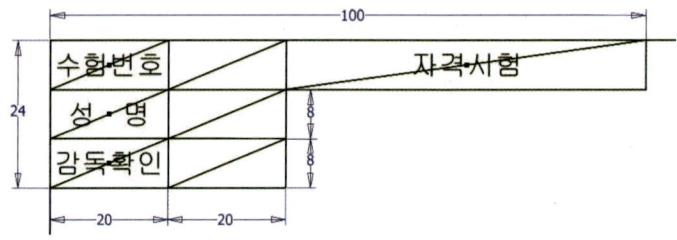

11 경계 이름을 지정한 다음 [저장(S)] 버튼을 클릭합니다.

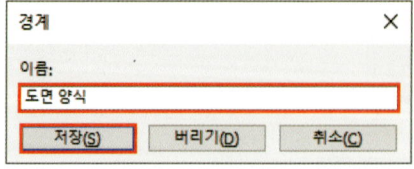

12 저장된 경계 항목을 마우스 우측 버튼으로 선택한 다음 [삽입] 버튼을 클릭하여 현재 시트에 삽입합니다. (저장된 경계 항목을 더블 클릭하여 삽입할 수도 있습니다.)

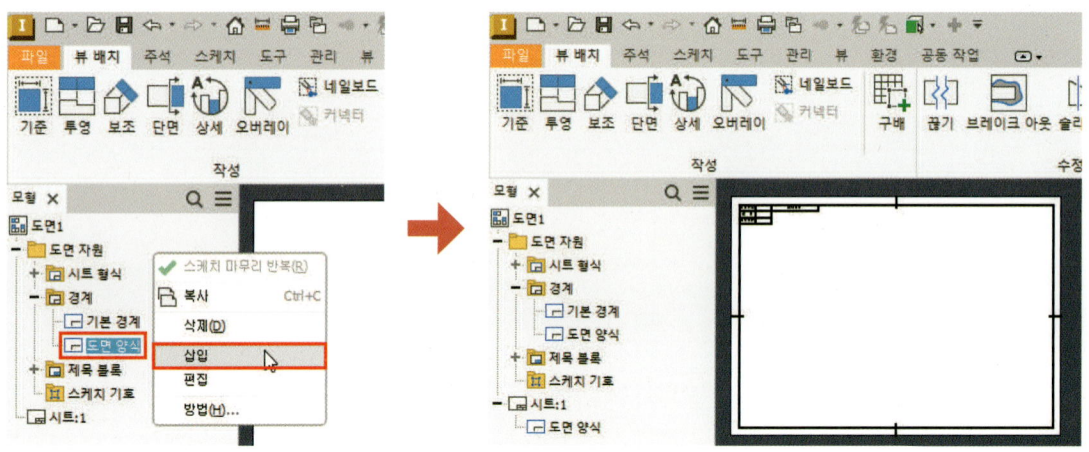

2 표제란 작성하기

01 도면 자원 폴더의 [제목 블록] 항목을 마우스 우측 버튼으로 선택하여 [새 제목 블록 정의(T)]를 클릭합니다.

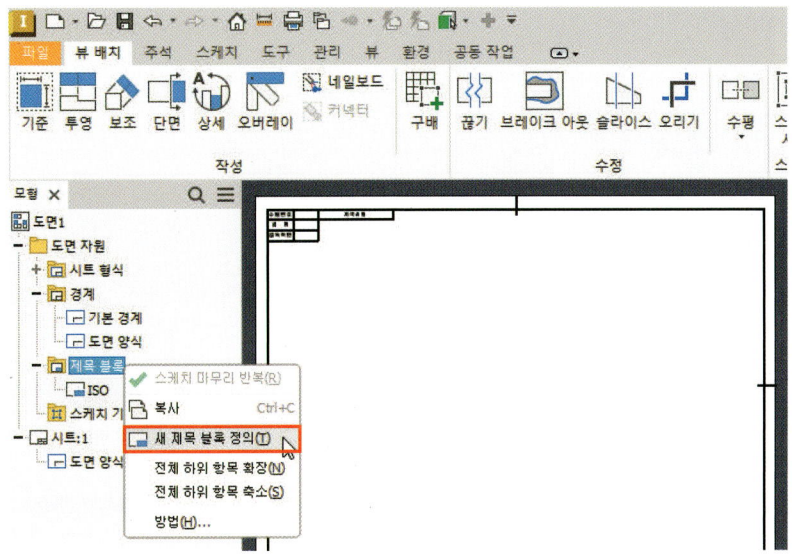

02 아래 이미지를 참고하여 제목 블록 외곽 스케치를 작성하고, 텍스트를 입력합니다. (굴림, 5mm / 3.5mm)

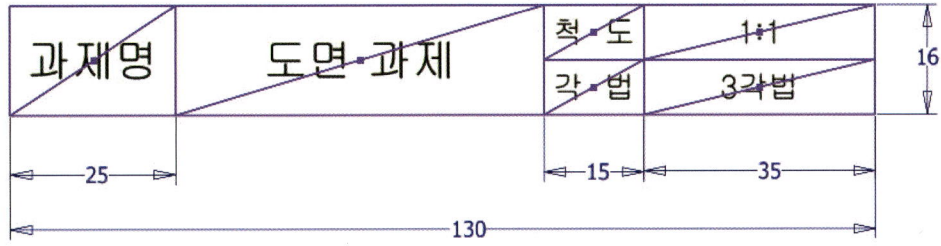

03 제목 블록 이름을 지정한 다음 [저장(S)] 버튼을 클릭합니다.

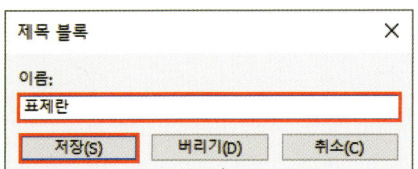

04 저장된 제목 블록 항목을 마우스 우측 버튼으로 선택한 다음 [삽입] 버튼을 클릭하여 현재 시트에 삽입합니다. (저장된 제목 블록 항목을 더블 클릭하여 삽입할 수도 있습니다.)

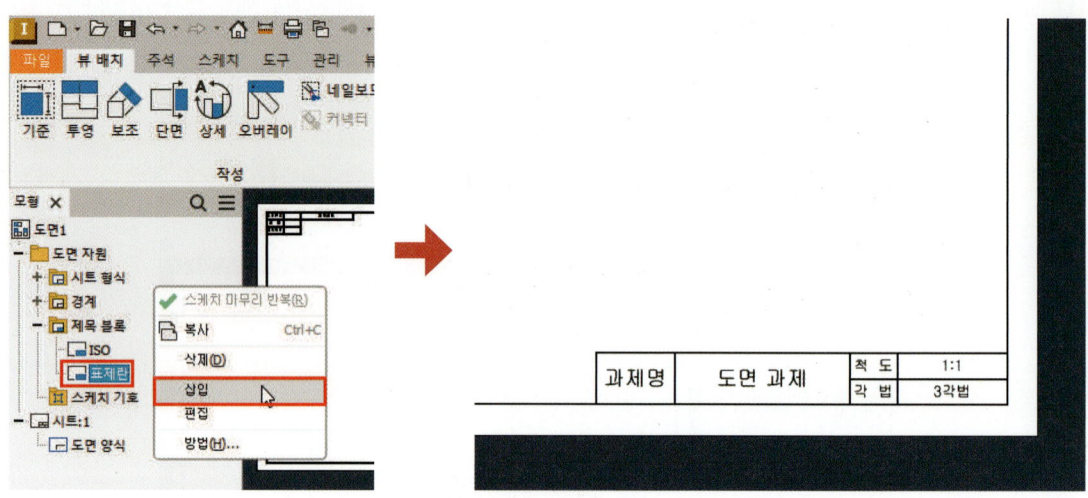

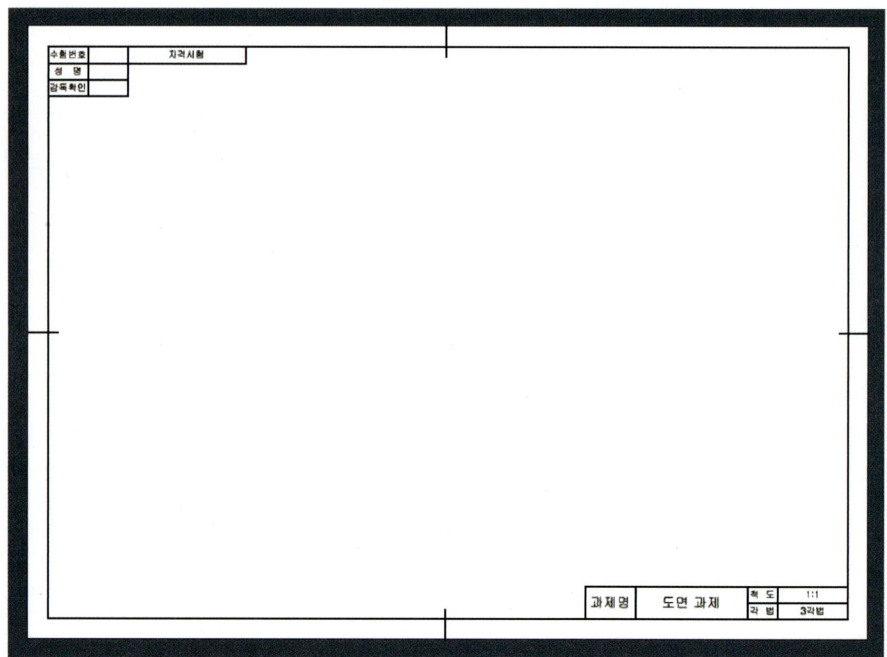

02 시트 크기 설정

01 도면을 작성할 시트를 마우스 우측 버튼으로 선택하여 [시트 편집(E)]을 클릭합니다.

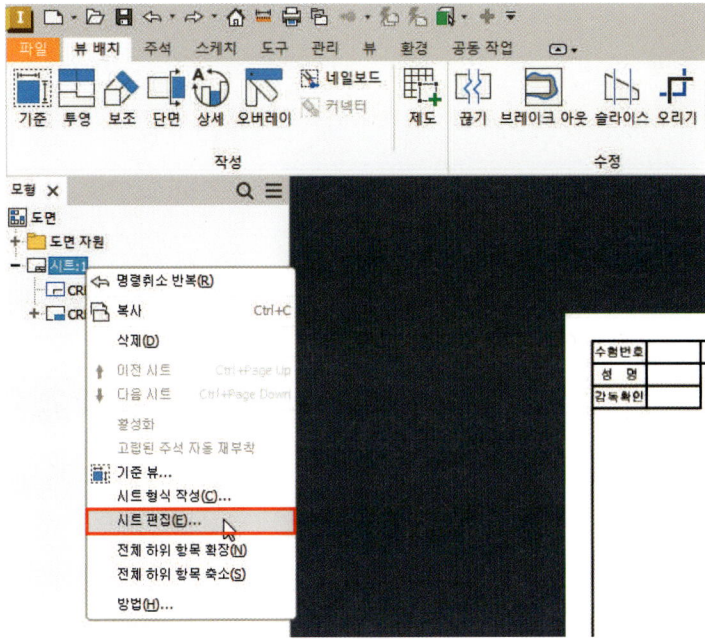

02 시트의 크기를 설정한 다음 확인 버튼을 클릭하여 시트의 크기를 수정합니다.

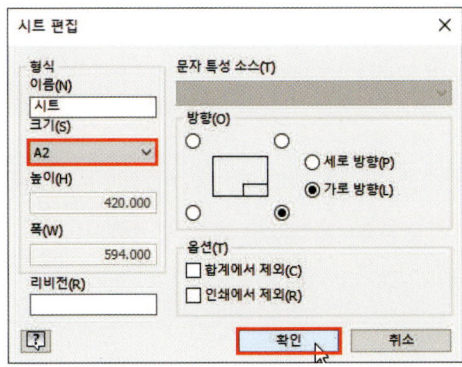

SECTION 03 뷰 배치 명령

01 뷰 작성 명령

1 기준 뷰

도면에서 첫 번째 뷰를 작성합니다. 나머지 뷰는 이 뷰로부터 파생됩니다. 또한, 뷰의 표시 스타일을 설정할 수 있습니다.

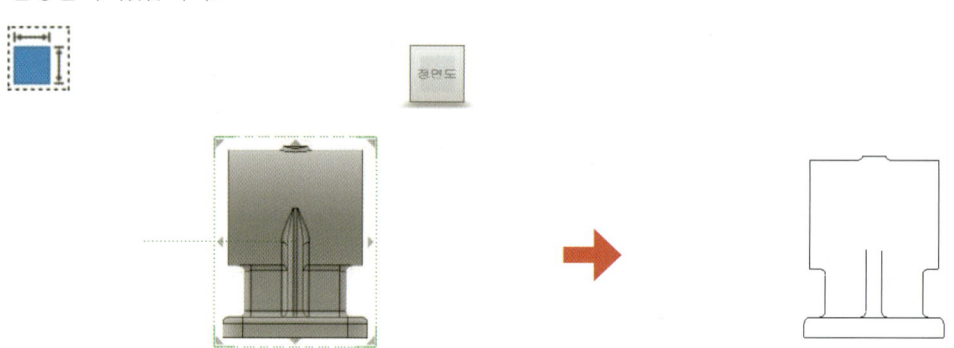

2 투영 뷰

기준 뷰나 다른 기존 뷰에서 직교 또는 등각투영 뷰를 생성합니다.

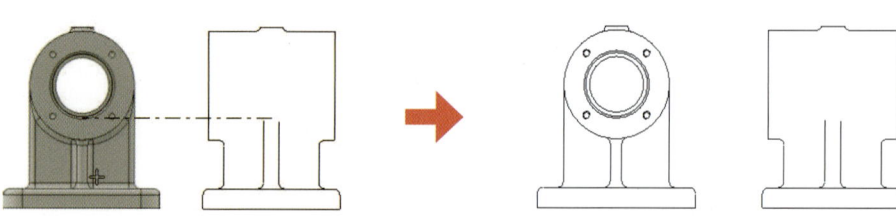

3 보조 뷰

상위 뷰에서 모서리 또는 선에 직각인 투영된 뷰를 작성합니다.

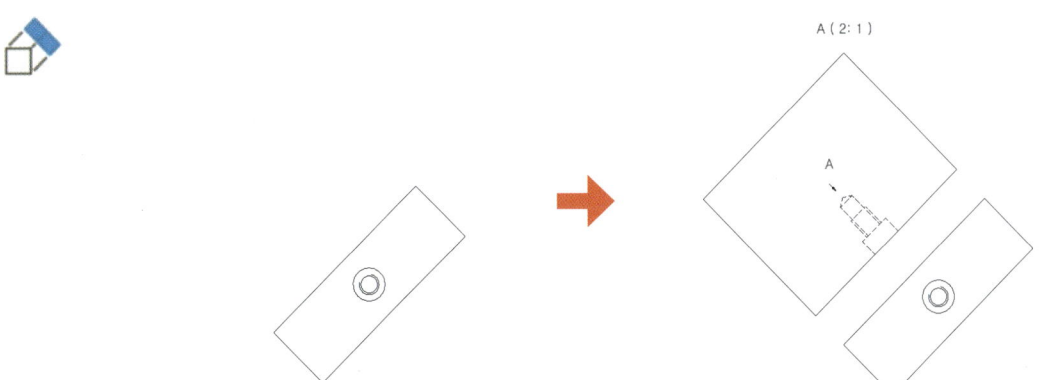

4 단면 뷰

정의된 평면에서 절단된 모형의 상세 내부 모습을 표시합니다. 단면도를 잘라낼 위치를 정의하는 선을 스케치하거나, 상위 뷰와 연관된 도면 스케치의 선을 지정할 수 있습니다.

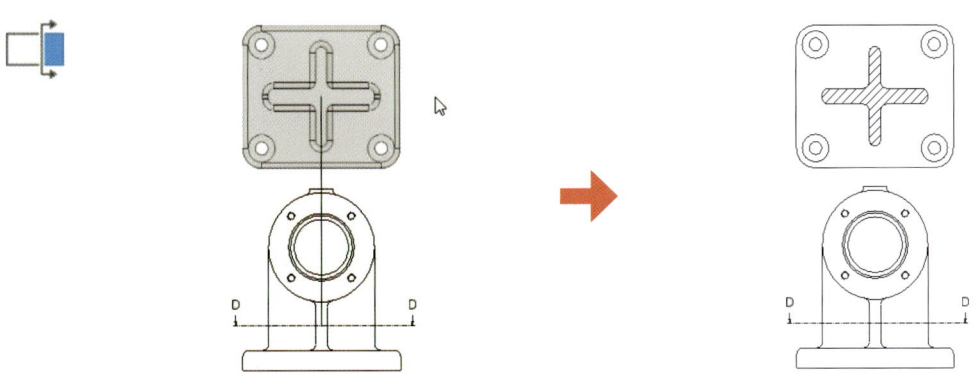

5 상세 뷰

도면 뷰의 일부분이나 전체가 확대된 원형 또는 직사각형 모양의 뷰를 작성합니다.

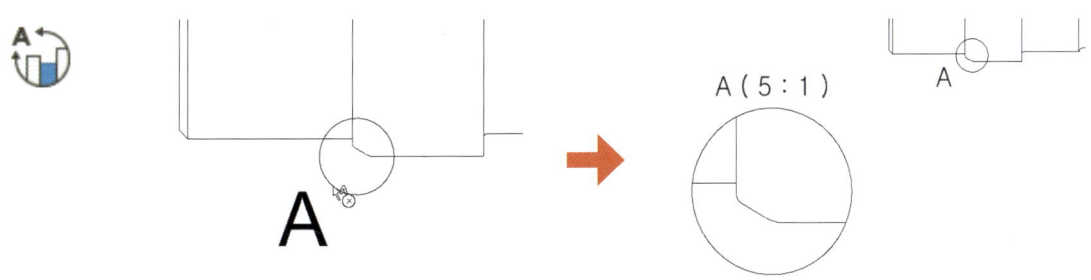

02 뷰 수정 명령

1 끊기

제거된 부품의 단면을 포함한 단축된 뷰를 작성합니다. 끊어진 부분에 걸쳐있는 치수는 정확한 길이를 반영합니다.

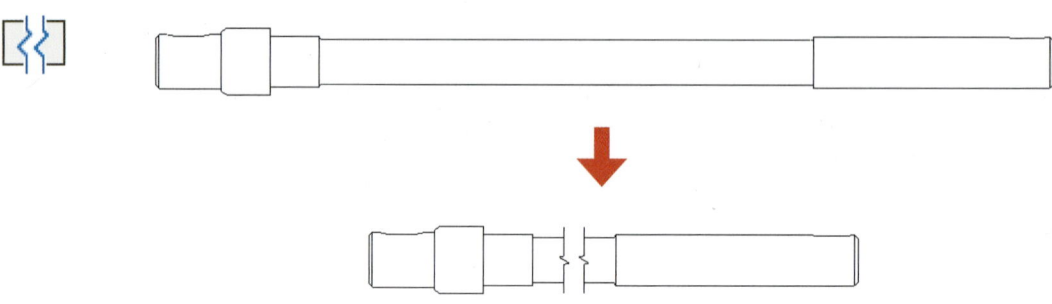

2 브레이크 아웃

도면 뷰의 가려진 부품 또는 피처를 보일 수 있게 부분 단면을 작성합니다. 이때 상위 뷰는 브레이크 아웃 경계를 정의하는 닫힌 루프 프로파일을 포함하는 스케치와 연관되어야 합니다.

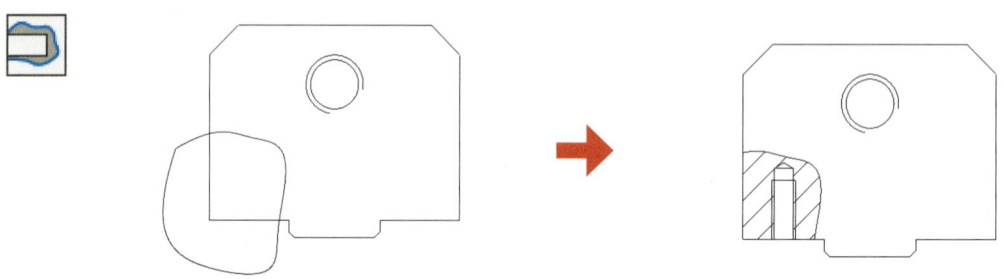

3 오리기

도면 뷰에서 불필요한 부분을 제거합니다.

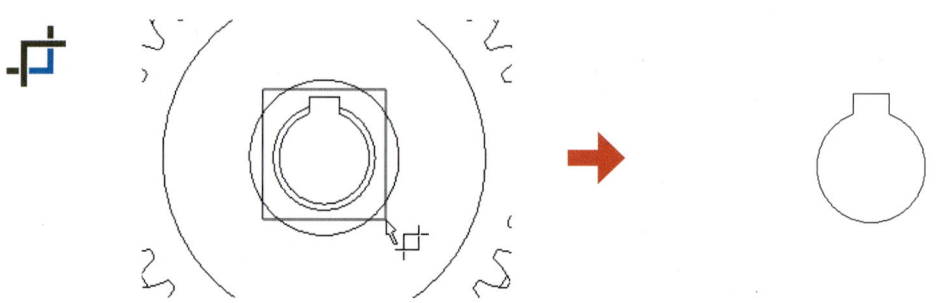

SECTION 04

부품도 작성 A 타입

A 타입은 동력전달장치 1, 2번 부품과 드릴지그 4, 6번 부품의 부품도를 작성합니다.

01 뷰 작성하기 (투상도 배치하기)

● 본체

01 [기준] 명령을 실행하여 본체 부품의 우측면도와 정면도를 삽입합니다. 이때 스타일은 [은선 제거]를 선택합니다.

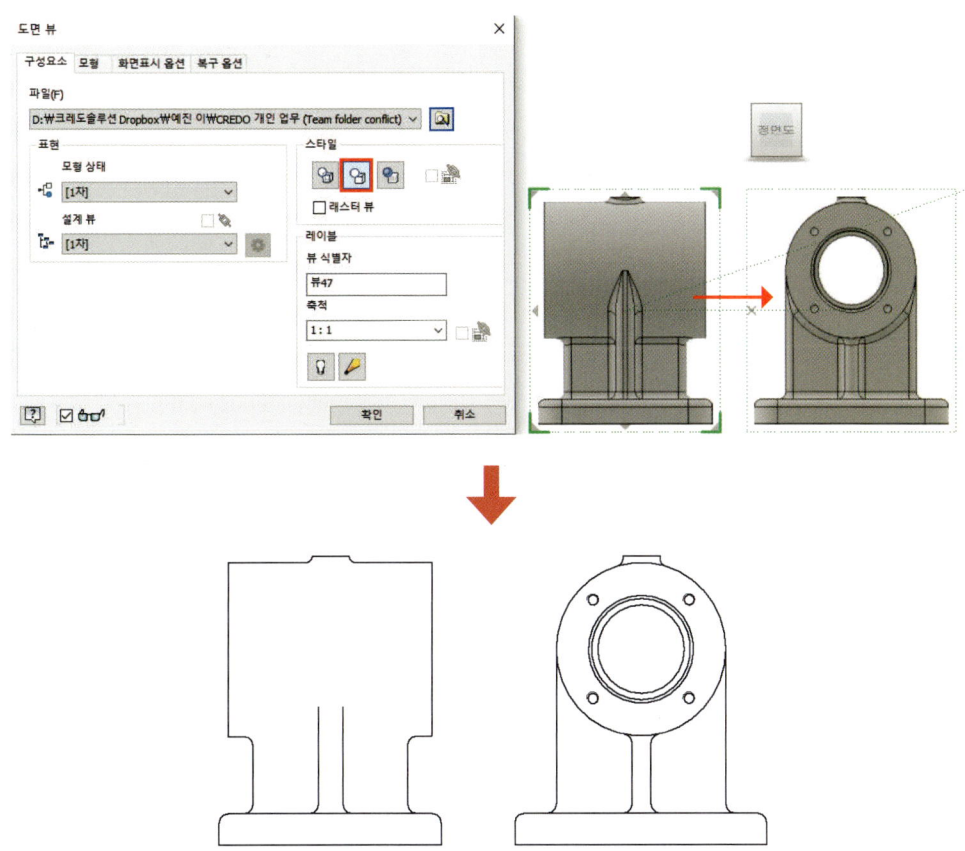

02 작성된 정면도를 선택하고 [스케치 시작] 명령을 실행하여 정면도 뷰에 스케치를 작성합니다.

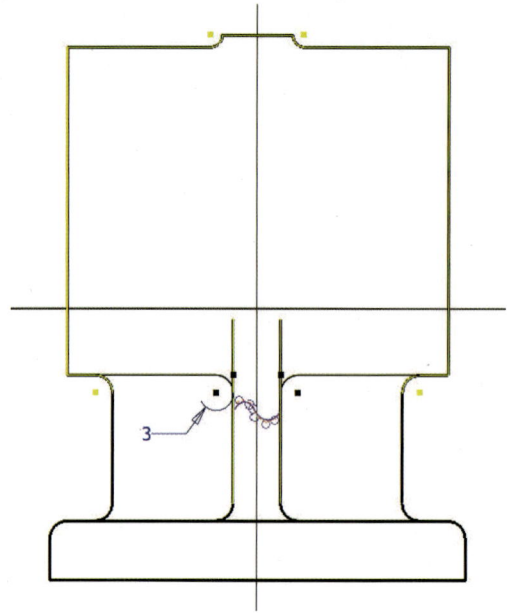

TIP

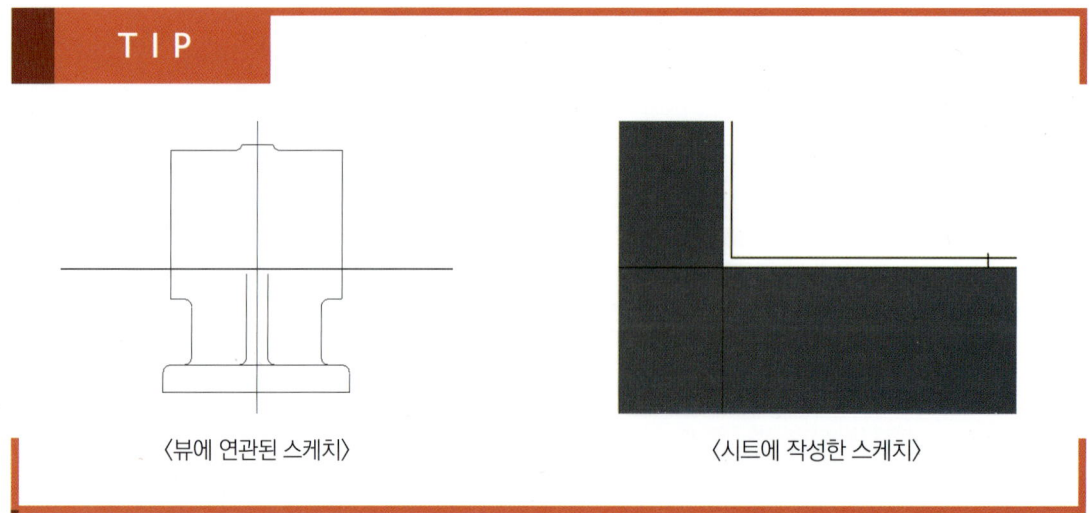

〈뷰에 연관된 스케치〉　　〈시트에 작성한 스케치〉

03 [브레이크 아웃] 명령을 실행하고 깊이를 지정하여 부분 단면도를 작성합니다.

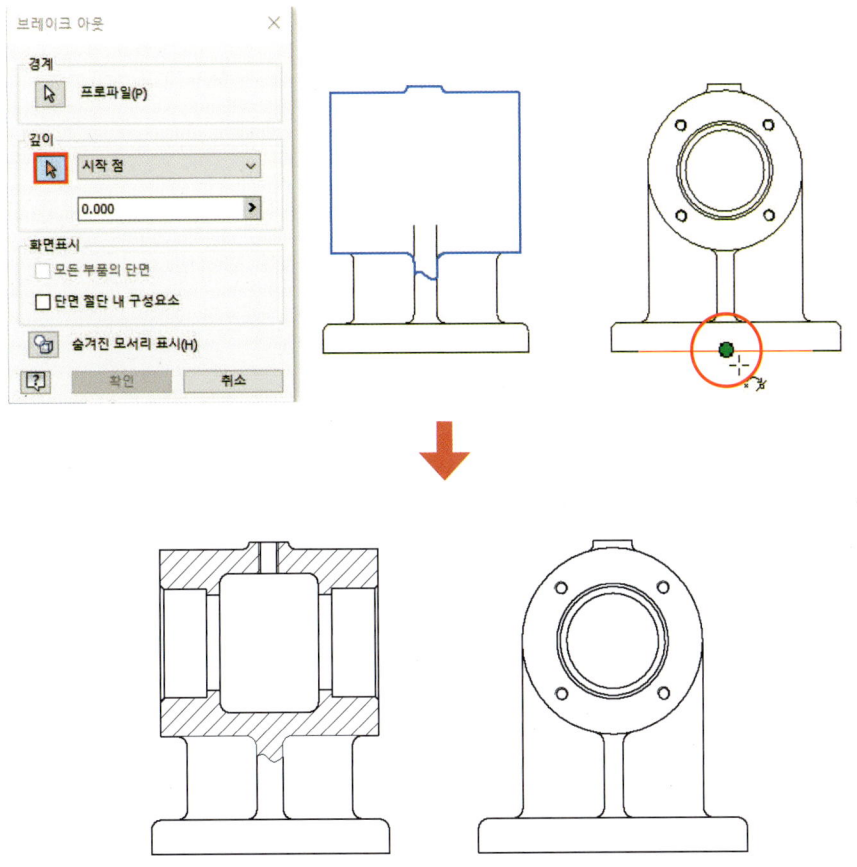

04 해당 선을 [주석] 탭에서 [외형선(ISO)]으로 도면층을 변경하여 선을 굵게 표시합니다.

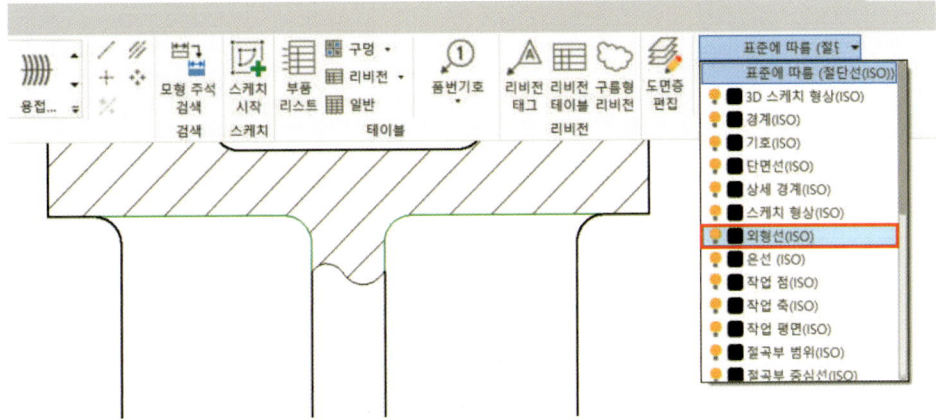

05 작성된 해치를 마우스 우측 버튼으로 클릭하여 [숨기기]하고, 해당 뷰에 스케치를 작성해 탭 구멍 형상을 추가합니다.

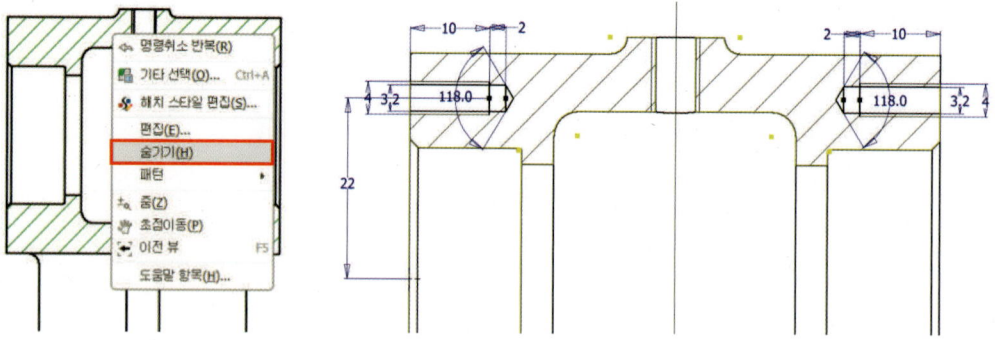

06 [단면] 명령을 실행하고 단면을 자를 절단선을 작성한 다음 마우스 우측 버튼을 클릭하여 [계속]을 누릅니다.

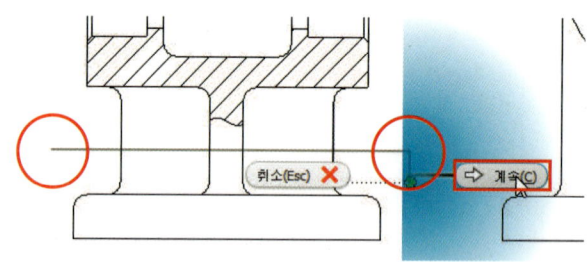

07 단면도 창이 실행되면 옵션을 설정한 다음 단면도를 배치할 위치를 클릭하고 [확인] 버튼을 클릭하여 단면도를 작성합니다.

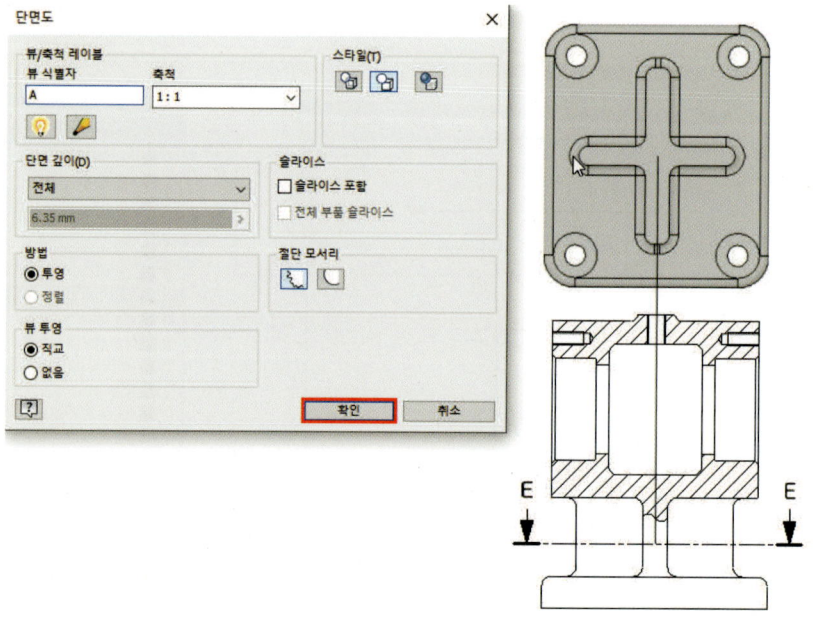

08 단면도 텍스트를 더블 클릭하여 아래 이미지와 같이 수정합니다.

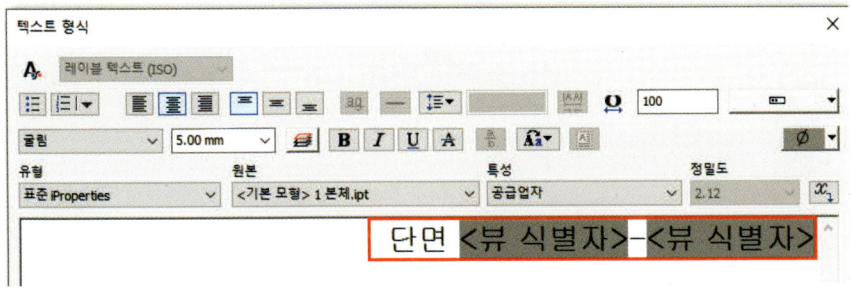

09 [오리기] 명령을 실행하고 해당 뷰를 선택한 후 자를 영역을 사각형으로 작성하여 뷰의 불필요한 부분을 제거합니다.

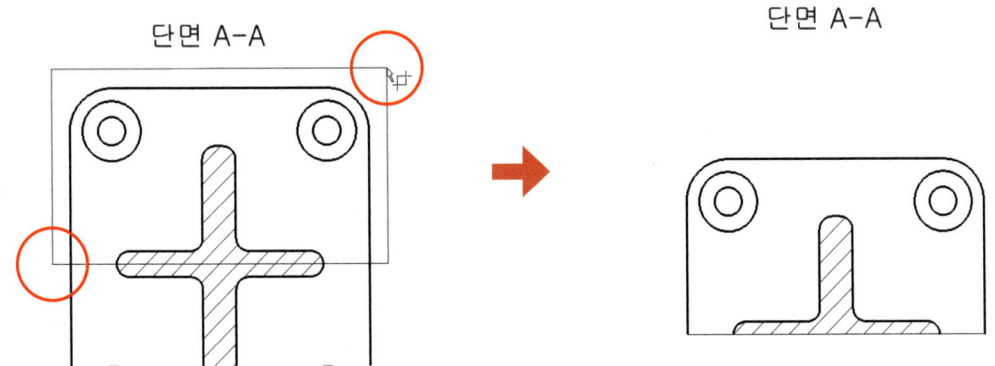

10 아래 이미지와 같이 본체 부품의 투상도 작성을 완료합니다.

- **스퍼 기어**

01 [기준] 명령을 실행하여 스퍼 기어 부품의 정면도와 좌측면도를 삽입합니다. 이때 스타일은 [은선 제거]를 선택합니다.

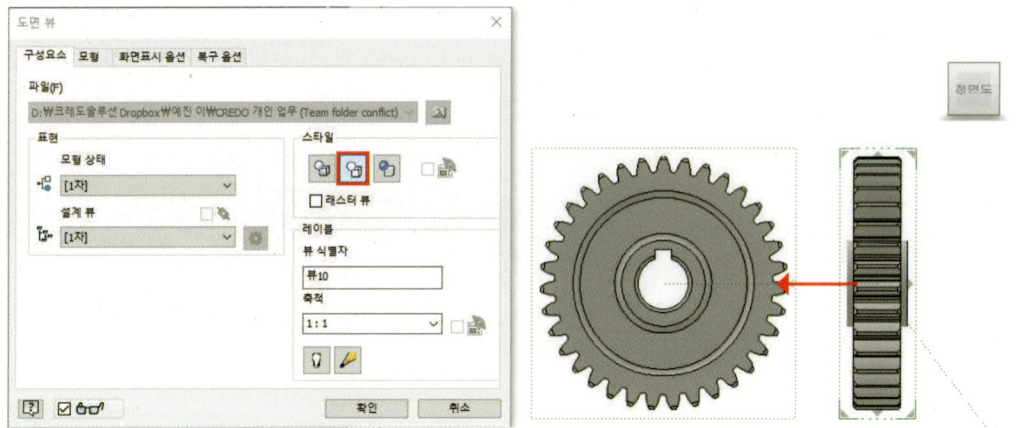

02 정면도 뷰에 스케치를 작성하고 [브레이크 아웃] 명령을 실행하여 깊이를 설정해 부분 단면도를 작성합니다.

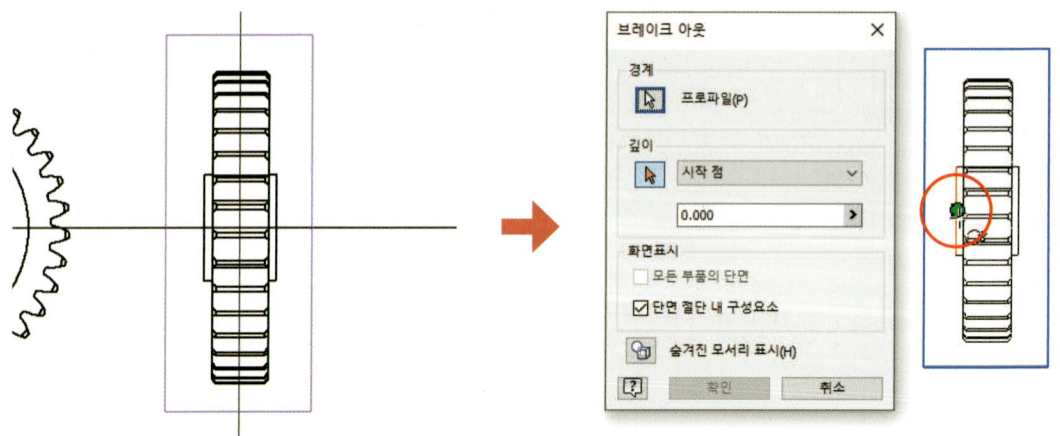

03 기어 치부에는 단면 처리를 하지 않기 위해 작성된 해치를 마우스 우측 버튼으로 클릭하여 [숨기기]하고, 해당 뷰에 스케치를 작성합니다. 중심선은 마우스 우측 버튼으로 클릭하여 [스케치 특성] 창에서 선종류와 선가중치를 변경할 수 있습니다.

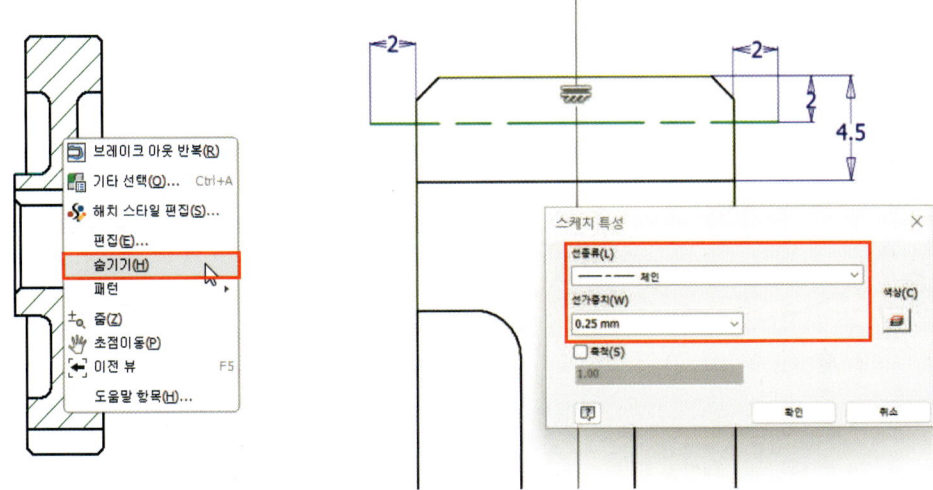

04 아래 이미지를 참고하여 해치를 추가하고 스케치를 완성합니다.

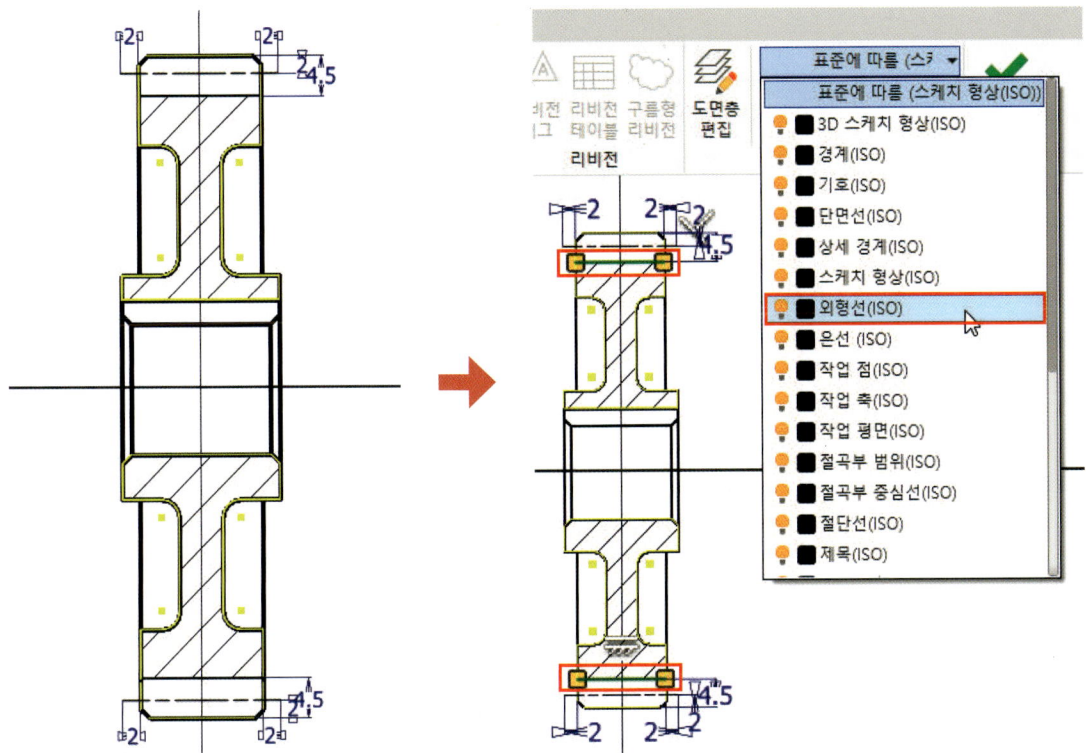

05 [오리기] 명령을 실행하고 해당 뷰를 선택한 후 자를 영역을 사각형으로 작성하여 뷰의 불필요한 부분을 제거합니다.

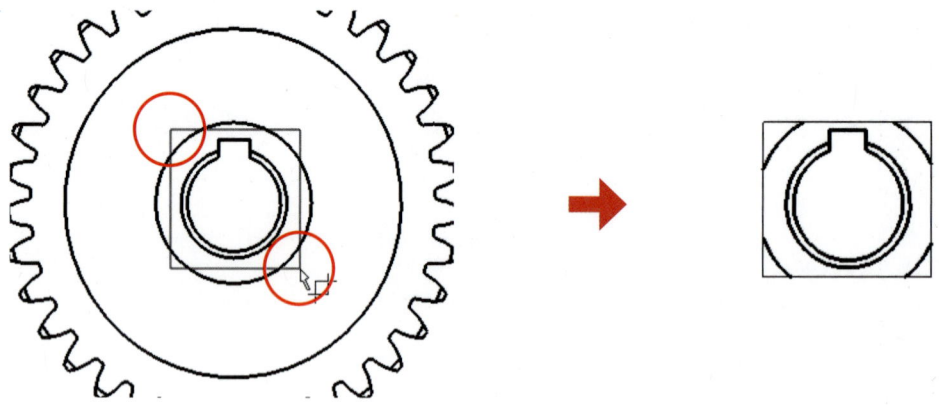

06 오리기 경계선 및 1 x 45˚ 모따기 선을 Ctrl 키를 이용해 다중 선택하고 마우스 우측 버튼을 이용하여 [가시성]을 해제합니다. (1 x 45˚ 모따기선은 표시하지 않아도 됩니다.)

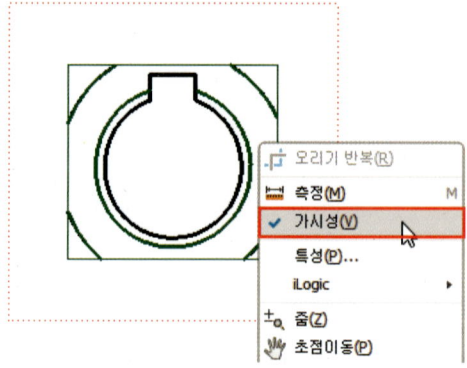

07 아래 이미지와 같이 스퍼 기어 부품의 투상도 작성을 완료합니다.

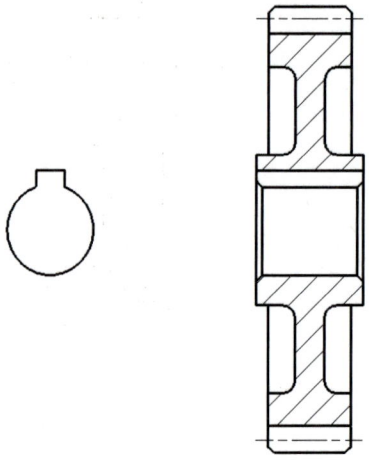

- **나사 블록**

01 [기준] 명령을 실행하여 나사 블록 부품의 정면도와 좌측면도, 밑면도를 삽입합니다. 이때 스타일은 [은선 제거]를 선택합니다.

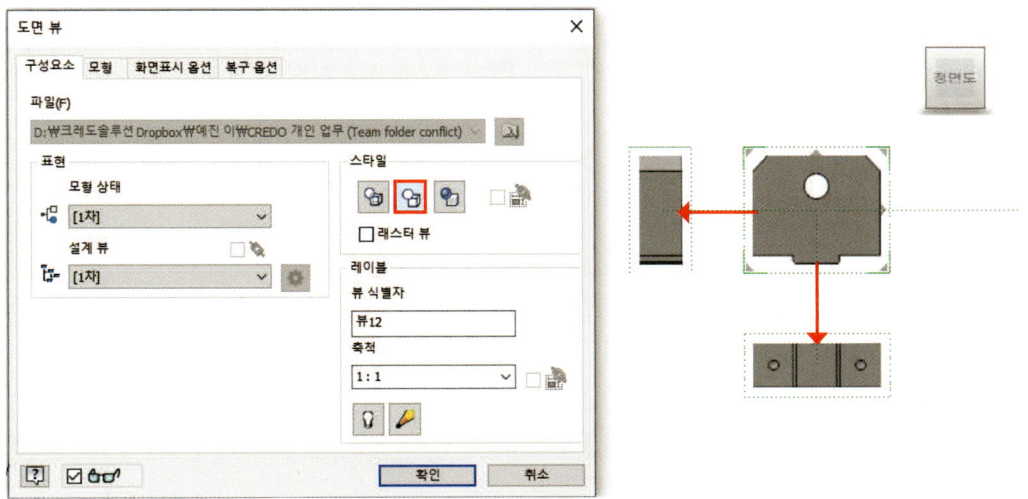

02 [스플라인]을 이용하여 해당 뷰에 스케치를 작성하고 [브레이크 아웃] 명령을 실행하여 부분 단면도를 작성합니다.

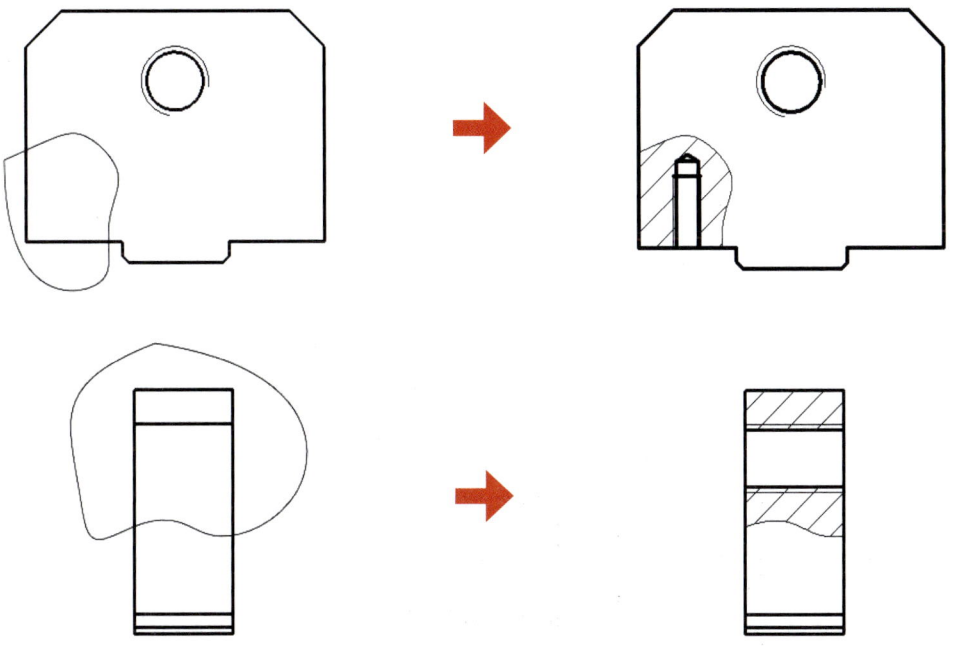

CHAPTER 4 2D 도면 작성   147

03 아래 이미지와 같이 나사 블록 부품의 투상도 작성을 완료합니다.

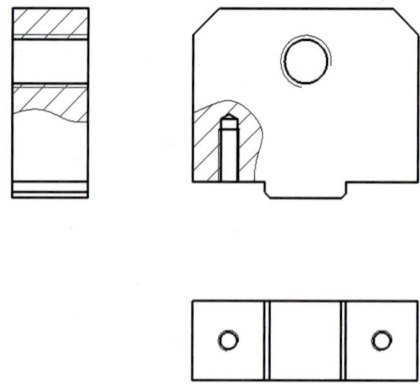

- **리드 스크류**

01 [기준] 명령을 실행하여 리드 스크류 뷰를 작성합니다.

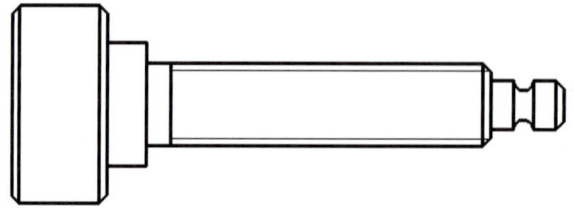

02 널링을 표시하기 위해 해당 뷰에 스케치를 작성하고 작성한 선을 [스케치만]으로 변경합니다.

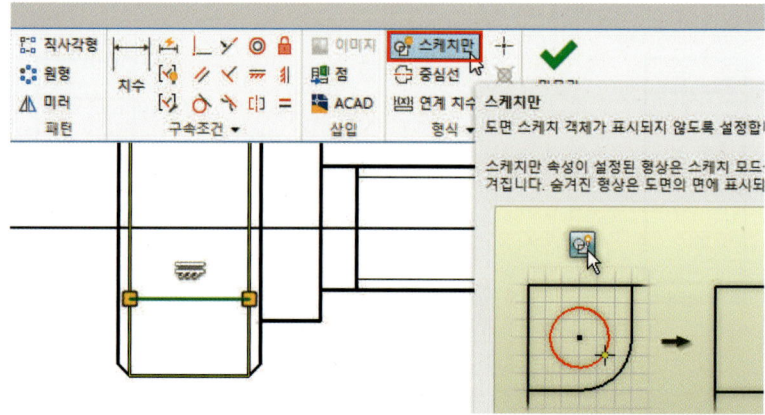

03 [영역 해치] 명령을 선택하고 [해치] 대화상자가 실행되면 패턴을 추가하기 위해 [기타..]를 클릭합니다.

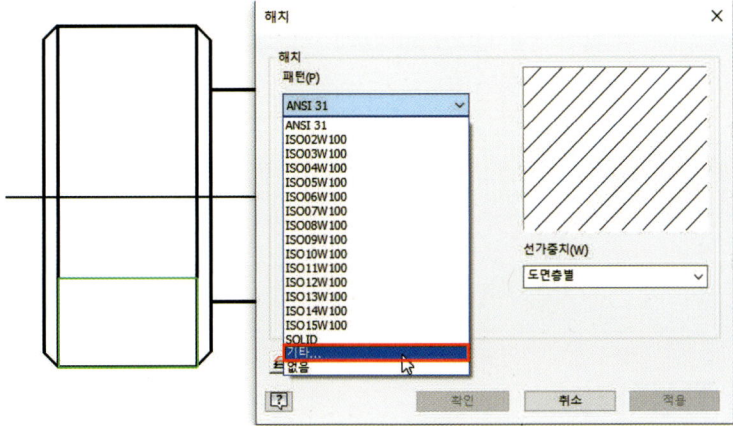

04 [해치 패턴 선택] 대화상자가 실행되면 [CUST35] 패턴을 추가합니다.

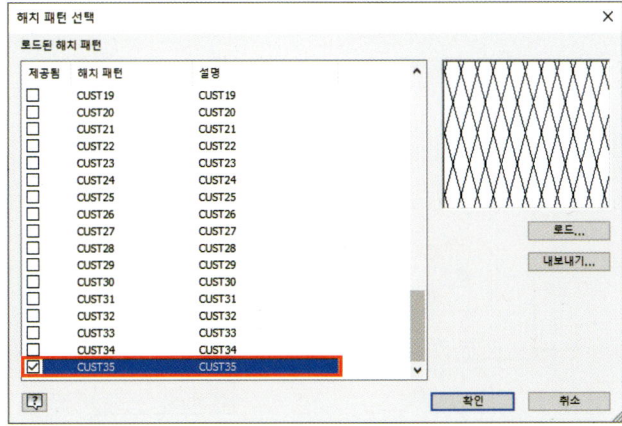

05 각도와 축척을 입력하여 널링을 표시합니다. (각도 : 90도 / 축척 : 0.2)

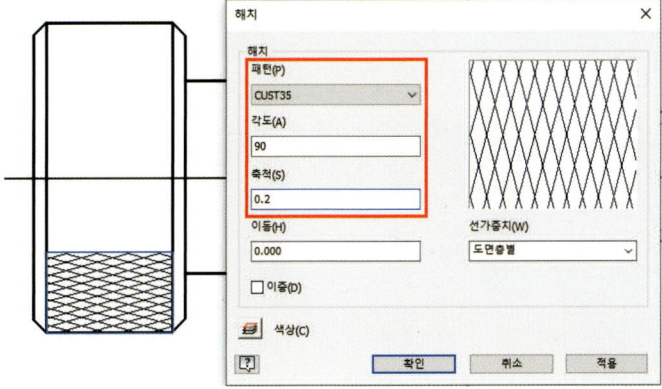

06 아래 이미지와 같이 리드 스크류 부품의 투상도 작성을 완료합니다.

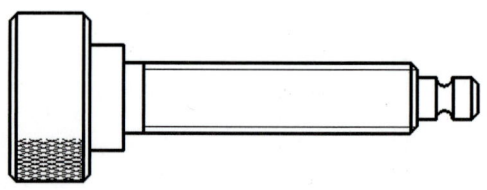

02 주석 작성하기

1 중심선

01 [중심선] 명령을 실행하고 중심선을 작성할 위치를 선택한 다음 마우스 우측 버튼을 클릭하여 [작성] 버튼을 눌러 중심선을 작성합니다.

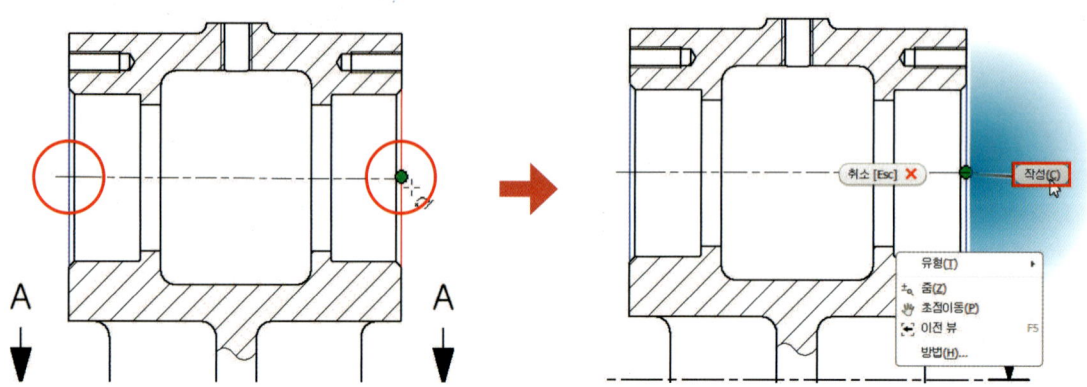

02 [중심선 이등분] 명령을 실행하고 두 개의 모서리를 클릭하여 두 모서리의 중앙에 중심선을 작성합니다.

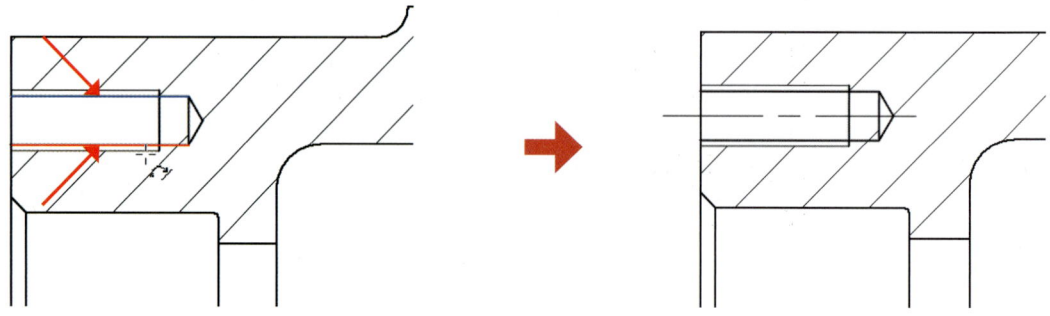

TIP

중심선 작성시 뷰의 스타일을 [은선 표시]로 설정하면 숨은 객체에도 쉽게 중심선 표현이 가능합니다. 중심선 작성 후 다시 [은선 제거] 스타일로 변경해도 중심선은 사라지지 않습니다.

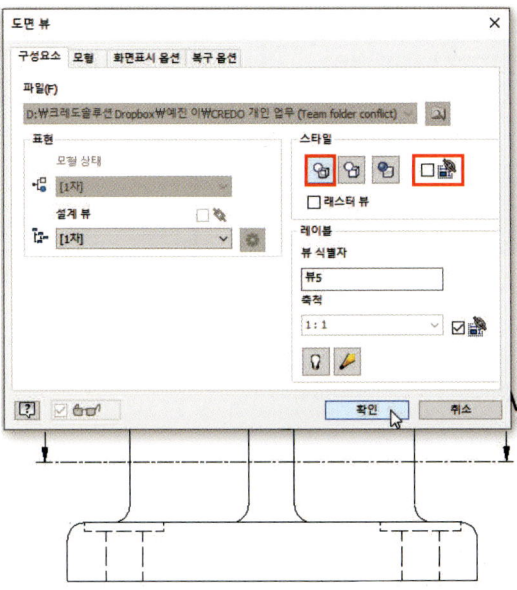

03 중심선 명령을 사용할 수 없는 경우 해당 뷰에 직접 스케치하여 중심선을 작성합니다.

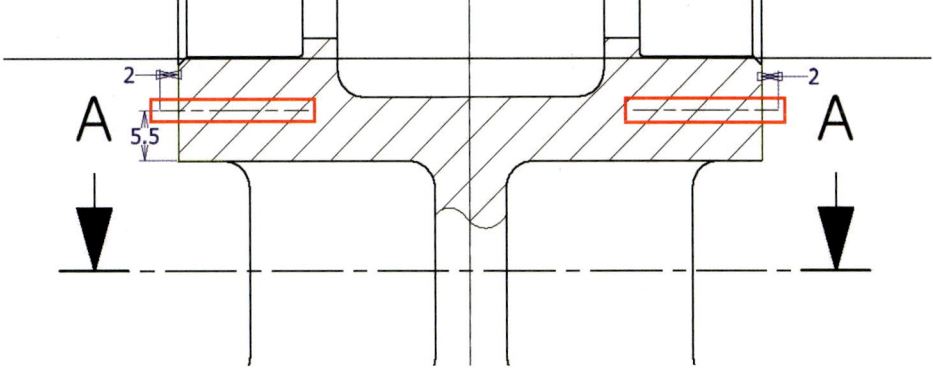

04 원형 중심선을 작성하기 위해 [중심 패턴] 명령을 실행하고 먼저 원형 패턴의 중심이 될 참조 모서리를 클릭합니다.

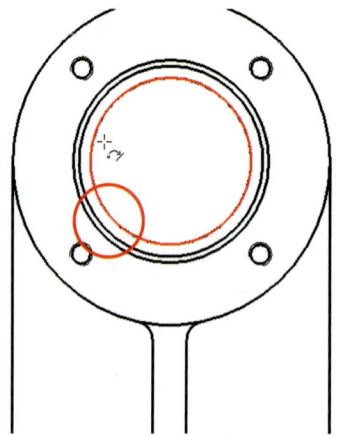

05 원형 중심선을 작성할 구멍의 위치를 하나씩 클릭한 후 다시 첫 번째로 클릭했던 구멍 모서리를 클릭하여 폐곡선으로 만듭니다. 그 다음 마우스 우측 버튼을 클릭하여 중심선을 [작성]합니다.

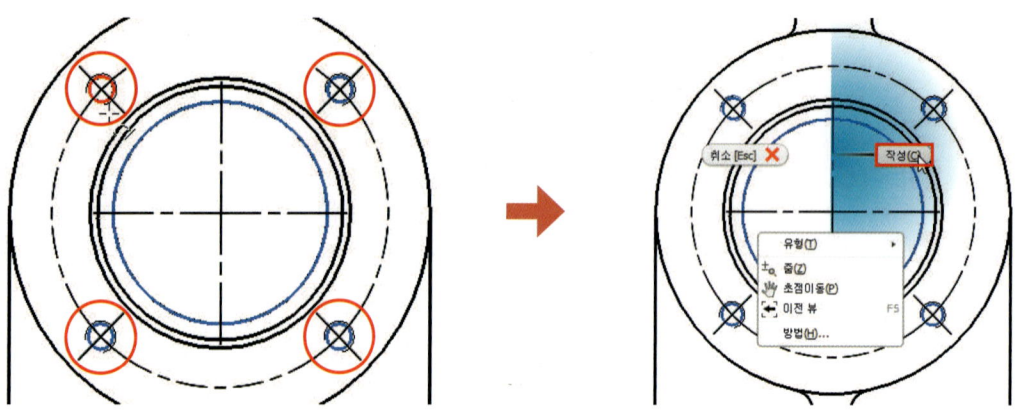

06 절단 모서리의 가시성을 해제하고 중심선을 작성합니다.

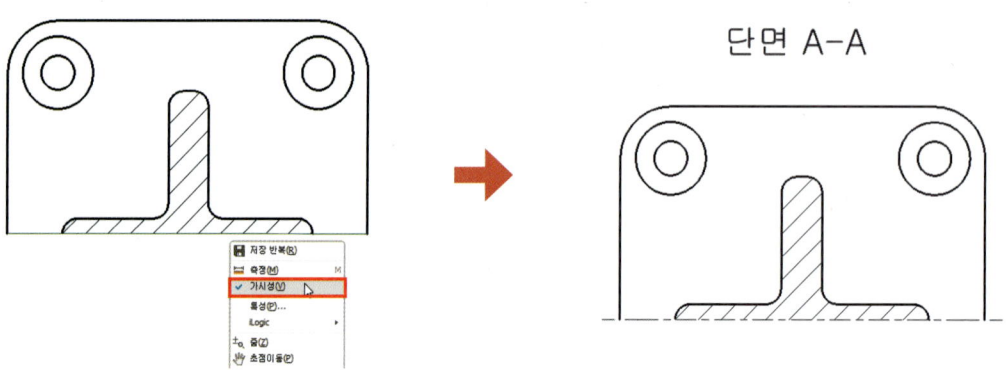

단면 A-A

07 해당 뷰에 스케치를 작성하여 대칭 도시 기호를 추가합니다.

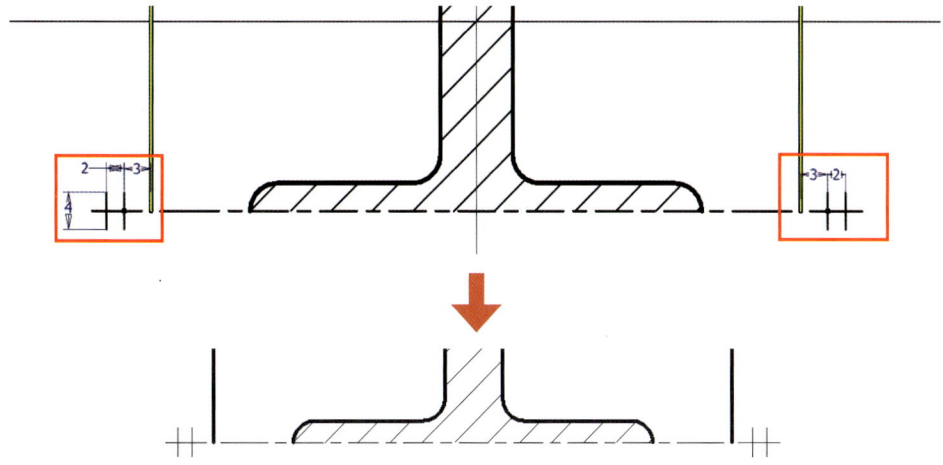

08 [중심 표식] 명령을 실행하여 원이나 호 모서리에 중심 표식을 추가합니다.

09 아래 이미지와 같이 본체 부품의 중심선을 작성합니다.

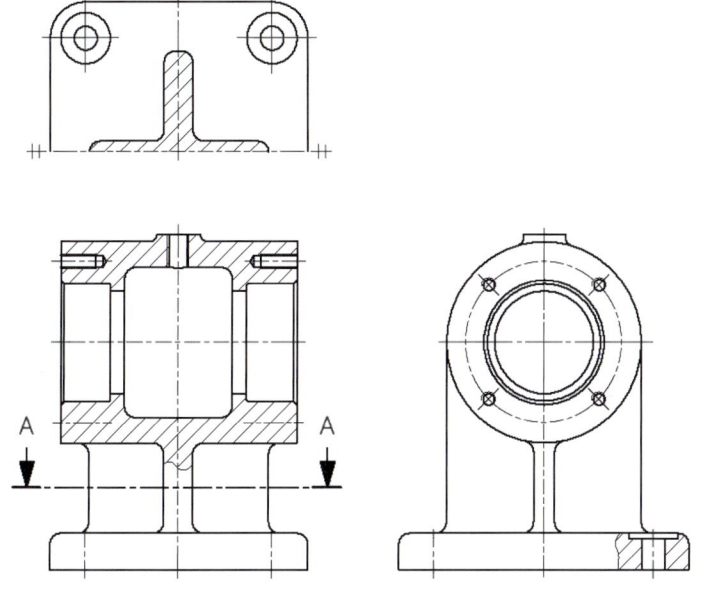

10 아래 이미지와 같이 스퍼 기어 부품의 중심선을 작성합니다.

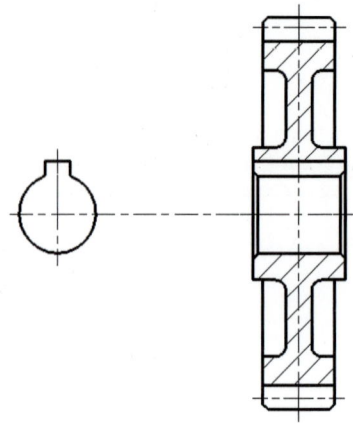

11 아래 이미지와 같이 나사 블록 부품의 중심선을 작성합니다.

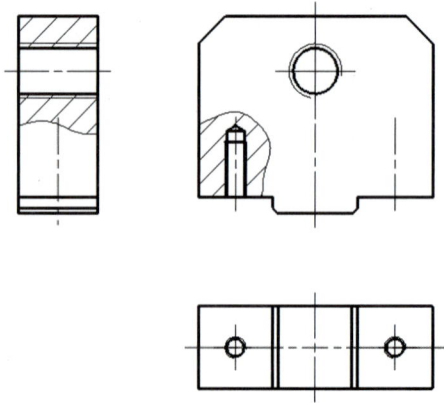

12 아래 이미지와 같이 리드 스크류 부품의 중심선을 작성합니다.

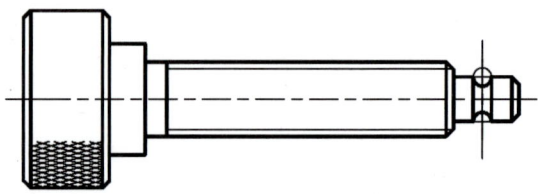

2 치수 및 지시선

● 치수 작성 및 편집

01 [치수] 명령을 실행하고 요소를 클릭하여 치수를 작성합니다.

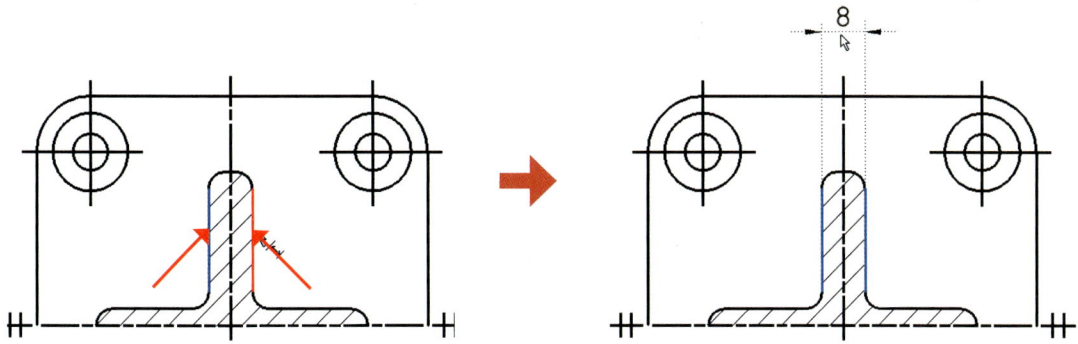

02 작성한 치수를 더블 클릭하여 [치수 편집] 대화상자가 실행되면 원하는 문자를 추가하거나 기호를 삽입할 수 있습니다. 이때 "〈〉"는 모형 매개변수에 연결된 치수 값을 의미합니다.

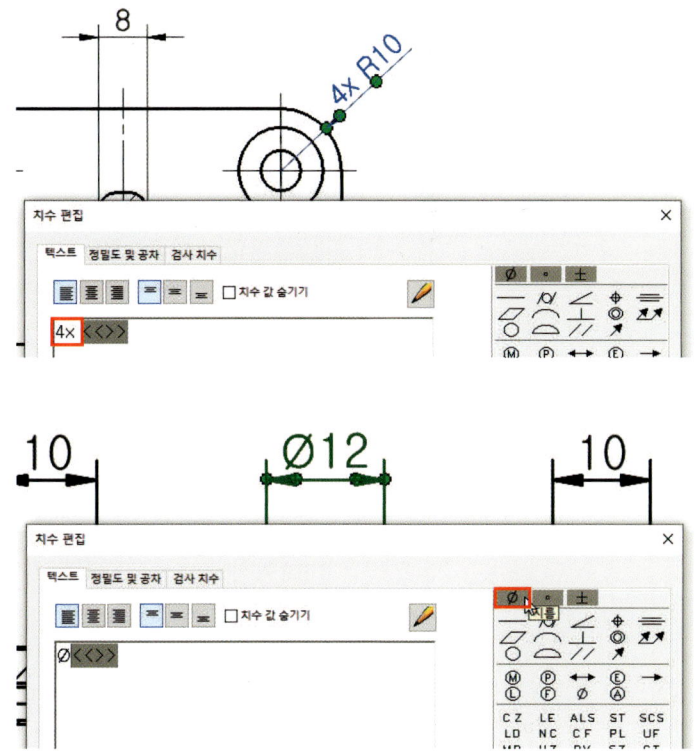

● 대칭 치수

01 작성한 치수의 한쪽 화살촉 제어점을 더블 클릭하여 화살촉 모양을 [없음]으로 변경합니다.

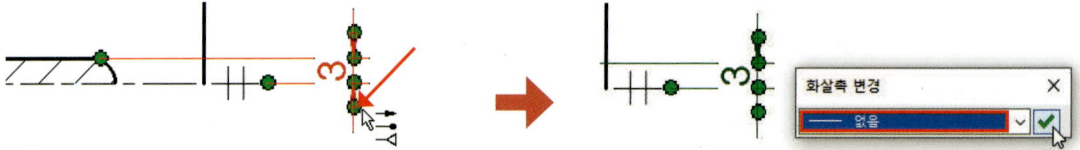

02 치수 보조선을 마우스 우측 버튼으로 선택하여 [치수 보조선 숨기기(H)]를 클릭합니다.

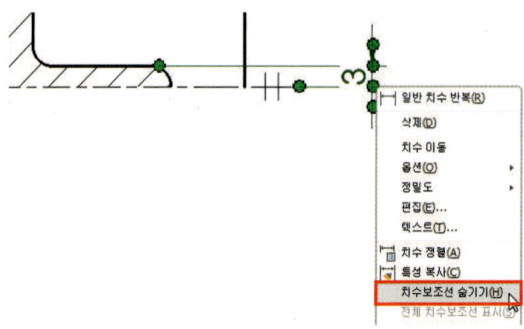

03 작성한 치수를 더블 클릭하여 [치수 편집] 대화상자가 실행되면 치수 값을 숨긴 다음 전체 길이 치수로 변경합니다.

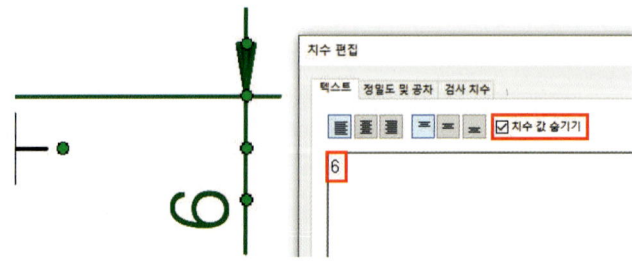

04 마찬가지 방법으로 대칭 치수를 작성합니다.

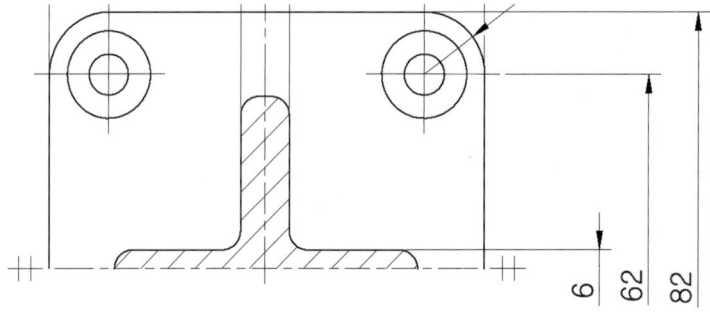

● 치수 공차, 끼워맞춤 공차

01 지름 치수를 작성한 다음 치수를 더블 클릭하여 [치수 편집] 대화상자가 실행되면 [정밀도 및 공차] 탭에서 끼워맞춤 공차를 추가할 수 있습니다.

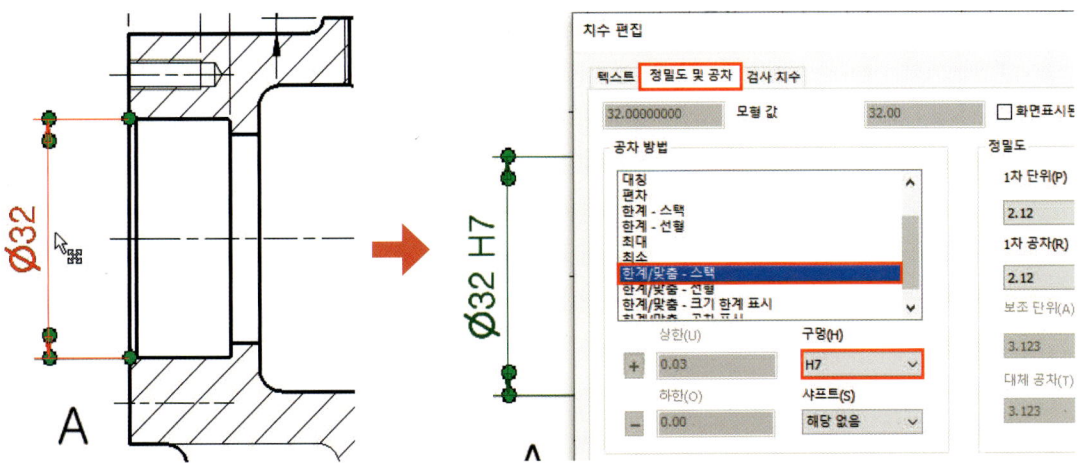

TIP

끼워맞춤 공차를 [텍스트] 탭에서 직접 입력하여 추가할 수도 있습니다.

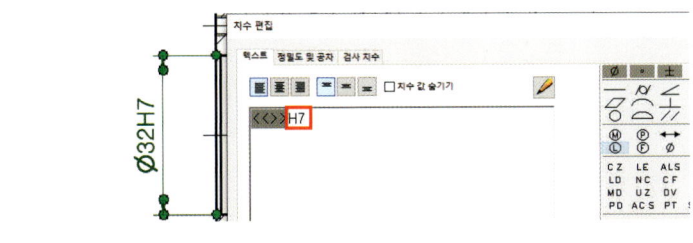

02 또한 [정밀도 및 공차] 탭에서 공차 방법을 지정하여 치수 공차도 추가할 수 있습니다.

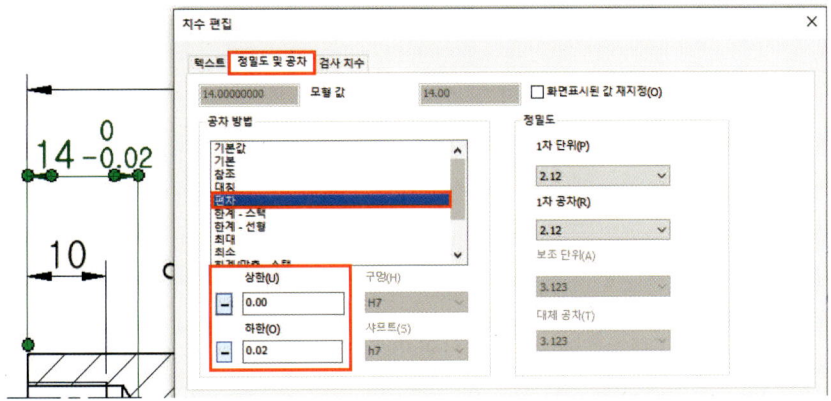

CHAPTER 4 2D 도면 작성   157

03 아래 이미지를 참고하여 치수 공차를 작성합니다.

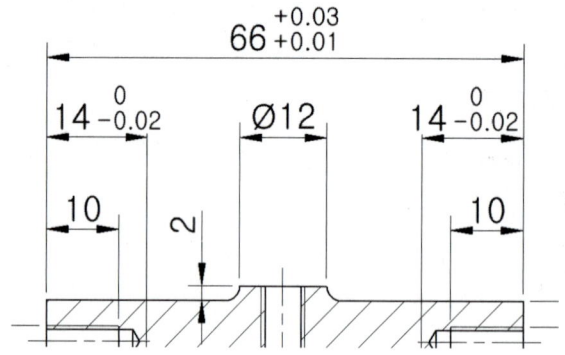

- **나사 치수**

01 [치수] 명령을 실행하고 구멍 모서리를 클릭하여 치수를 작성한 다음 해당 치수를 더블 클릭하여 [치수 편집] 대화상자가 실행되면 치수 앞에 'M'을 작성합니다.

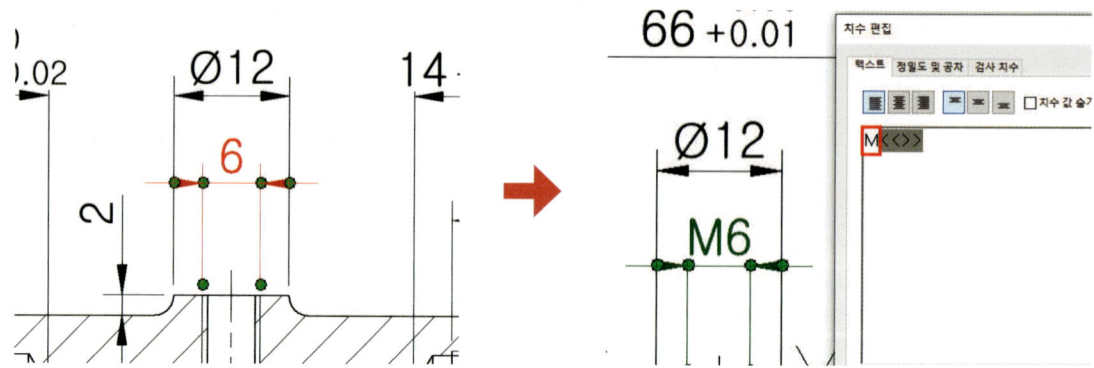

- **모따기 치수**

01 [모따기] 치수 명령을 실행하고 모따기 모서리와 참조선을 선택하여 모따기 치수를 작성할 수 있습니다.

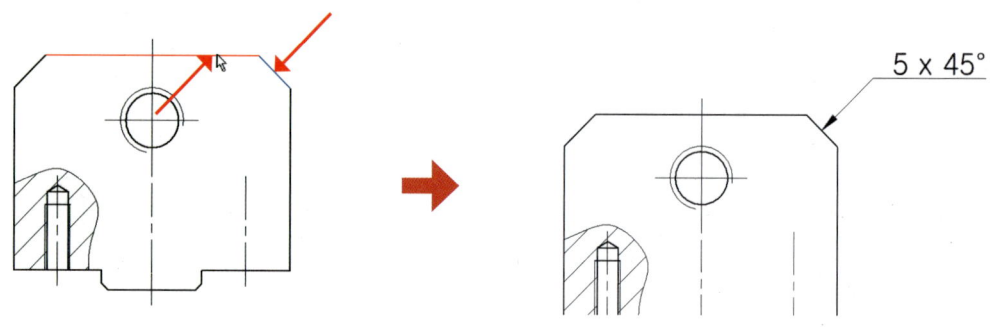

- **지시선**

01 [지시선 텍스트] 명령을 실행하여 지시선을 작성한 다음 화살촉 모양을 [작은 점]으로 변경합니다.

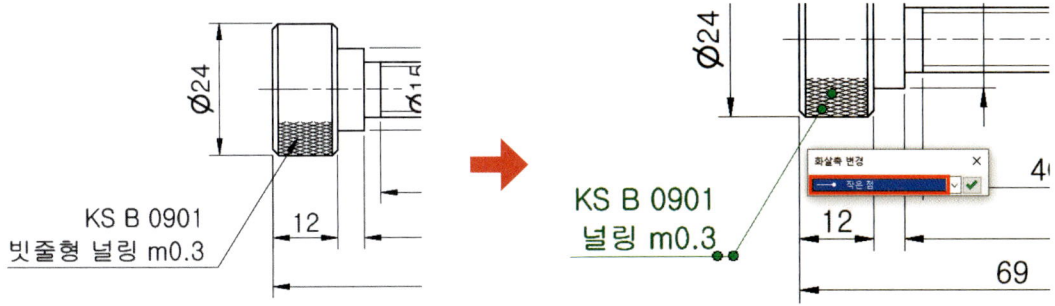

- **참고 도면**

01 아래 이미지와 같이 본체 부품의 치수 및 치수 공차를 작성합니다.

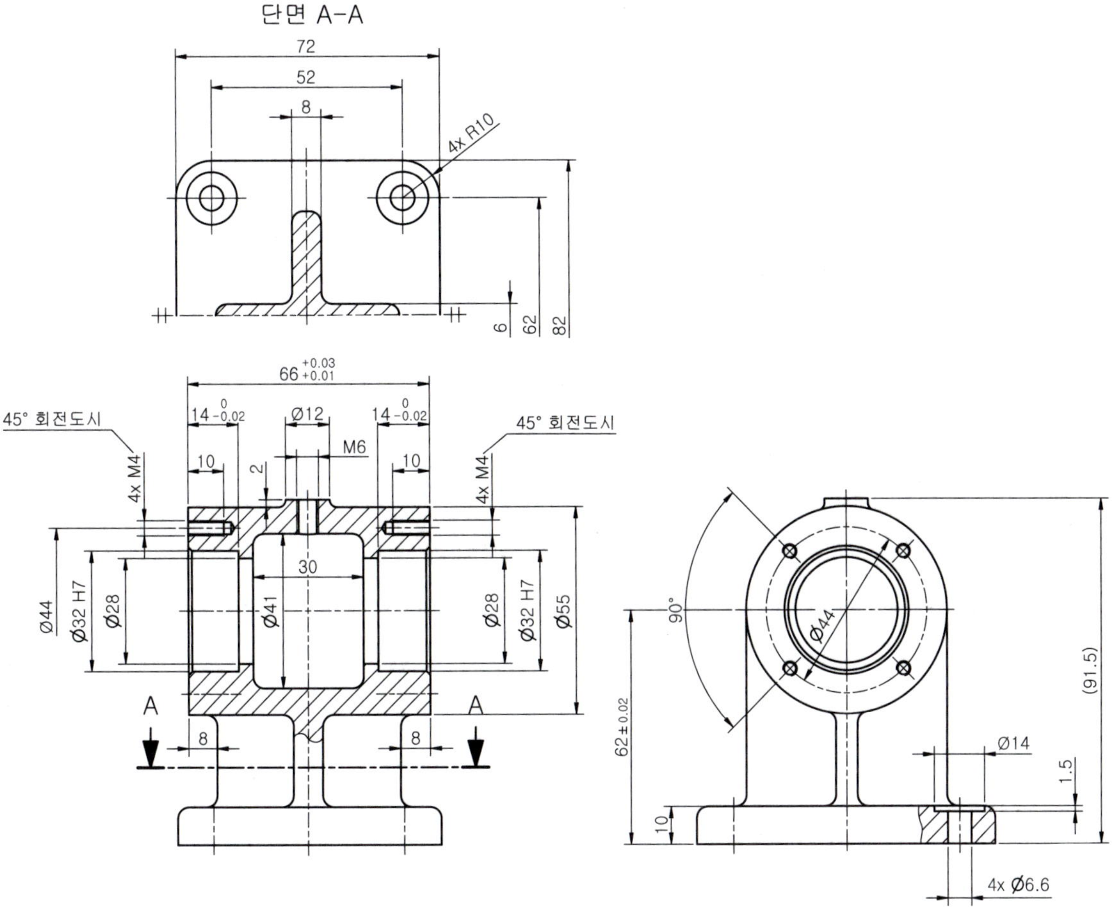

02 아래 이미지와 같이 스퍼 기어 부품의 치수 및 치수 공차를 작성합니다.

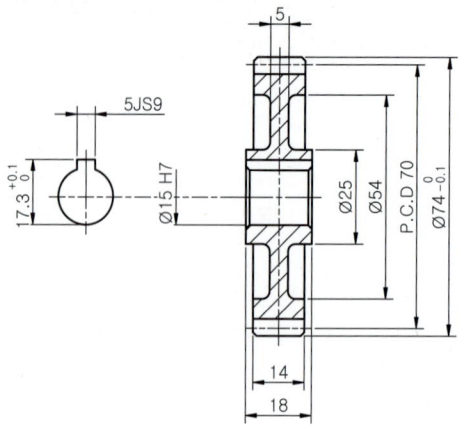

03 아래 이미지와 같이 나사 블록 부품의 치수 및 치수 공차를 작성합니다.

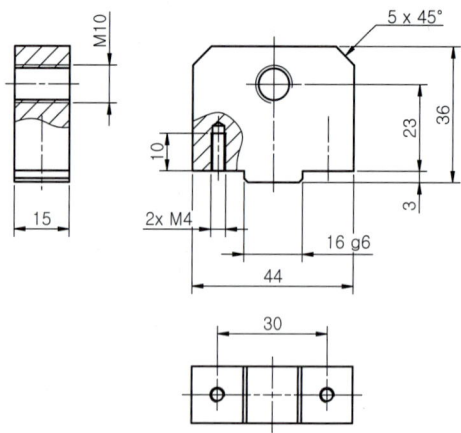

04 아래 이미지와 같이 리드 스크류 부품의 치수 및 치수 공차를 작성합니다.

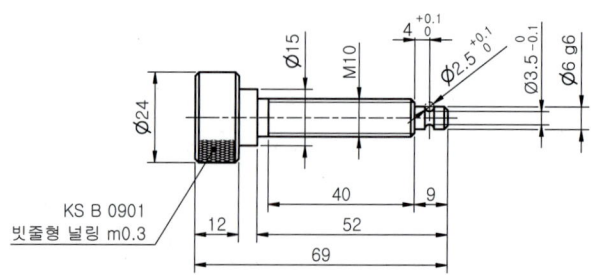

3 표면 거칠기

01 [표면 텍스처 기호] 명령을 실행하고 표면 거칠기를 작성할 위치를 클릭한 다음 마우스 우측 버튼을 클릭하여 [계속] 버튼을 누릅니다.

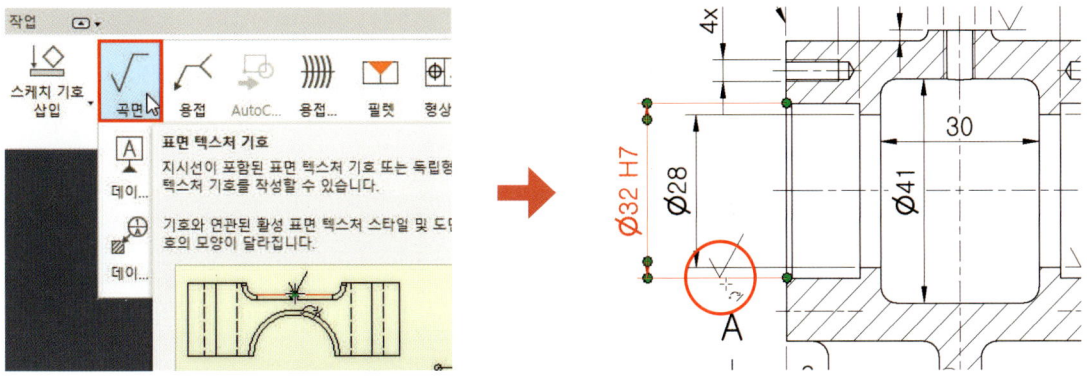

02 [표면 거칠기] 대화상자가 실행되면 표면 유형과 거칠기 기호를 입력하여 표면 거칠기 기호를 작성합니다.

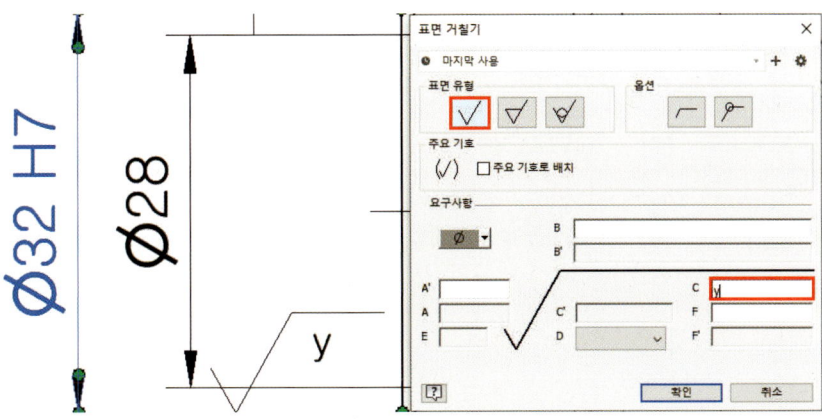

● 참고 도면

01 아래 이미지와 같이 본체 부품의 표면 거칠기를 작성합니다.

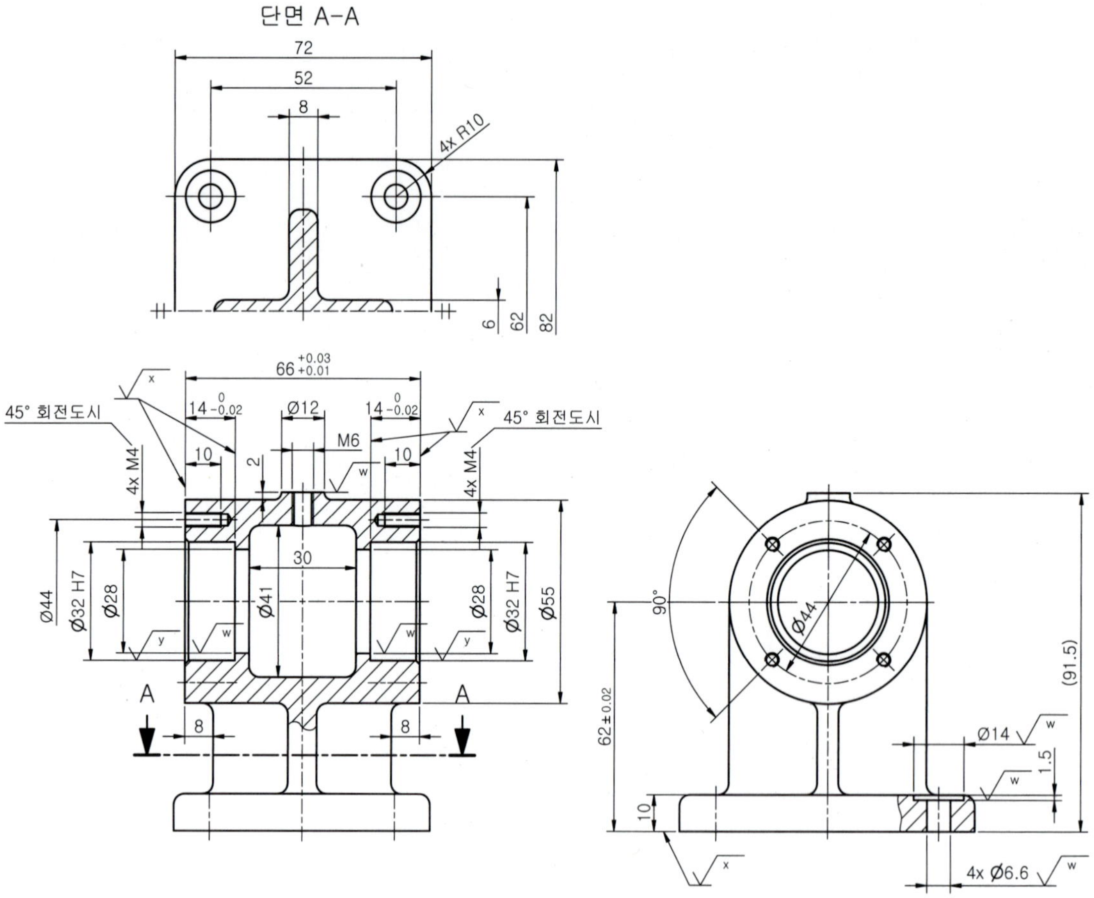

02 아래 이미지와 같이 스퍼 기어 부품의 표면 거칠기를 작성합니다.

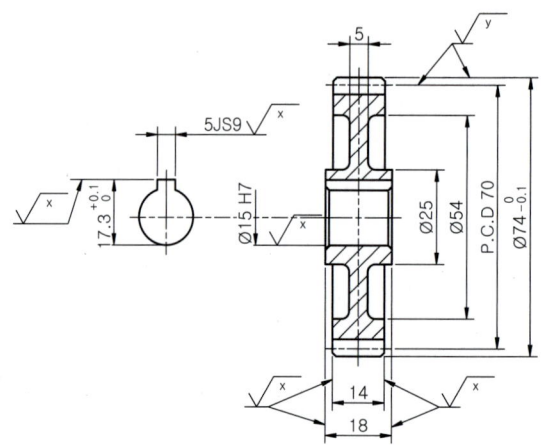

03 아래 이미지와 같이 나사 블록 부품의 표면 거칠기를 작성합니다.

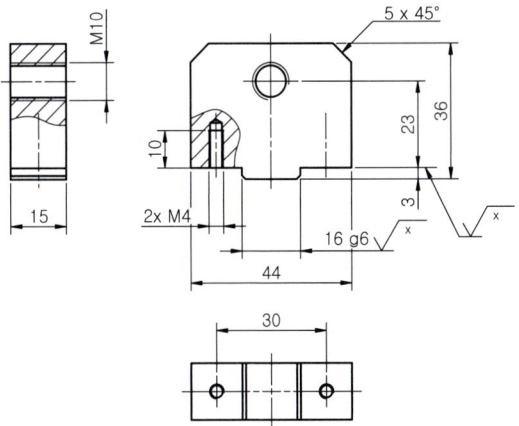

04 아래 이미지와 같이 리드 스크류 부품의 표면 거칠기를 작성합니다.

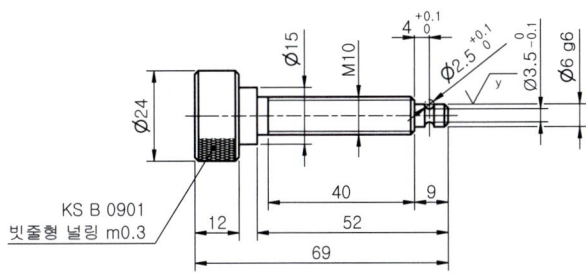

4 데이텀, 기하 공차

● 데이텀

01 [데이텀 식별자 기호] 명령을 실행하고 데이텀을 작성할 위치를 클릭합니다.

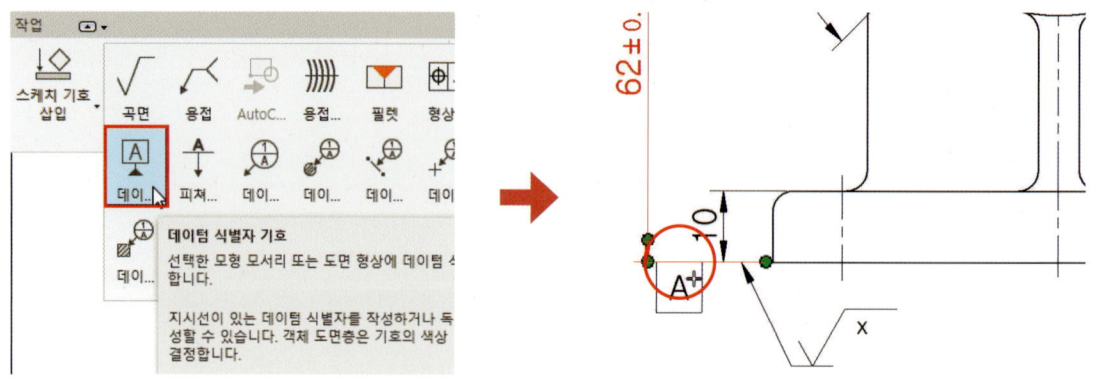

02 이어서 데이텀을 작성할 다음 위치를 클릭한 다음 [텍스트 형식] 대화상자가 실행되면 문자를 작성합니다.

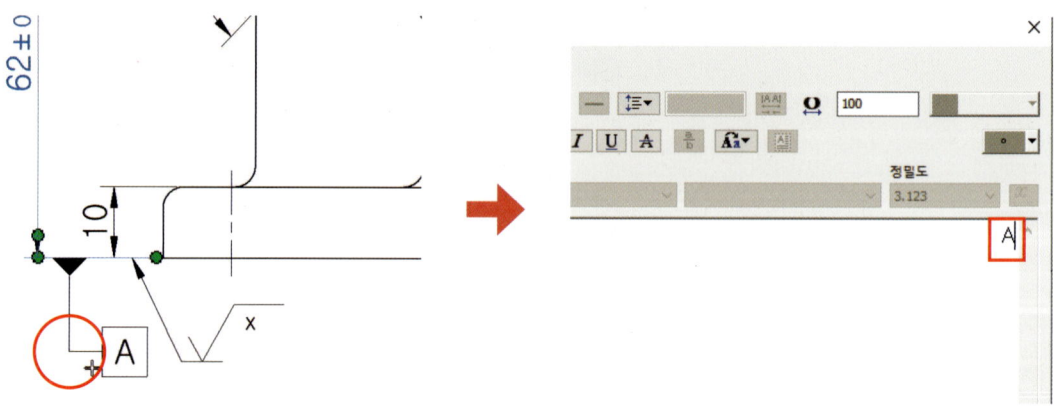

03 작성된 데이텀의 초록색 점을 조정하여 모양을 수정할 수 있습니다.

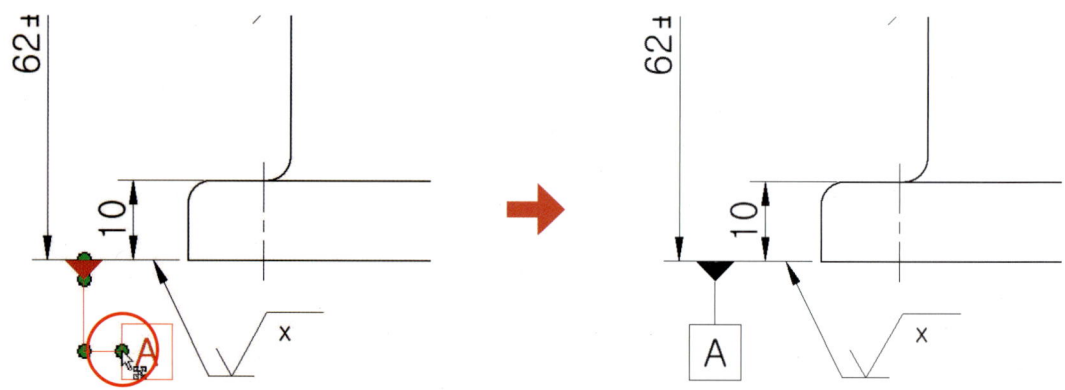

- **기하 공차**

01 [형상 공차] 명령을 실행하고 기하 공차를 작성할 위치를 클릭한 다음 마우스 우측 버튼을 클릭하여 [계속]을 클릭합니다.

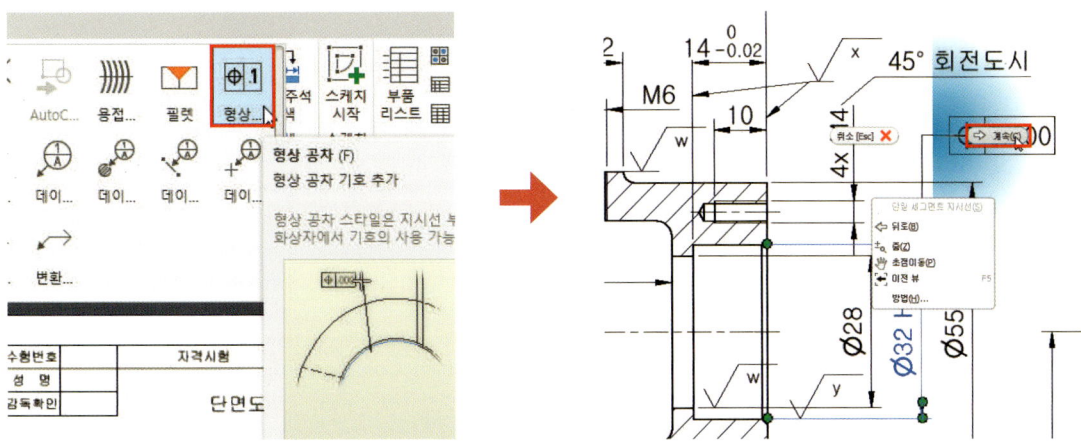

02 형상 공차의 기호, 공차, 데이텀을 입력하여 기하 공차를 작성합니다.

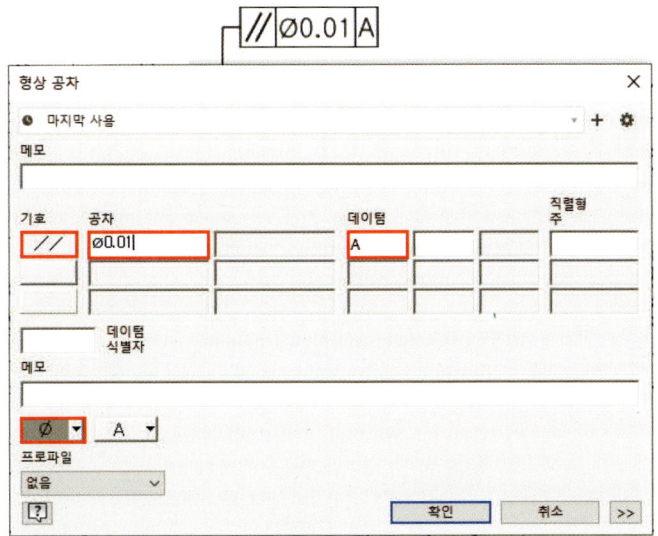

● **참고 도면**

01 아래 이미지와 같이 본체 부품의 데이텀 및 기하 공차를 작성합니다.

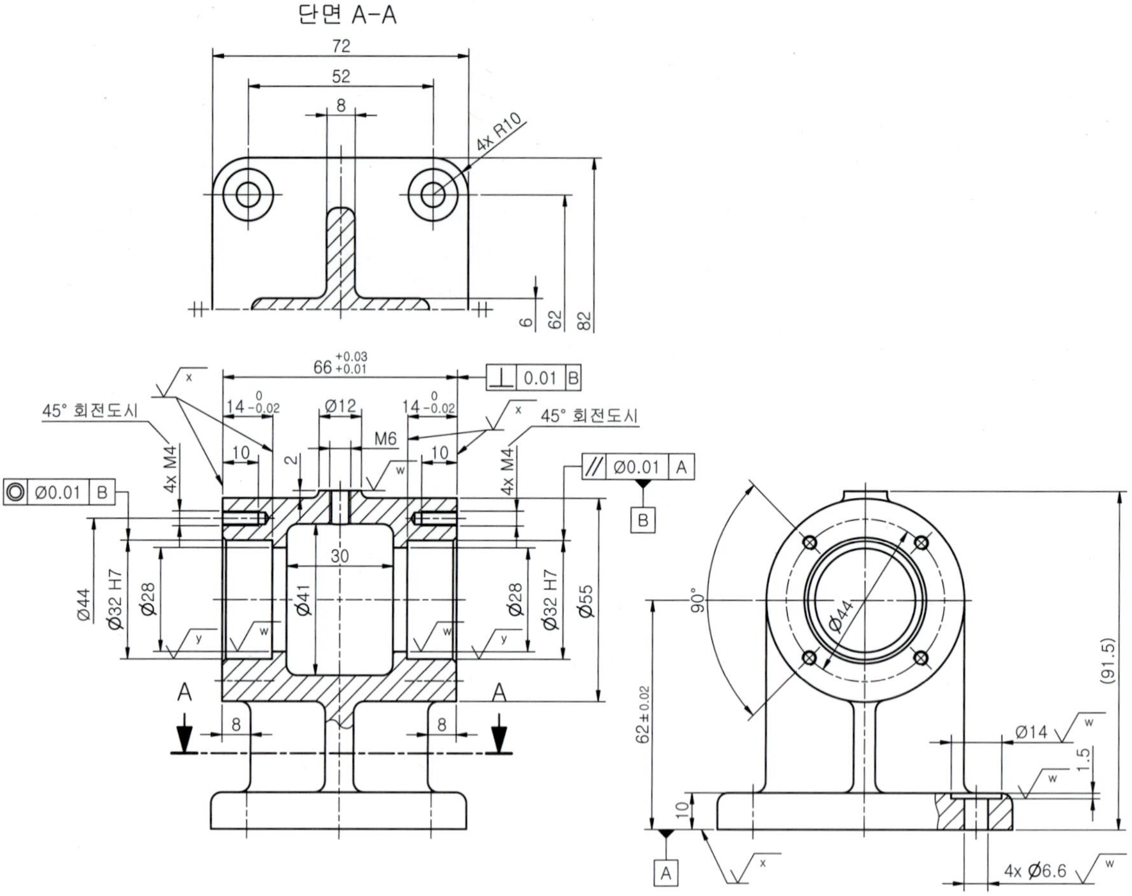

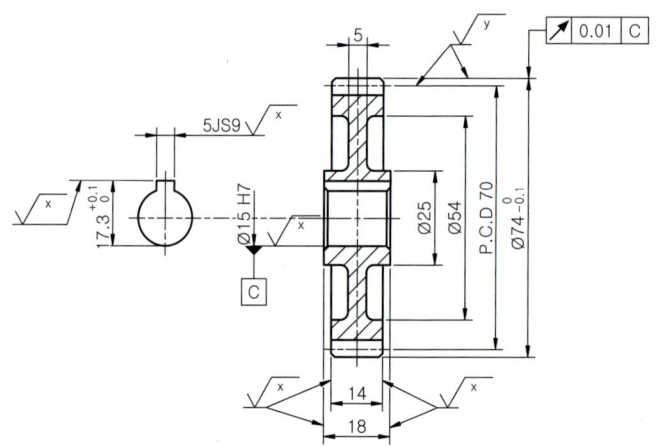

02 아래 이미지와 같이 스퍼 기어 부품의 데이텀 및 기하 공차를 작성합니다.

5 품번 기호

01 품번 기호를 작성하기 위해 도면 자원 폴더의 [스케치 기호]를 마우스 우측 버튼으로 클릭하여 [새 기호 정의(M)]를 선택합니다.

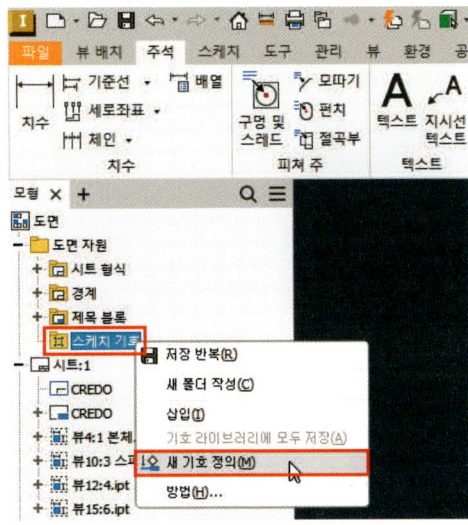

02 임의의 위치에 지름이 10mm인 원을 작성합니다.

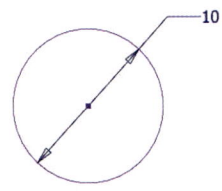

03 [텍스트] 명령을 실행하고 임의의 한 위치를 지정한 다음 [텍스트 형식] 대화상자에서 다음과 같이 설정합니다.

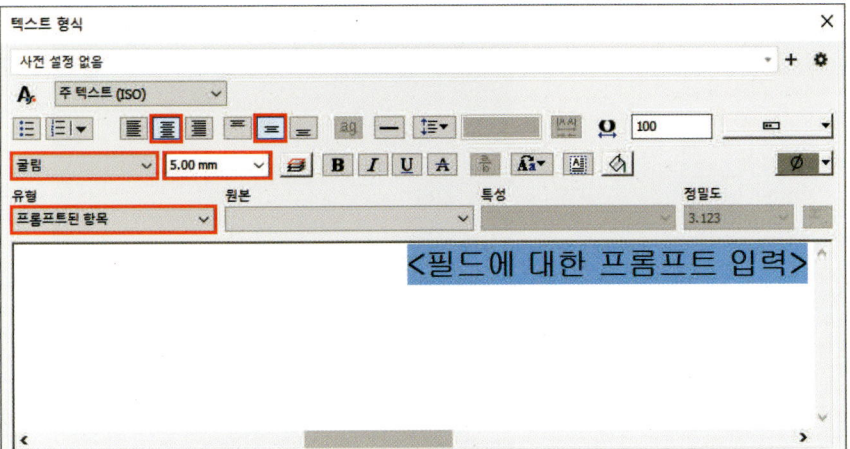

04 프롬프트 입력란에 [품번기호]를 입력한 다음 [확인] 버튼을 클릭합니다.

05 작성된 텍스트를 원의 중심점으로 일치시킵니다.

06 스케치 기호 이름을 지정한 다음 [저장(S)] 버튼을 클릭합니다.

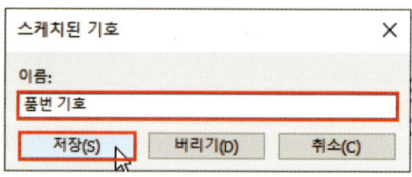

07 저장된 스케치 기호를 마우스 우측 버튼으로 선택한 다음 [삽입] 버튼을 클릭하여 현재 시트에 삽입합니다. (저장된 스케치 기호를 더블 클릭하여 삽입할 수도 있습니다.)

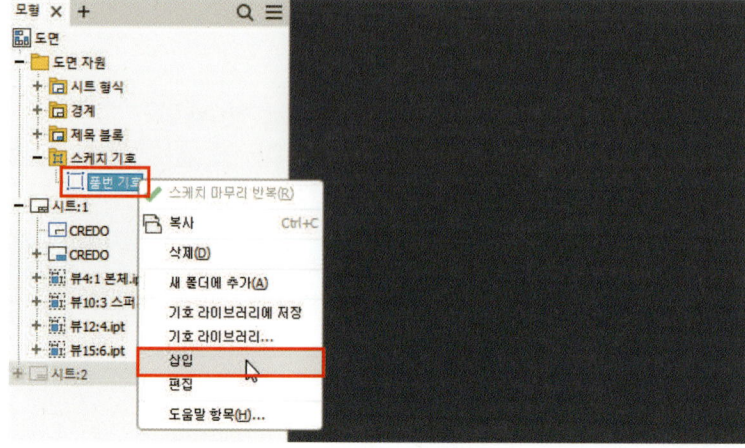

08 [품번 기호 프롬프트 텍스트] 대화상자가 실행되면 품번 기호의 값을 입력하여 품번 기호를 작성합니다.

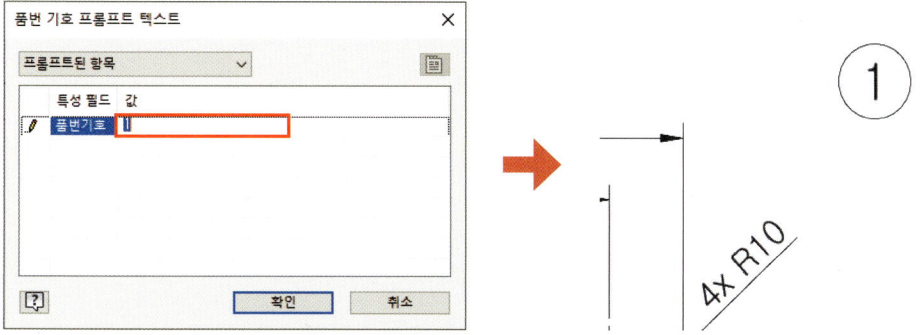

09 스케치를 이용하여 대표 표면 거칠기 기호를 작성합니다. (문자 : 굴림, 5mm)

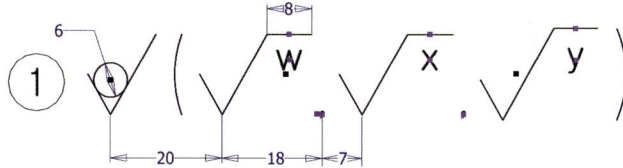

10 마찬가지 방법으로 나머지 부품에도 품번 기호와 대표 표면 거칠기 기호 작성을 완료합니다.

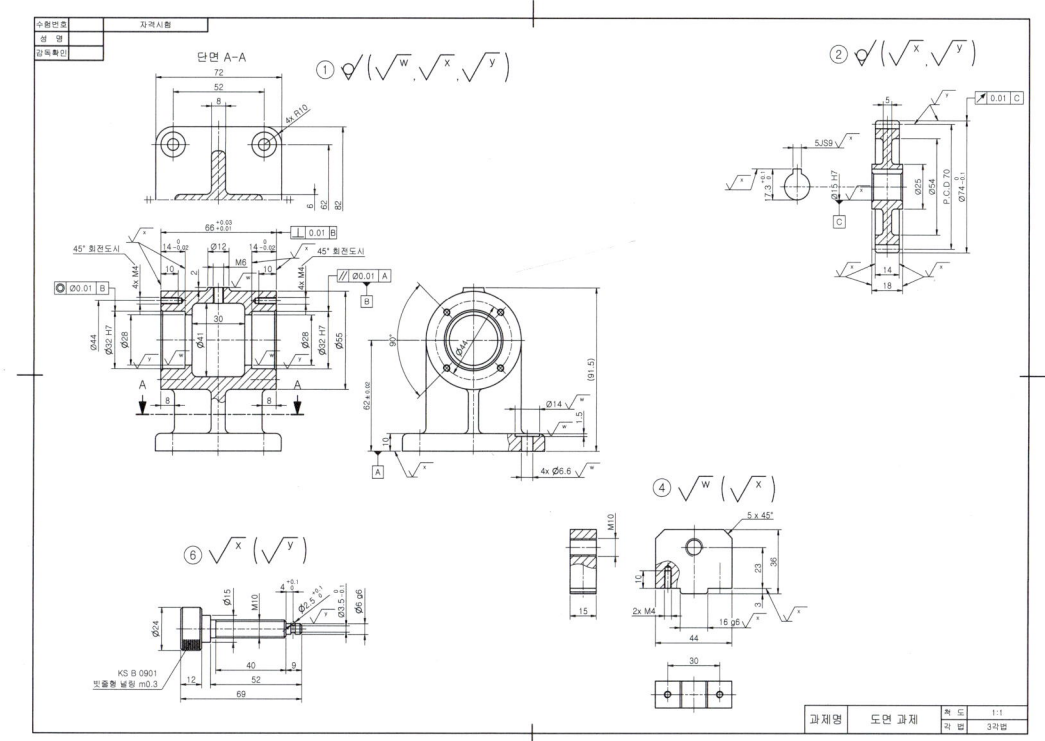

6 요목표, 부품 리스트, 주서

● 요목표

01 스케치 환경에서 [두 점 직사각형], [선] 명령과 [치수] 명령을 이용하여 표를 작성합니다.

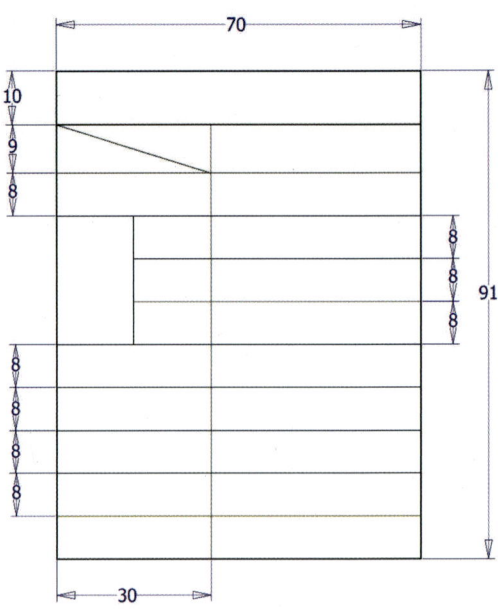

02 표의 표시된 란에 대각선을 작성하고 작성한 대각선을 선택하여 [스케치만]을 클릭합니다.

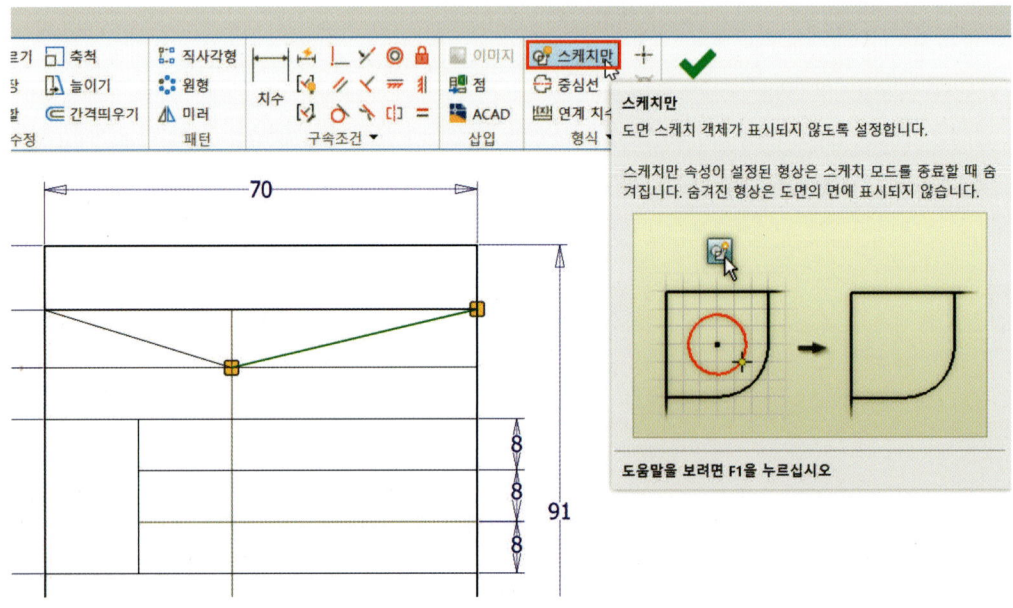

03 요목표의 내용을 아래 이미지와 같이 작성하여 마무리합니다. (굴림, 5mm / 3.5mm)

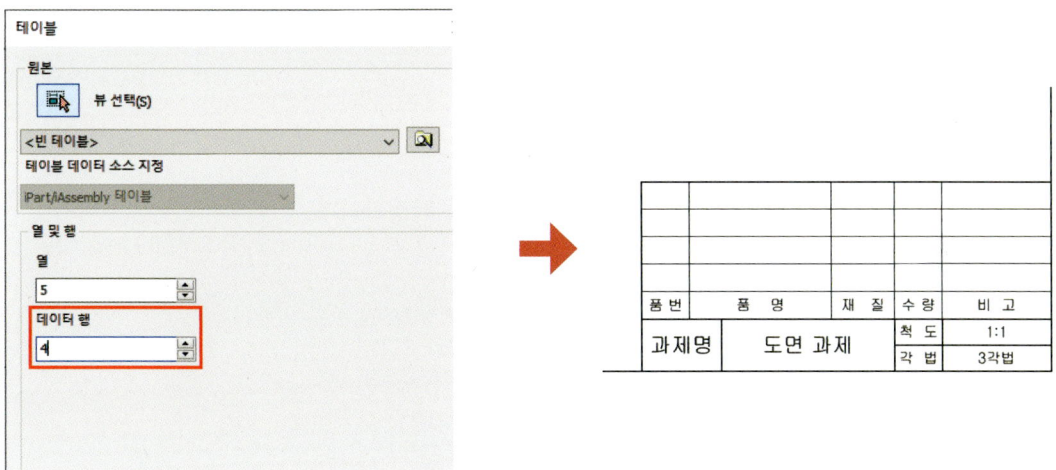

● **부품 리스트**

01 [테이블] 명령을 실행하고 행을 4행으로 설정한 다음 부품 리스트를 작성합니다.

02 작성된 부품 리스트를 더블 클릭하여 대화상자가 실행되면 부품 리스트의 내용을 작성합니다.

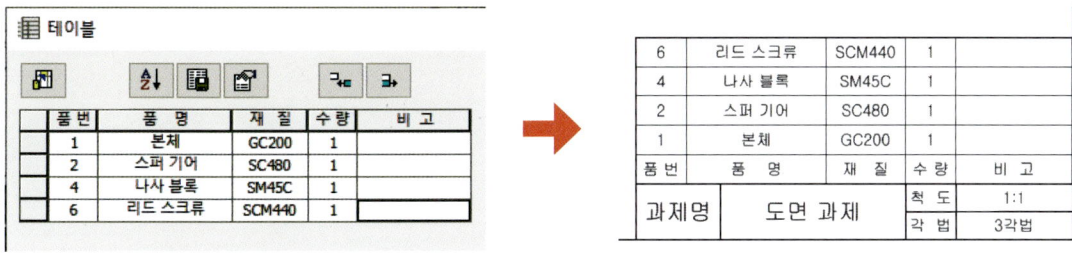

● 주서

01 스케치 환경에서 [텍스트] 명령을 이용하여 주서를 작성합니다. (굴림 5mm, 3.5mm)

주 서

1. 일반공차 : 가) 가공부 KS B ISO 2768-m
　　　　　　　나) 주조부 KS B 0250-CT11
　　　　　　　다) 주강부 KS B 0418-B급

2. 도시되고 지시없는 모따기는 1x45°
　　　　　　　　　　　　필렛 및 라운드는 R3

3. 일반 모따기는 0.2x45°

4.　　 부위의 외면 처리 - 명녹색 도장 (1, 2)

5. 파커라이징 처리 (4, 6)

6. 전체 열처리 HRC 50±3 (2)

7. 표면 거칠기

　　　　　　=
　　　　　　=
　　　　　　=
　　　　　　=

02 [표면 텍스처 기호] 명령을 실행하여 표면 거칠기 기호를 작성합니다.

주 서

1. 일반공차 : 가) 가공부 KS B ISO 2768-m
　　　　　　　나) 주조부 KS B 0250-CT11
　　　　　　　다) 주강부 KS B 0418-B급

2. 도시되고 지시없는 모따기는 1x45°
　　　　　　　　　　　　필렛 및 라운드는 R3

3. 일반 모따기는 0.2x45°

4. ∀ 부위의 외면 처리 - 명녹색 도장 (1, 2)

5. 파커라이징 처리 (4, 6)

6. 전체 열처리 HRC 50±3 (2)

7. 표면 거칠기

　　　∀　　=　　∀
　　　√w　=　　√Ra 12.5
　　　√x　=　　√Ra 3.2
　　　√y　=　　√Ra 0.8

03 A 타입 부품도 작성을 완료합니다.

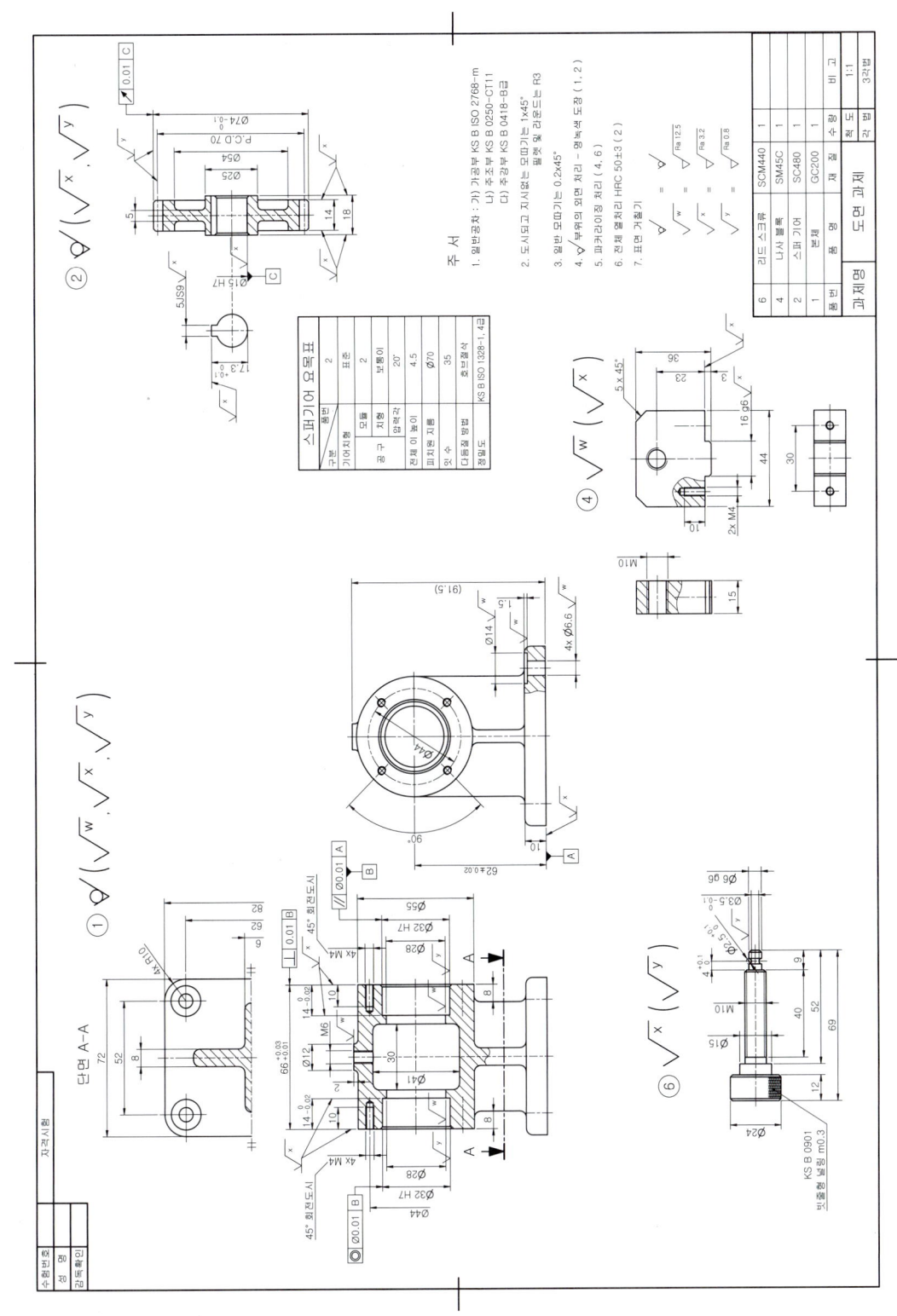

SECTION 05

부품도 작성 B 타입

B 타입은 드릴지그 1, 2번 부품과 동력전달장치 3, 4번 부품의 부품도를 작성합니다.

01 뷰 작성하기 (투상도 배치하기)

● 베이스

01 [기준] 명령을 실행하여 베이스 부품의 평면도를 기준으로 좌측면도, 우측면도, 밑면도를 삽입합니다. 이때 스타일은 [은선]으로 설정합니다.

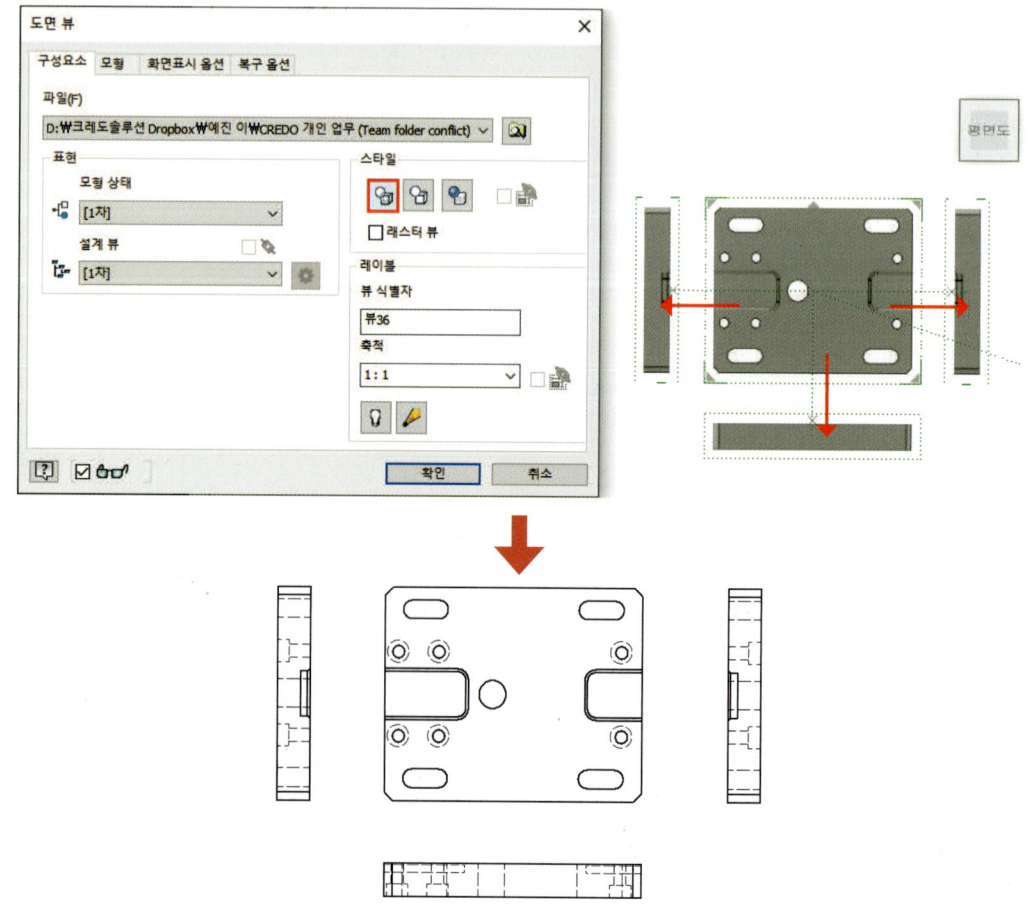

02 작성된 저면도를 선택하고 [스케치 시작] 명령을 실행하여 저면도 뷰에 스케치를 작성합니다.

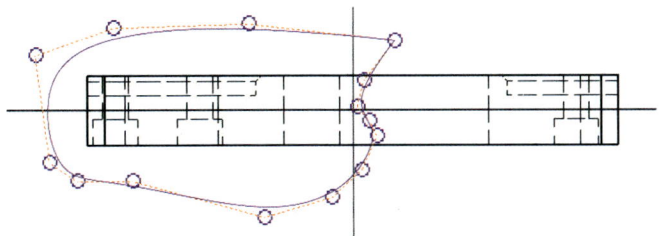

03 [브레이크 아웃] 명령을 실행하고 깊이를 지정하여 부분 단면도를 작성합니다.

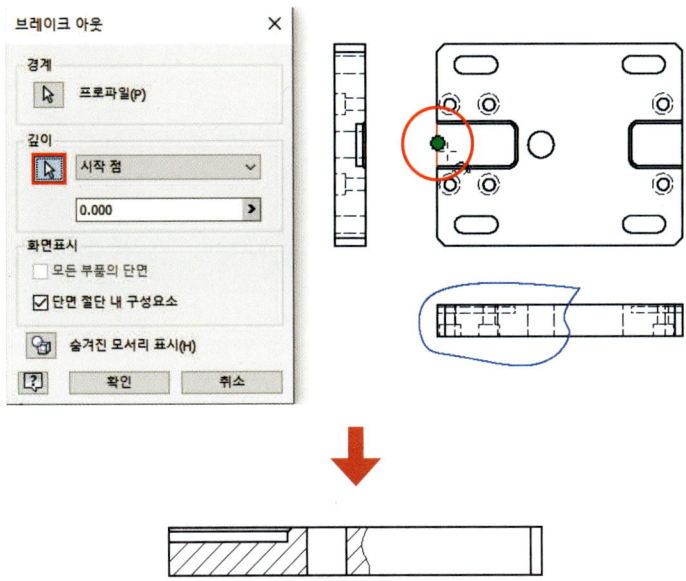

04 우측면도에도 동일한 방법으로 부분 단면도를 작성합니다.

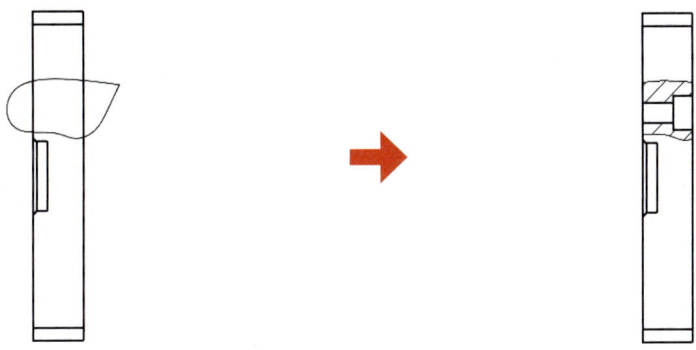

05 1 x 45˚ 모따기선을 Ctrl키를 이용해 다중 선택하고 마우스 우측 버튼을 이용하여 [가시성]을 해제합니다. (1 x 45˚ 모따기선은 표시하지 않아도 됩니다.)

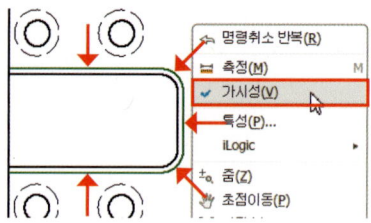

06 아래 이미지와 같이 베이스 부품의 투상도 작성을 완료합니다.

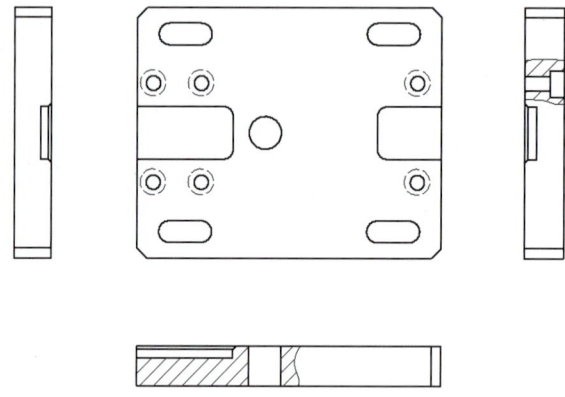

- **가이드 블록**

01 [기준] 명령을 실행하여 가이드 블록 부품의 정면도와 평면도, 우측면도, 밑면도를 삽입합니다. 이 때 스타일은 [은선 제거]를 선택합니다.

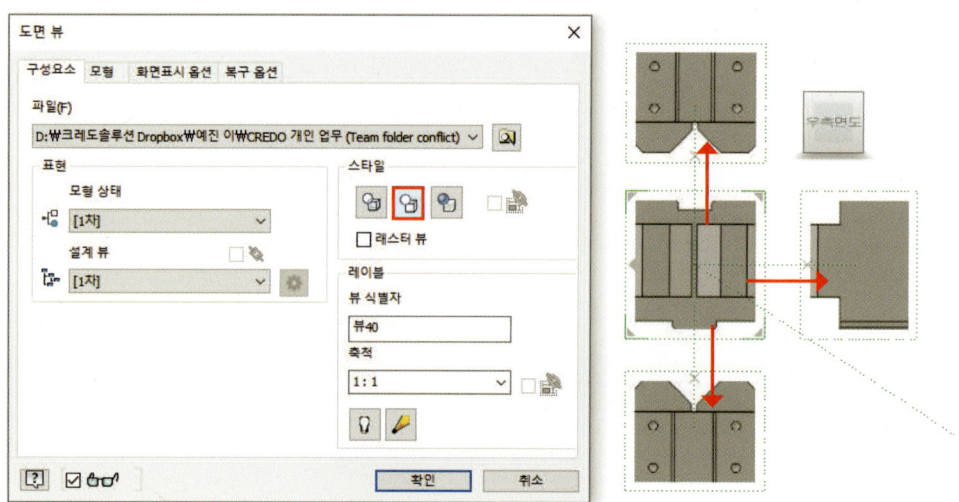

02 우측면도 뷰에 스케치를 작성하고 [브레이크 아웃] 명령을 실행하여 부분 단면도를 작성합니다.

03 아래 이미지와 같이 가이드 블록 부품의 투상도 작성을 완료합니다.

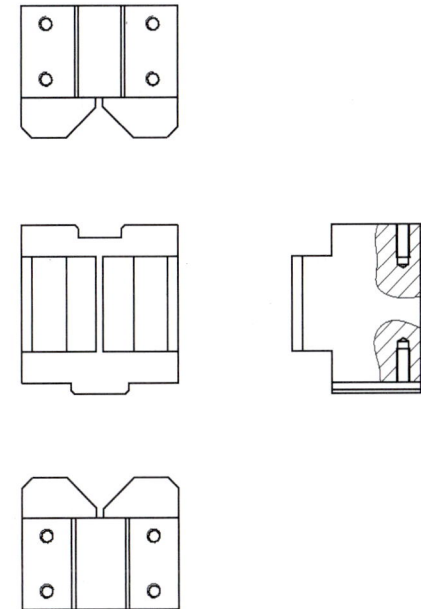

- 축

01 [기준] 명령을 실행하여 축 부품의 정면도를 삽입합니다. 이때 스타일은 [은선 제거]를 선택합니다.

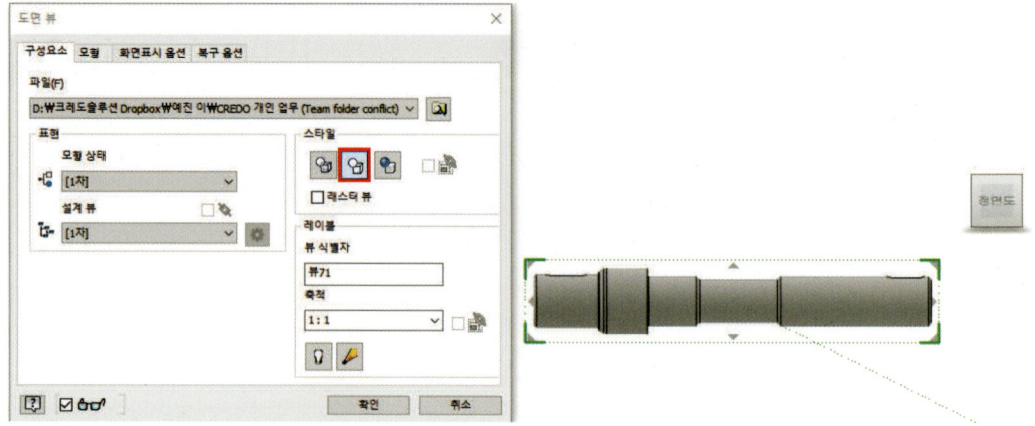

02 정면도 뷰에 스케치를 작성하고 [브레이크 아웃] 명령을 실행하여 부분 단면도를 작성합니다.

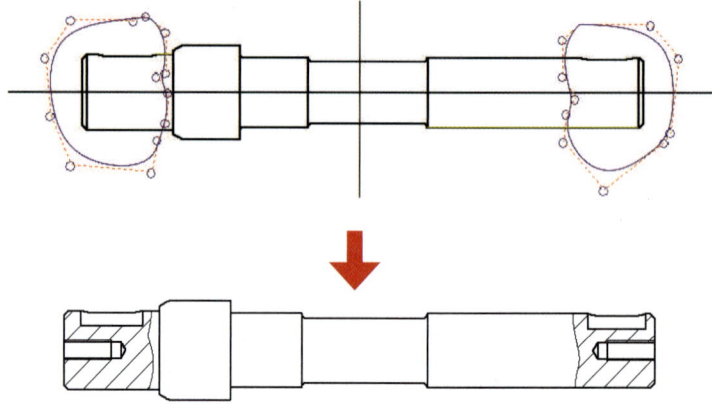

03 [상세 뷰] 명령을 실행하고 옵션을 설정한 후 상세도를 표시할 위치를 클릭하여 상세도를 작성합니다.

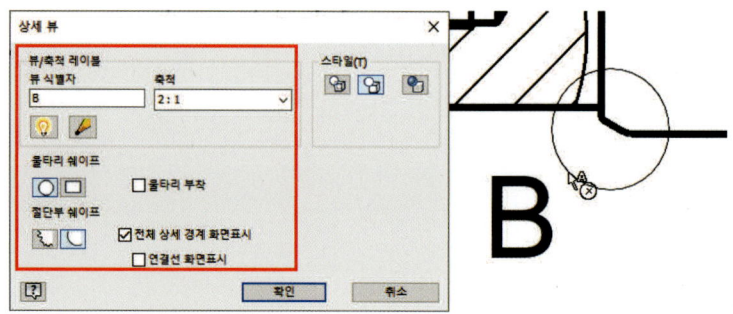

04 상세도 텍스트를 더블 클릭하여 아래 이미지와 같이 수정합니다.

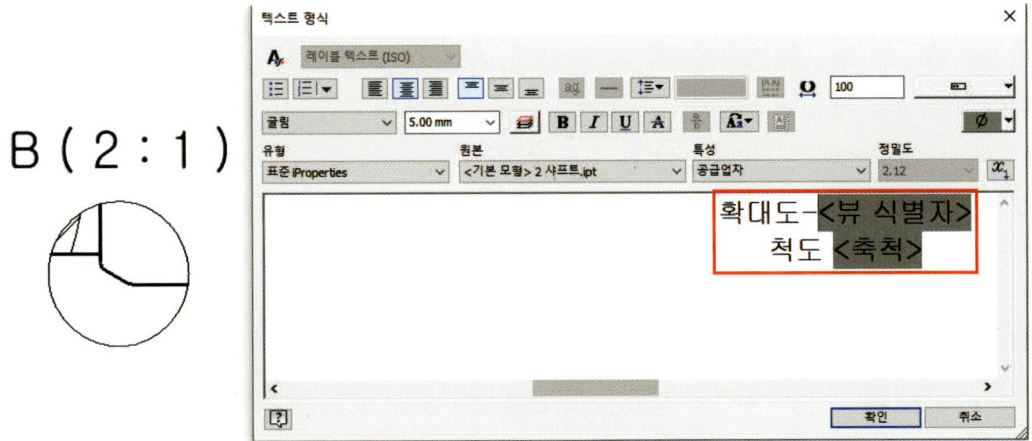

05 [투영] 명령을 실행하여 정면도를 기준으로 축 부품의 평면도를 추가합니다.

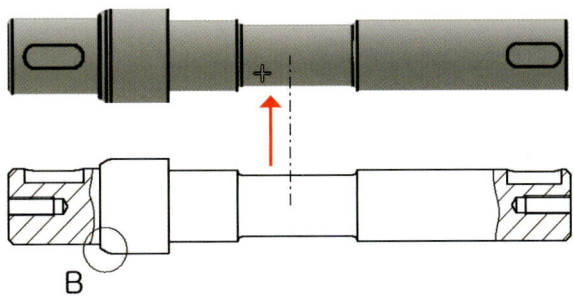

06 평행키 홈의 국부 투상도를 작성하기 위해 [오리기] 명령을 실행하고 평면도 뷰를 선택한 후 자를 영역을 사각형으로 작성하여 뷰의 불필요한 부분을 제거합니다.

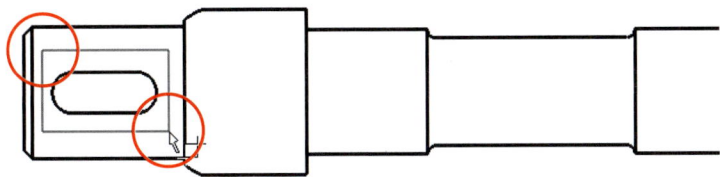

07 오리기 경계선을 Ctrl 키를 이용해 다중 선택하고 마우스 우측 버튼을 이용하여 [가시성]을 해제합니다.

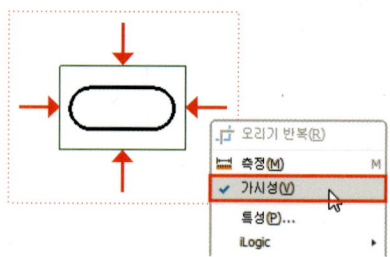

08 아래 이미지와 같이 축 부품의 투상도 작성을 완료합니다.

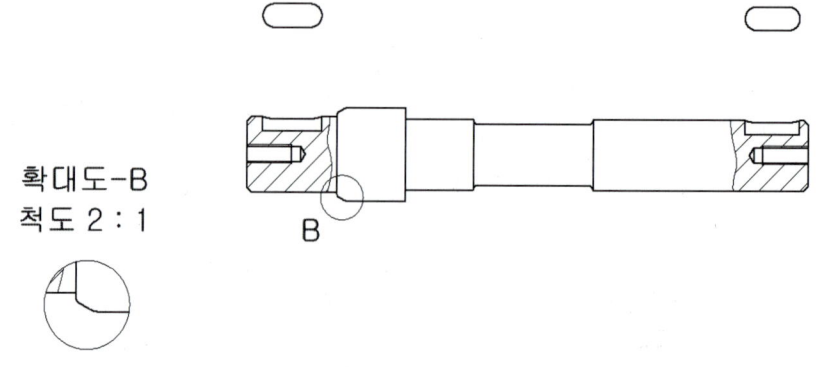

- 커버

01 [기준] 명령을 실행하여 커버 부품의 배면도를 삽입합니다. 이때 스타일은 [은선 제거]를 선택합니다.

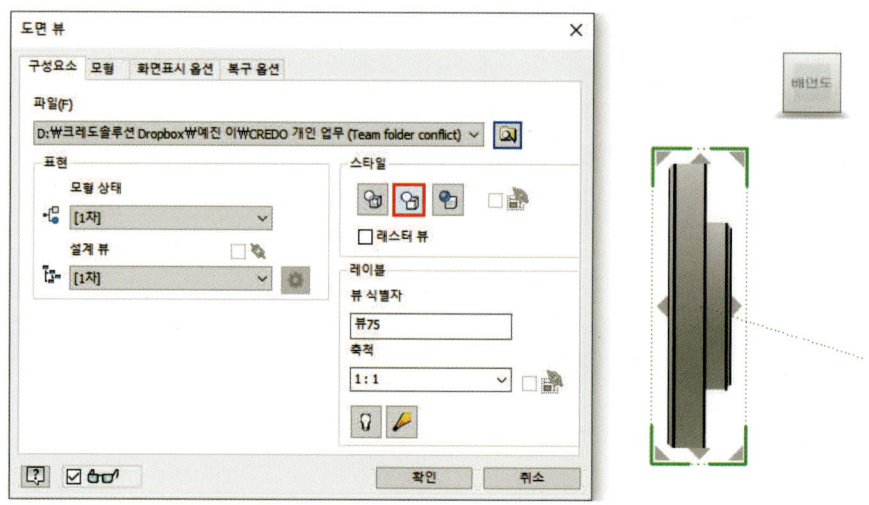

TIP

만약 커버 부품의 구멍 모델링을 45도 각도로 작업했다면 뷰 작성시 [사용자 뷰 방향(C)]의 [증분 뷰 회전] 명령으로 45도 회전된 뷰를 작성할 수 있습니다.

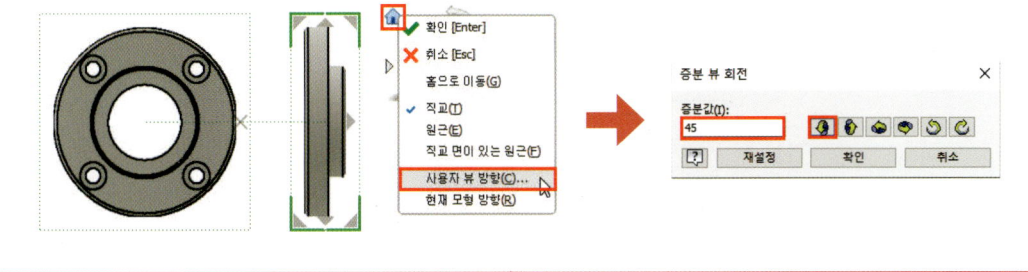

02 배면도 뷰에 스케치를 작성하고 [브레이크 아웃] 명령을 실행하여 단면도를 작성합니다.

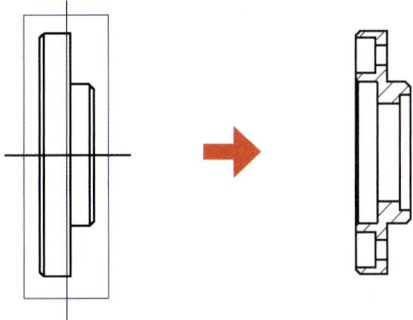

03 [상세 뷰] 명령을 실행하고 오일 실 홈 부위에 대한 상세도를 작성하여 커버 부품의 투상도 작성을 완료합니다.

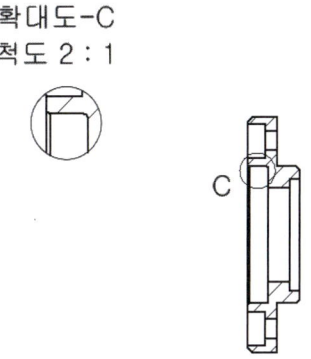

02 주석 작성하기

1 중심선

01 [중심선] 명령을 실행하고 중심선을 작성할 위치를 선택한 다음 마우스 우측 버튼을 클릭하여 [작성] 버튼을 눌러 중심선을 작성합니다.

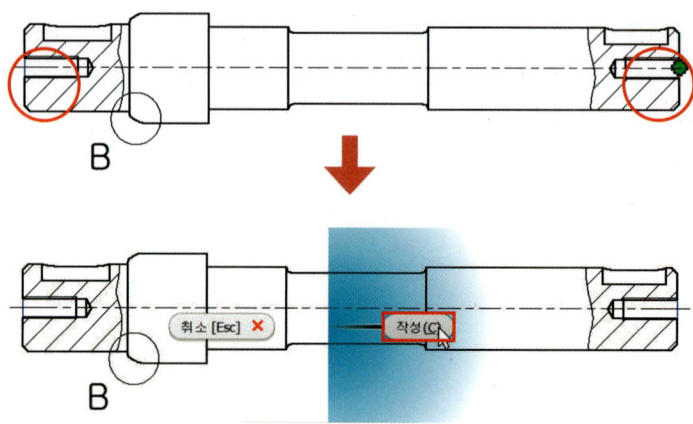

02 [중심선 이등분] 명령을 실행하고 두 개의 모서리를 클릭하여 두 모서리의 중앙에 중심선을 작성합니다.

03 [중심 표식] 명령을 실행하여 원이나 호 모서리에 중심 표식을 추가합니다.

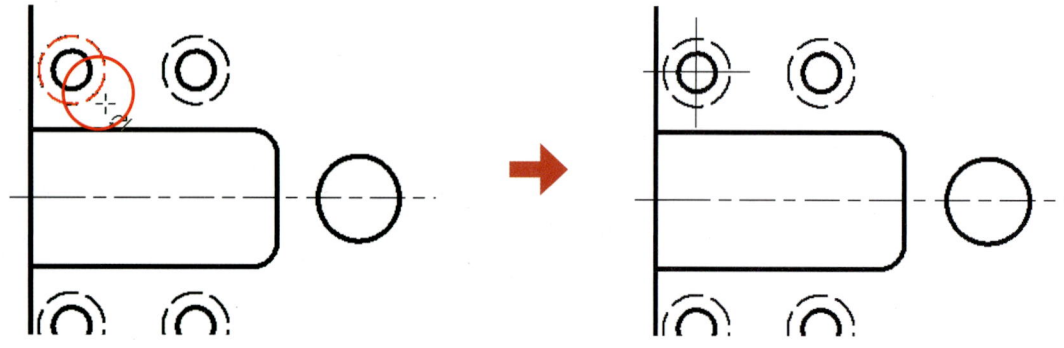

04 중심선 명령을 사용할 수 없는 경우 해당 뷰에 직접 스케치하여 중심선을 작성합니다.

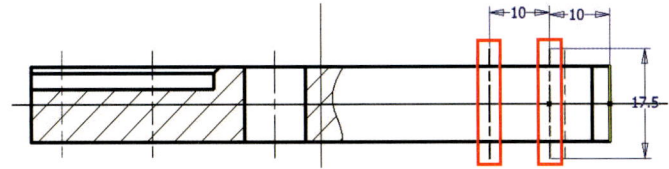

05 아래 이미지와 같이 베이스 부품의 중심선을 작성합니다.

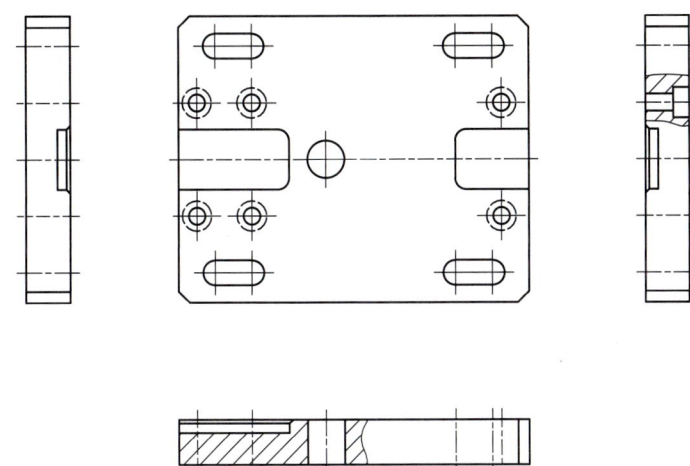

06 아래 이미지와 같이 가이드 블록 부품의 중심선을 작성합니다.

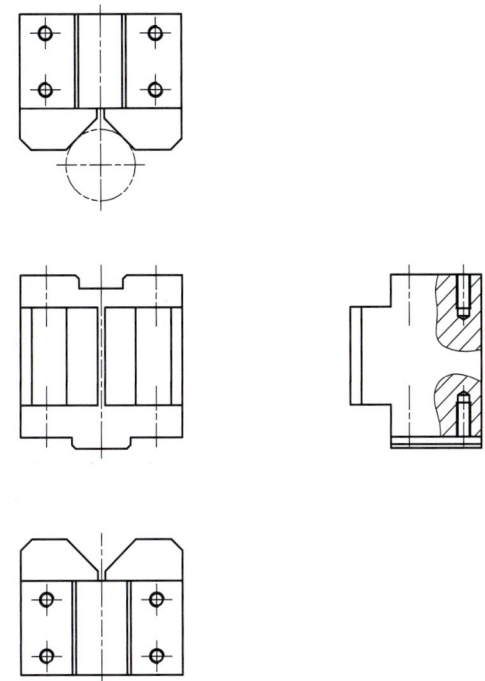

07 아래 이미지와 같이 축 부품의 중심선을 작성합니다.

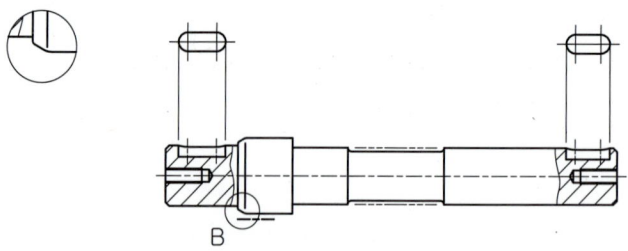

08 아래 이미지와 같이 커버 부품의 중심선을 작성합니다.

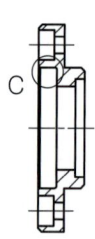

[2] 치수 및 지시선

● 치수 작성 및 편집

01 [치수] 명령을 실행하고 요소를 클릭하여 치수를 작성합니다.

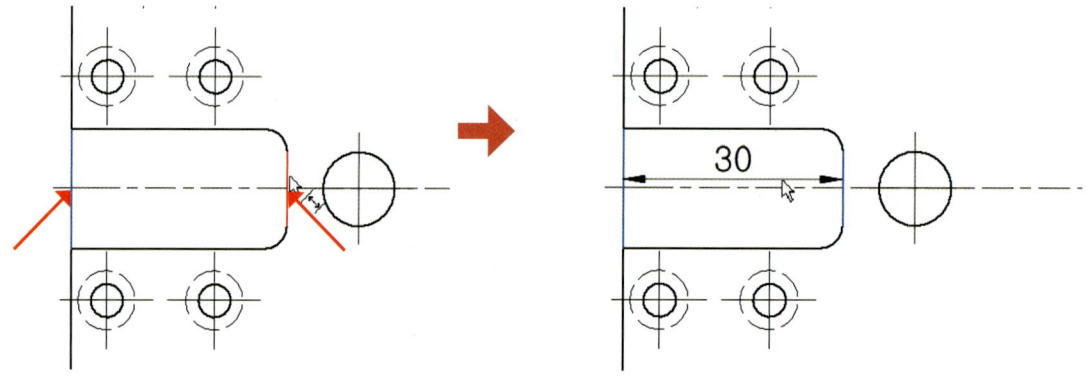

02 작성한 치수를 더블 클릭하여 치수 편집 대화상자가 실행되면 원하는 문자를 추가하거나 기호를 삽입할 수 있습니다. 이때 "〈 〉"는 모형 매개변수에 연결된 치수 값을 의미합니다.

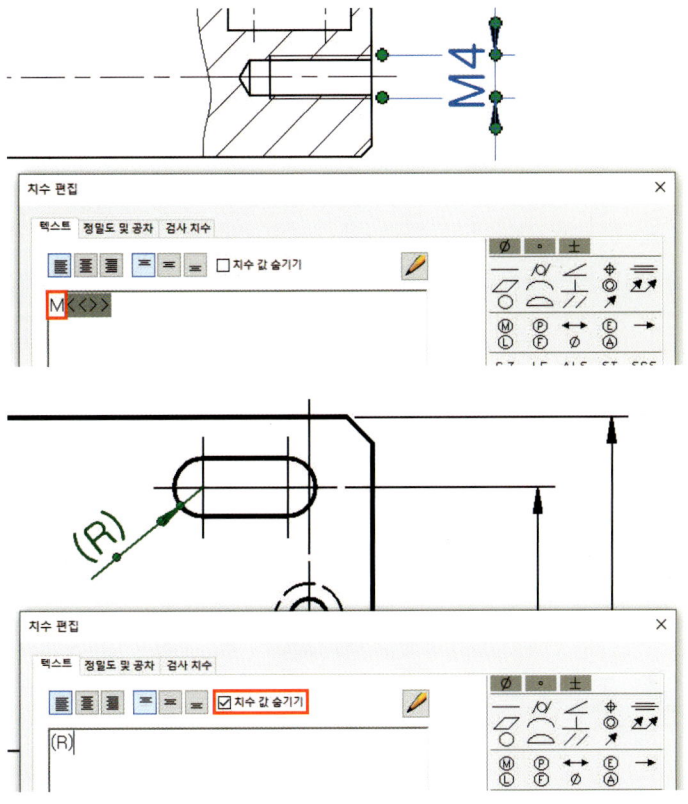

- **치수 공차, 끼워맞춤 공차**

01 지름 치수를 작성한 다음 치수를 더블 클릭하여 치수 편집 대화상자가 실행되면 [정밀도 및 공차] 탭에서 끼워맞춤 공차를 추가할 수 있습니다.

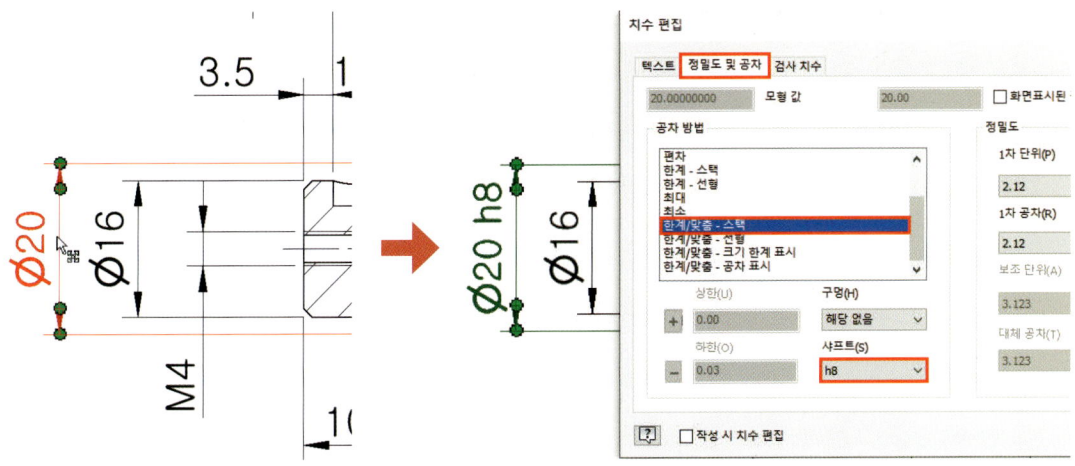

CHAPTER 4 2D 도면 작성   185

TIP

끼워맞춤 공차를 [텍스트] 탭에서 직접 입력하여 추가할 수도 있습니다.

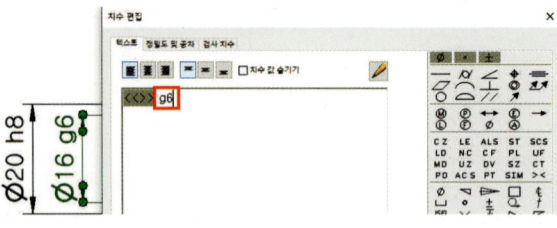

02 또한 [정밀도 및 공차] 탭에서 공차 방법을 지정하여 치수 공차도 추가할 수 있습니다.

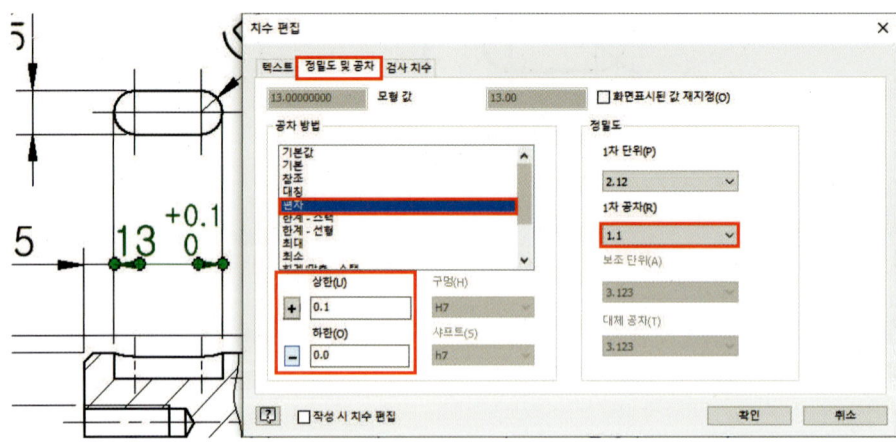

- **모따기 치수**

01 [모따기] 치수 명령을 실행하고 모따기 모서리와 참조선을 선택하여 모따기 치수를 작성할 수 있습니다.

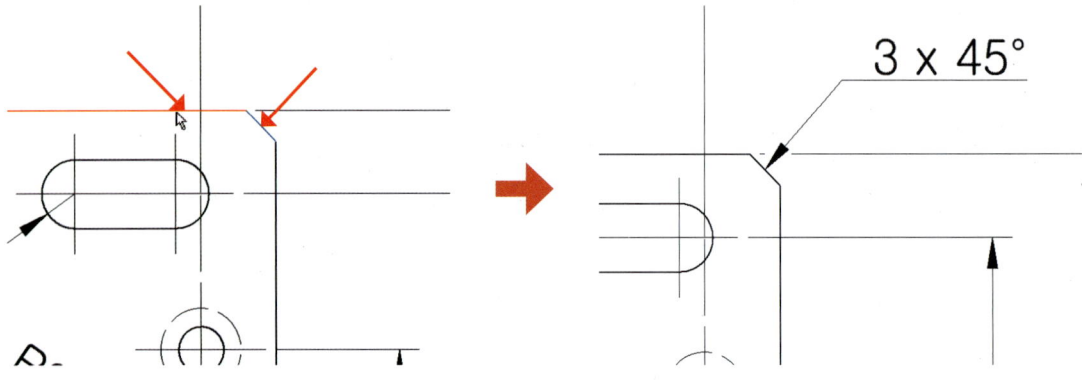

● 참고 도면

01 아래 이미지와 같이 베이스 부품의 치수 및 치수 공차를 작성합니다.

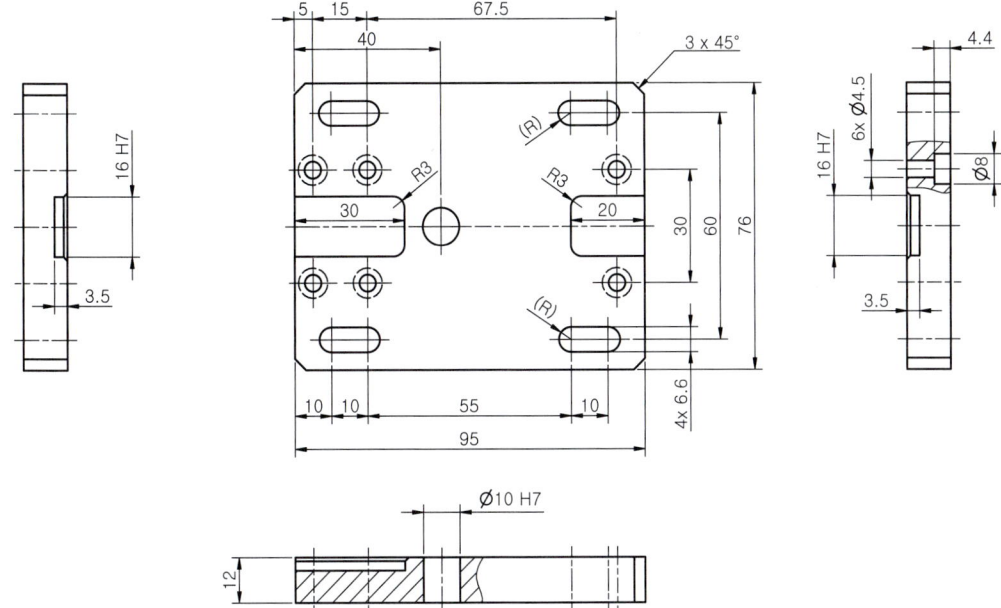

02 아래 이미지와 같이 가이드 블록 부품의 치수 및 치수 공차를 작성합니다.

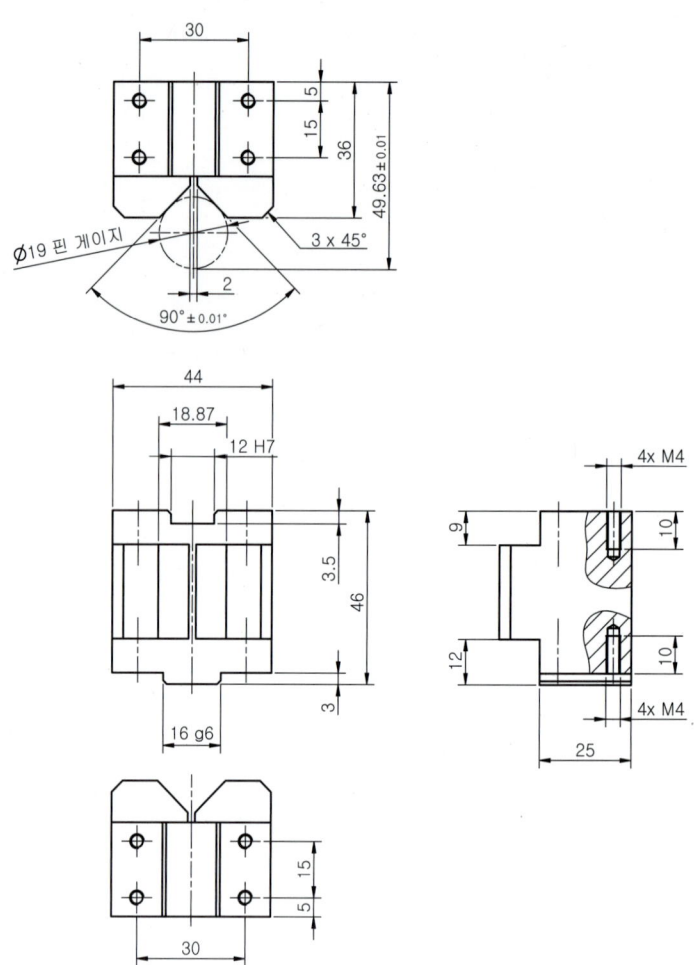

03 아래 이미지와 같이 축 부품의 치수 및 치수 공차를 작성합니다.

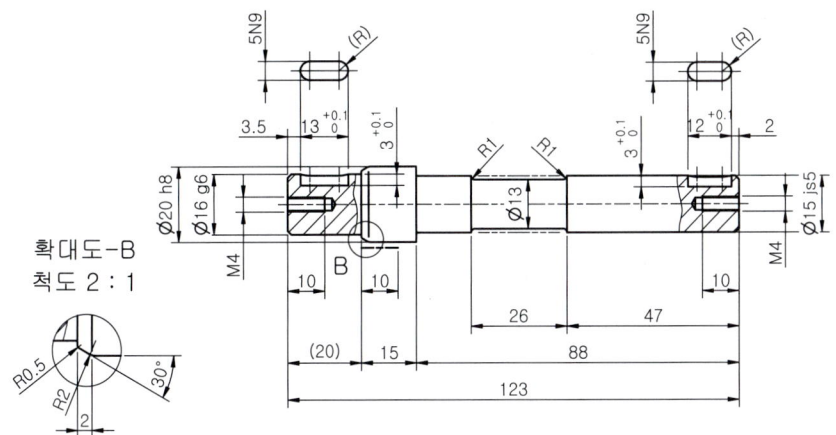

04 아래 이미지와 같이 커버 부품의 치수 및 치수 공차를 작성합니다.

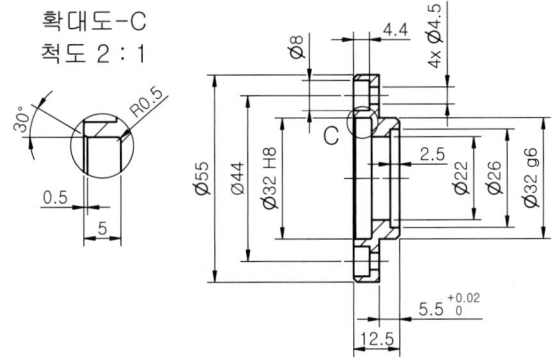

3 표면 거칠기

01 [표면 텍스처 기호] 명령을 실행하고 표면 거칠기를 작성할 위치를 클릭한 다음 마우스 우측 버튼을 클릭하여 [계속] 버튼을 누릅니다.

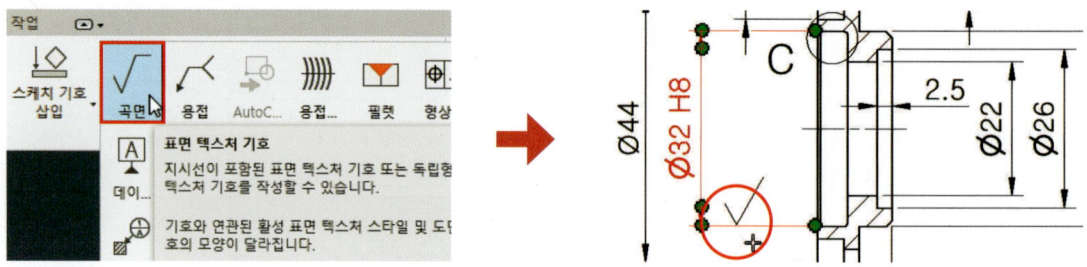

02 [표면 거칠기] 대화상자가 실행되면 표면 유형과 거칠기 기호를 입력하여 표면 거칠기 기호를 작성합니다.

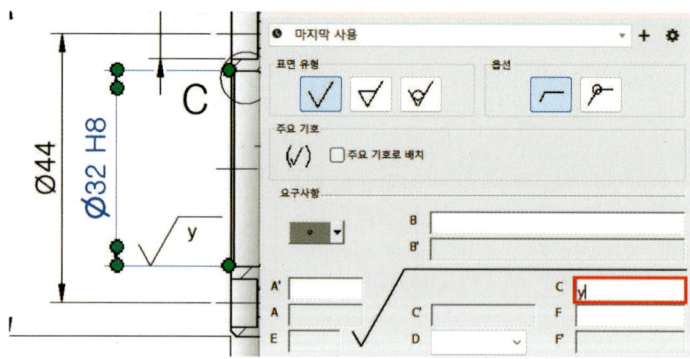

● **참고 도면**

01 아래 이미지와 같이 베이스 부품의 표면 거칠기를 작성합니다.

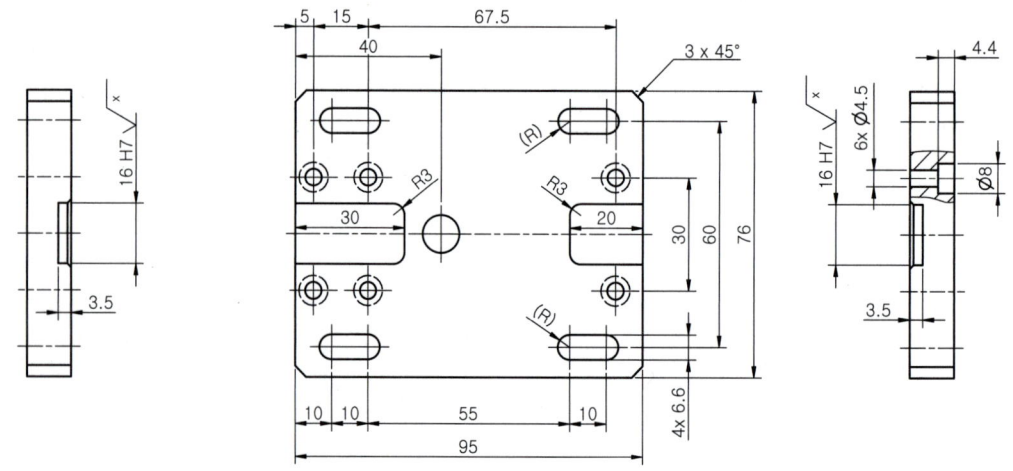

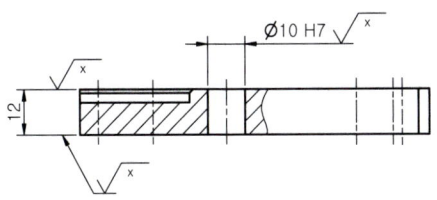

02 아래 이미지와 같이 가이드 블록 부품의 표면 거칠기를 작성합니다.

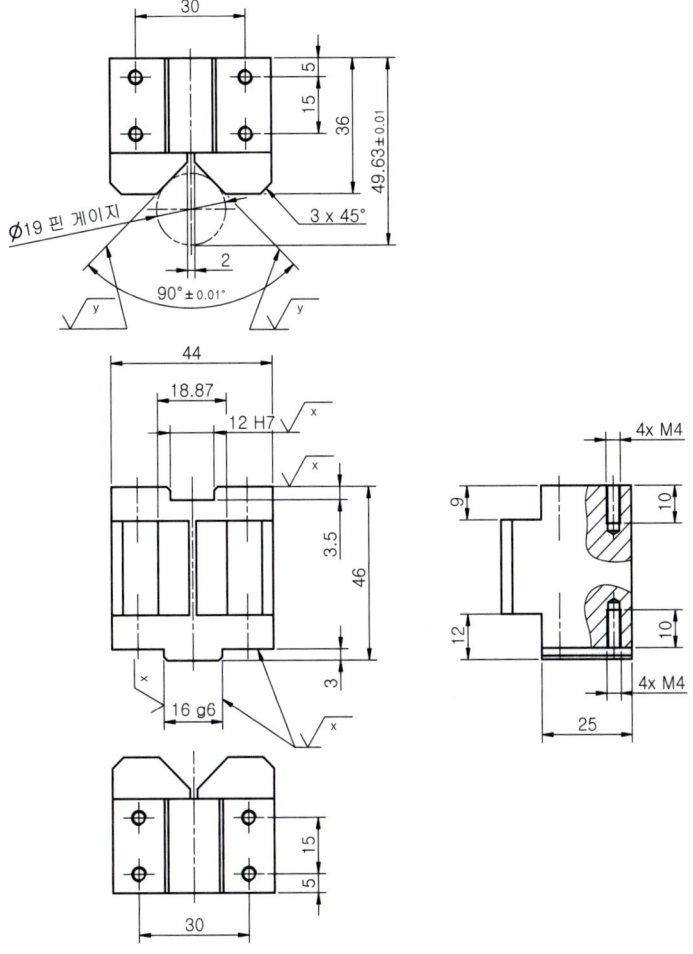

03 아래 이미지와 같이 축 부품의 표면 거칠기를 작성합니다.

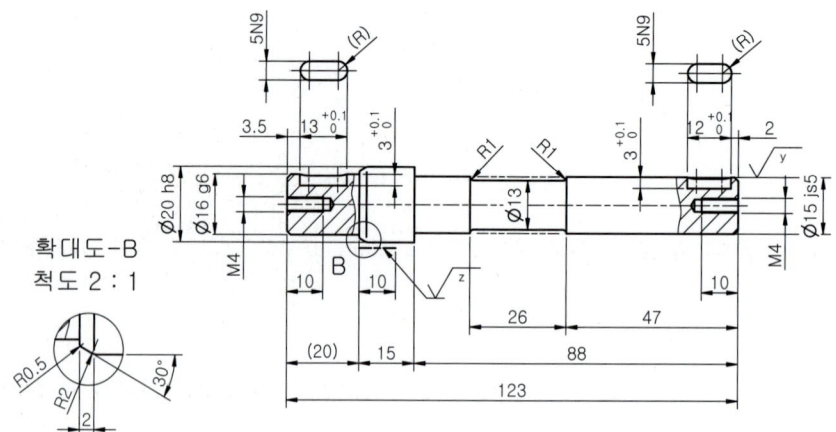

04 아래 이미지와 같이 커버 부품의 표면 거칠기를 작성합니다.

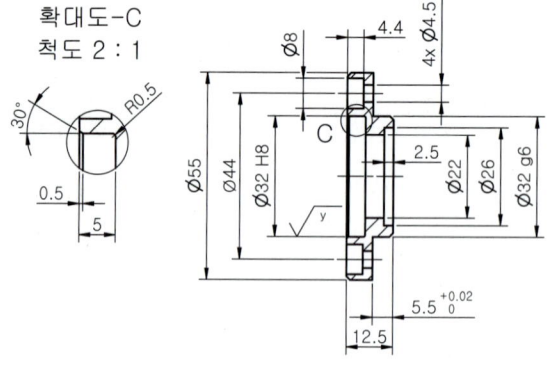

4 데이텀, 기하 공차

● **데이텀**

01 [데이텀 식별자 기호] 명령을 실행하고 데이텀을 작성할 위치를 클릭합니다.

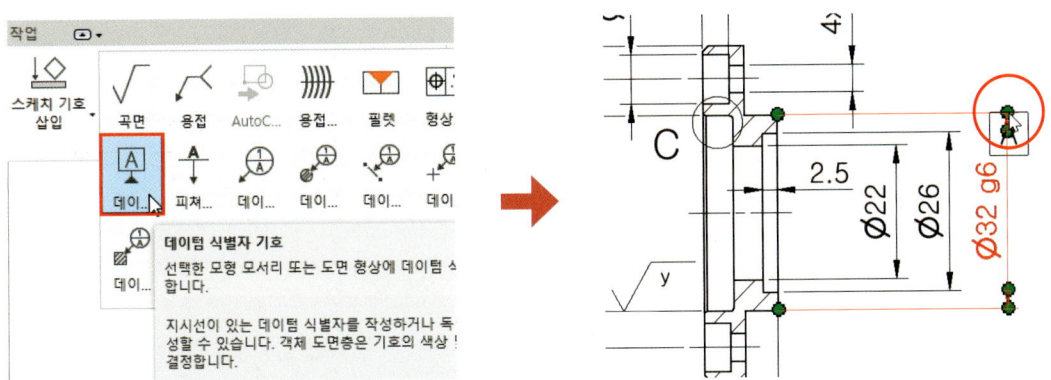

02 이어서 데이텀을 작성할 다음 위치를 클릭한 다음 텍스트 형식 대화상자가 실행되면 문자를 작성합니다.

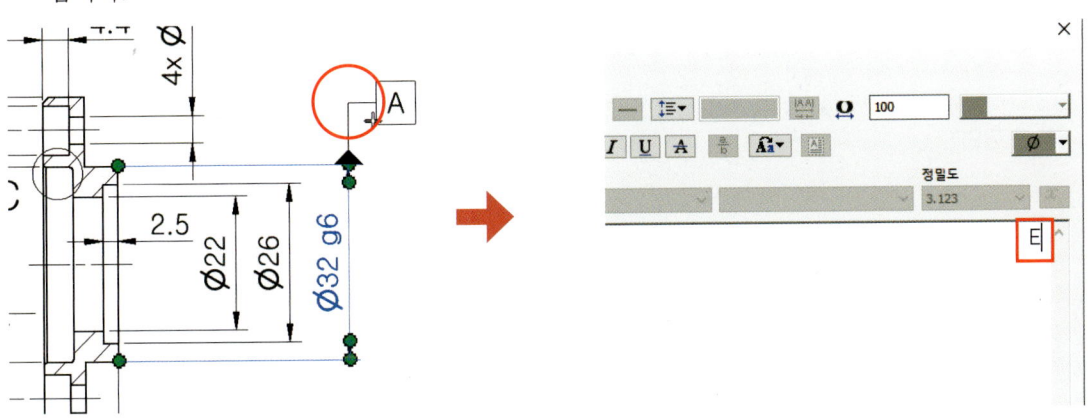

03 작성된 데이텀의 초록색 점을 조정하여 모양을 수정할 수 있습니다.

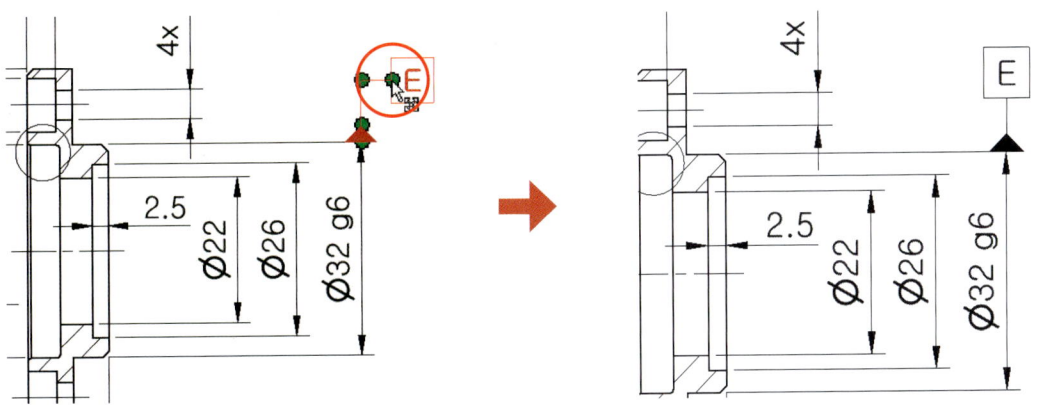

- **기하 공차**

01 [형상 공차] 명령을 실행하고 기하 공차를 작성할 위치를 클릭한 다음 마우스 우측 버튼을 클릭하여 [계속]을 클릭합니다.

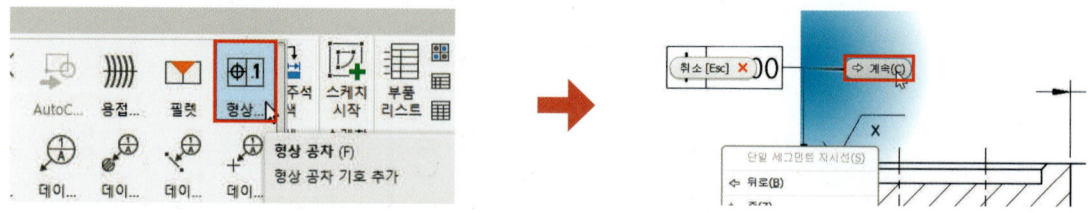

02 형상 공차의 기호, 공차, 데이텀을 입력하여 기하 공차를 작성합니다.

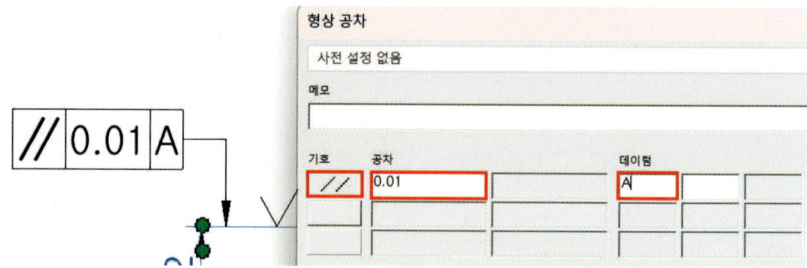

- **참고 도면**

01 아래 이미지와 같이 베이스 부품의 데이텀 및 기하 공차를 작성합니다.

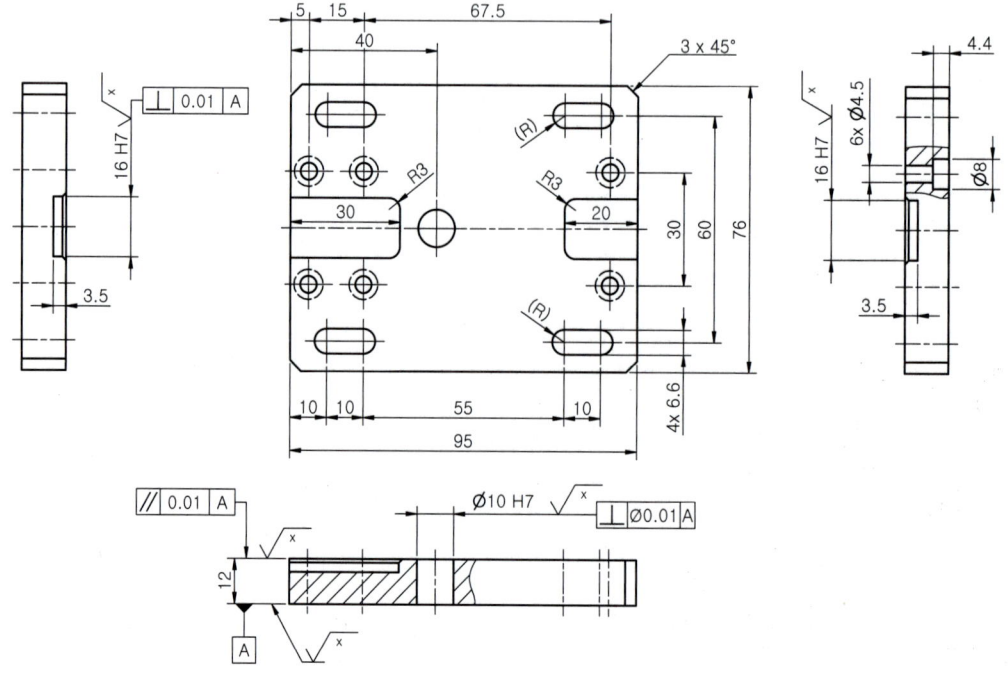

02 아래 이미지와 같이 가이드 블록 부품의 데이텀 및 기하 공차를 작성합니다.

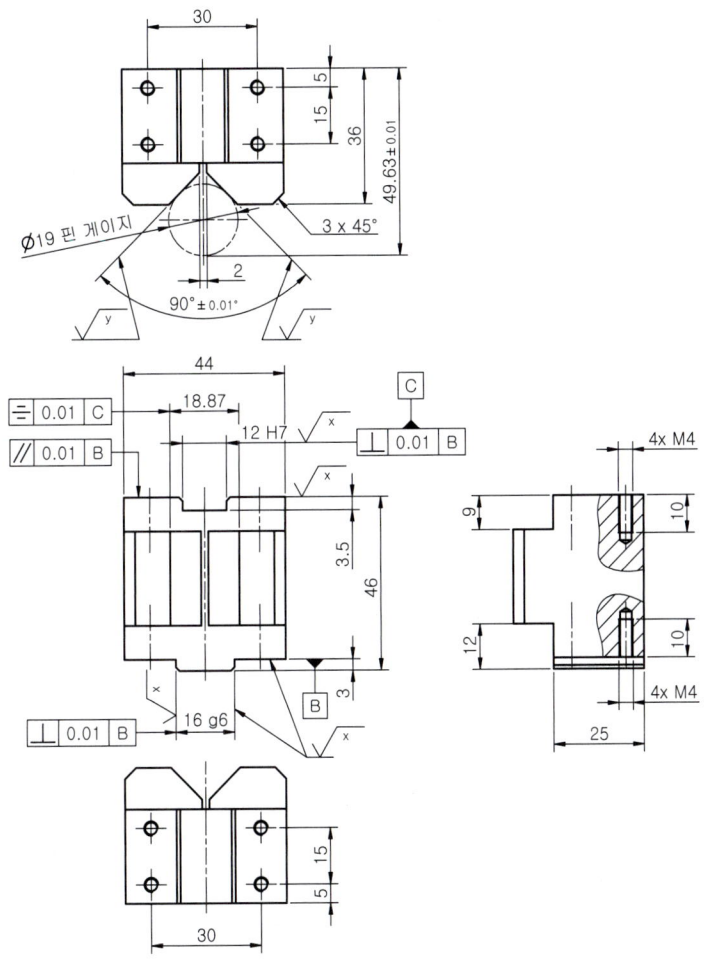

03 아래 이미지와 같이 축 부품의 데이텀 및 기하 공차를 작성합니다.

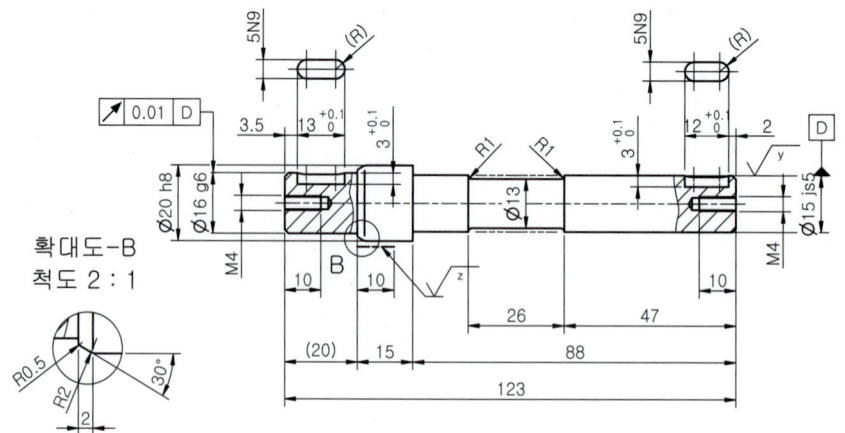

04 아래 이미지와 같이 커버 부품의 데이텀 및 기하 공차를 작성합니다.

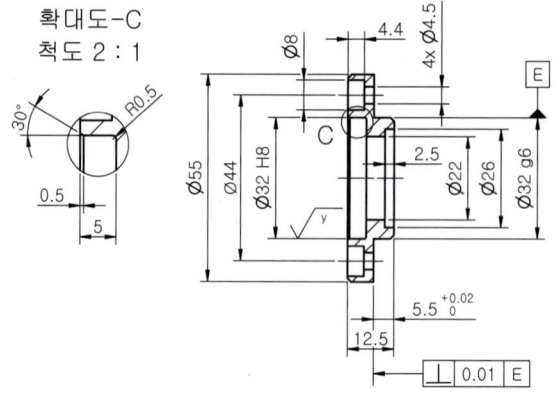

5 품번 기호

01 저장된 스케치 기호를 마우스 우측 버튼으로 선택한 다음 [삽입] 버튼을 클릭하여 현재 시트에 삽입합니다. (저장된 스케치 기호를 더블 클릭하여 삽입할 수도 있습니다.)

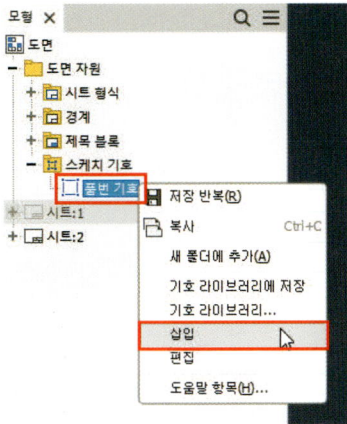

02 품번 기호 프롬프트 텍스트 대화상자가 실행되면 품번 기호의 값을 입력하여 품번 기호를 작성합니다.

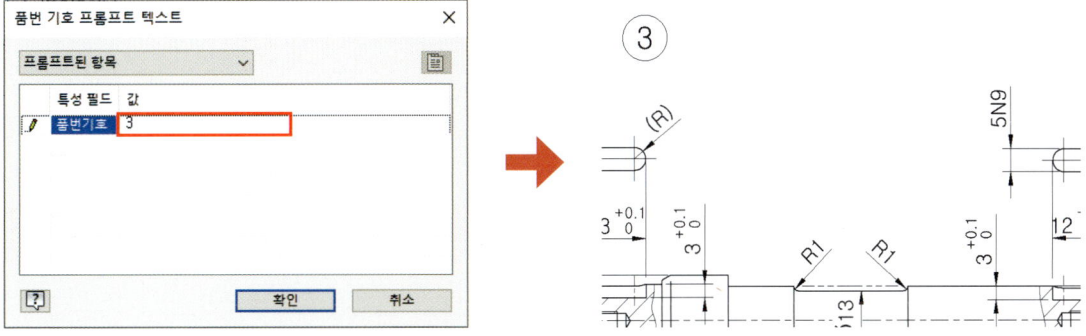

03 스케치를 이용하여 대표 표면 거칠기 기호를 작성합니다. (문자 : 굴림, 5mm)

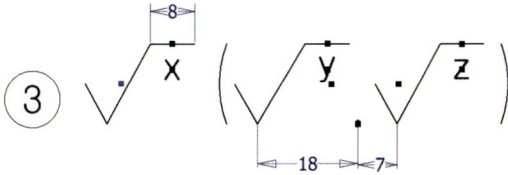

04 마찬가지 방법으로 나머지 부품에도 품번 기호와 대표 표면 거칠기 기호 작성을 완료합니다.

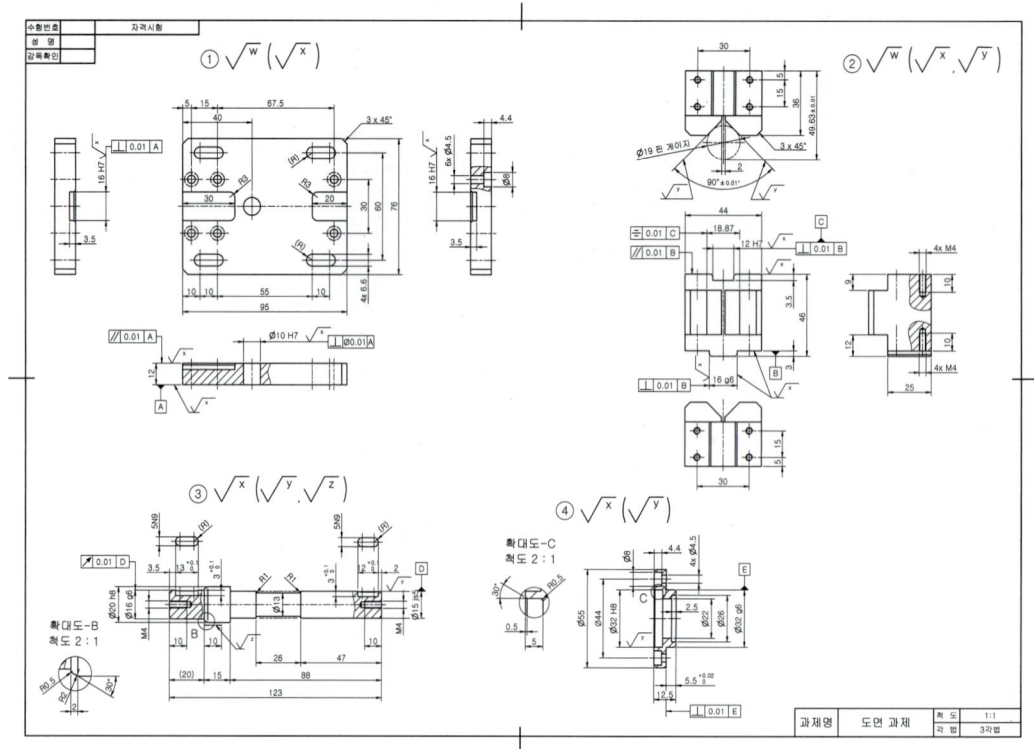

6 부품 리스트, 주서

● **부품 리스트**

01 [테이블] 명령을 실행하고 행을 4행으로 설정한 다음 부품 리스트를 작성합니다.

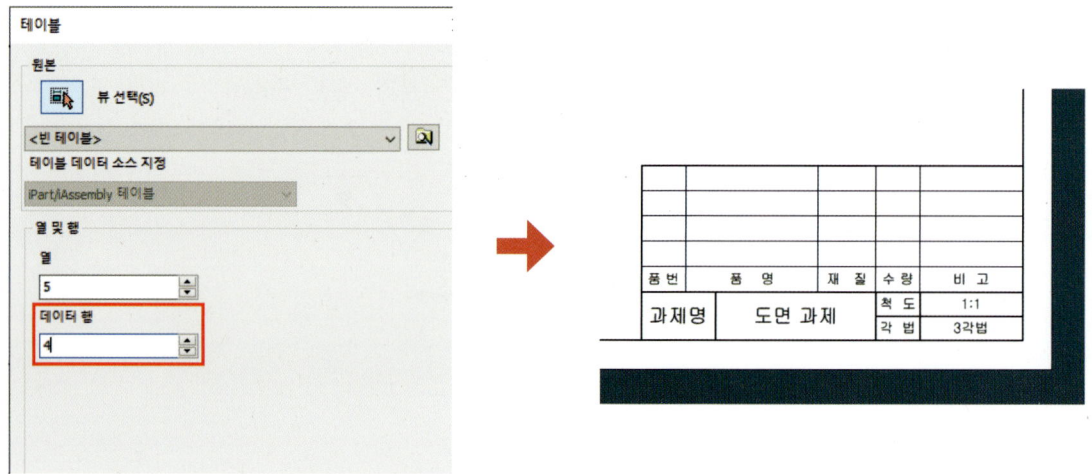

02 작성된 부품 리스트를 더블 클릭하여 대화상자가 실행되면 부품 리스트의 내용을 작성합니다.

4	커버	SM45C	2	
3	샤프트	SCM440	1	
2	로케이터	SM45C	1	
1	베이스	SM45C	1	
품번	품 명	재 질	수 량	비 고

과제명	도면 과제	척 도	1:1
		각 법	3각법

● 주서

01 스케치 환경에서 [텍스트] 명령을 이용하여 주서를 작성합니다. (굴림 5mm, 3.5mm)

주 서

1. 일반공차 : 가) 가공부 KS B ISO 2768-m
2. 도시되고 지시없는 모따기는 1x45°
3. 일반 모따기는 0.2x45°
4. 파커라이징 처리 (1, 2, 4)
5. 전체 열처리 HRC 50±3 (3)
6. 표면 거칠기

　　　　=
　　　　=
　　　　=
　　　　=
　　　　=

02 [표면 텍스처 기호] 명령을 실행하여 표면 거칠기 기호를 작성합니다.

주 서

1. 일반공차 : 가) 가공부 KS B ISO 2768-m
2. 도시되고 지시없는 모따기는 1x45°
3. 일반 모따기는 0.2x45°
4. 파커라이징 처리 (1, 2, 4)
5. 전체 열처리 HRC 50±3 (3)
6. 표면 거칠기

　　　∇　=　∇
　　√w　=　√Ra 12.5
　　√x　=　√Ra 3.2
　　√y　=　√Ra 0.8
　　√z　=　√Ra 0.2

03 B 타입 부품도 작성을 완료합니다.

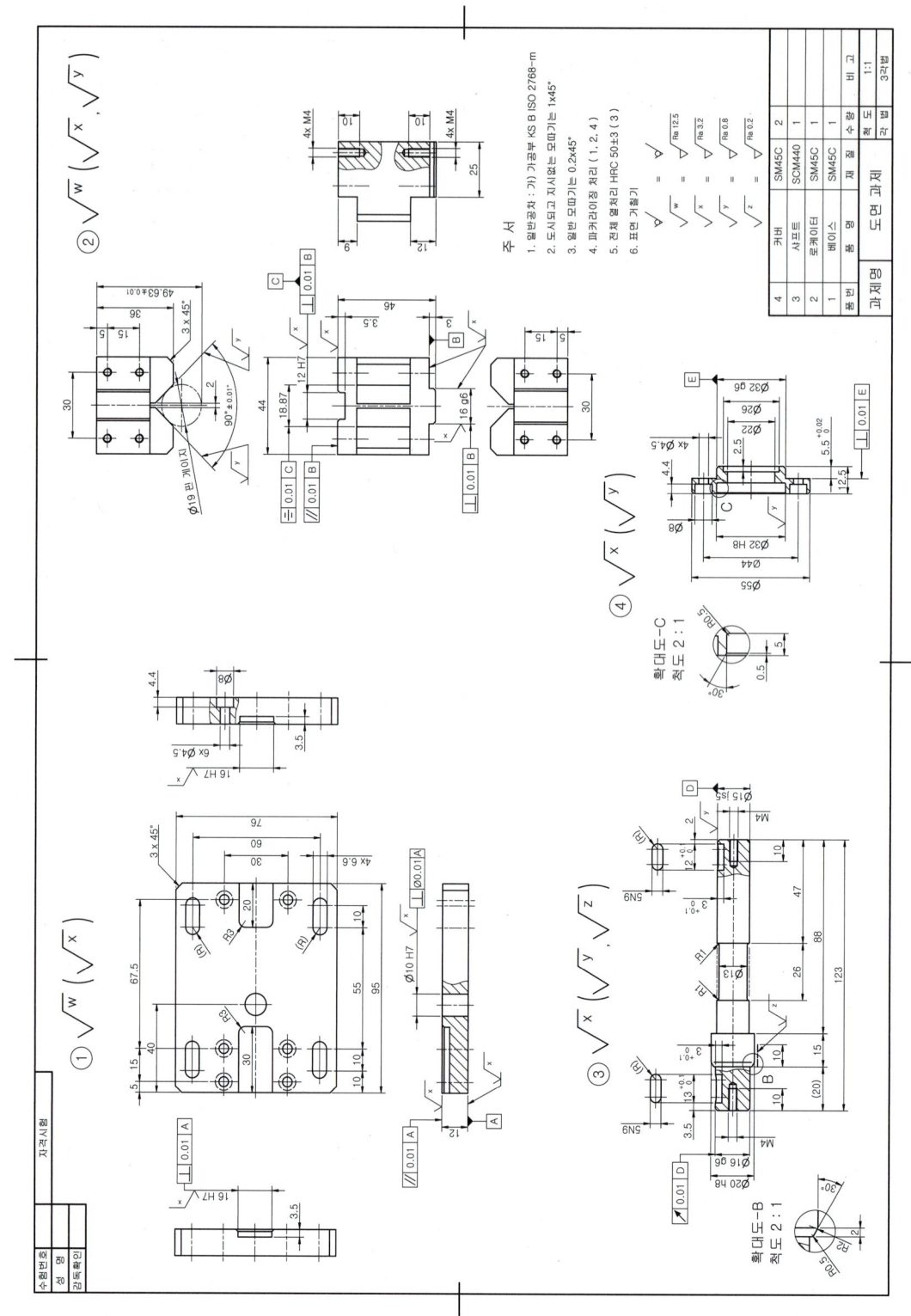

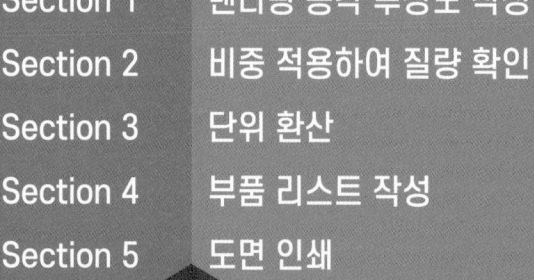

Section 1	렌더링 등각 투상도 작성	204
Section 2	비중 적용하여 질량 확인	207
Section 3	단위 환산	209
Section 4	부품 리스트 작성	211
Section 5	도면 인쇄	213

CHAPTER. 05

렌더링 등각 투상도(3D) 작성 및 질량 확인

SECTION 01

렌더링 등각 투상도 작성

01 [기준] 명령을 실행하여 다음과 같이 본체 부품의 등각 투상도 뷰를 삽입합니다. 이때 스타일은 [은선 제거], [음영처리]를 선택합니다.

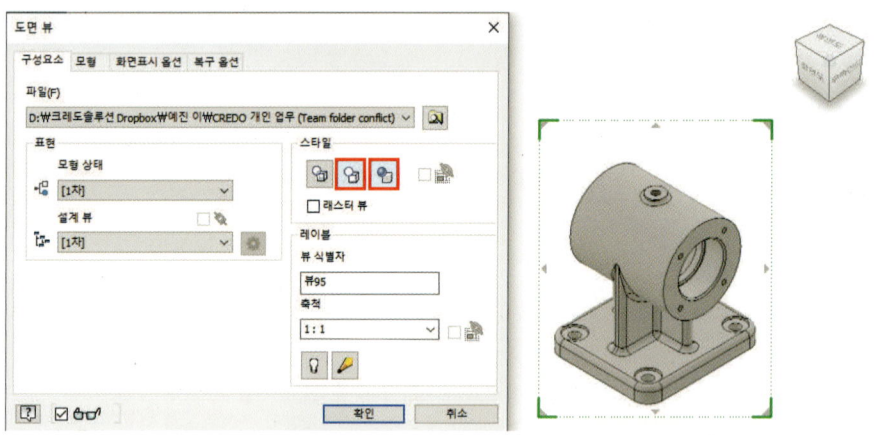

02 작성한 등각 투상도 뷰를 [복사]-[붙여넣기]로 임의의 위치에 복사본을 작성합니다.

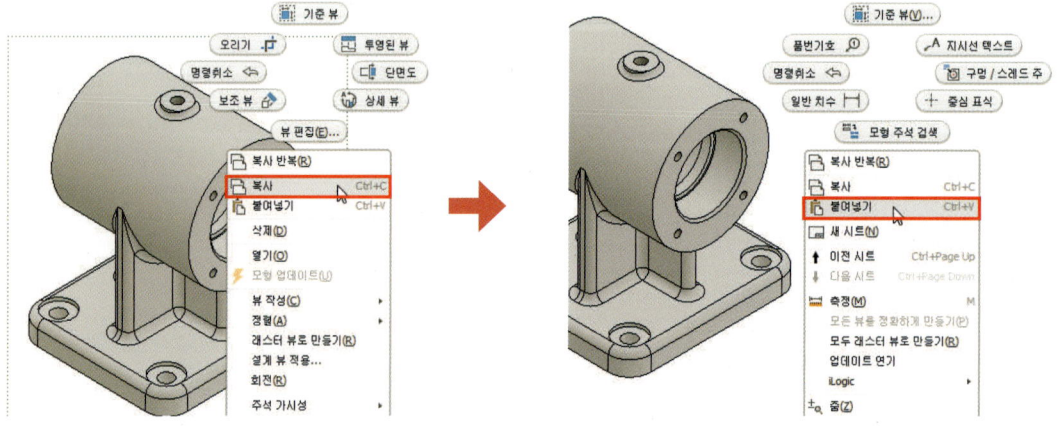

03 복사한 등각 투상도 뷰를 더블 클릭하여 도면 뷰 대화상자가 실행되면 ViewCube의 우측 하단 꼭 지점을 2번 클릭하여 등각 투상도 뷰의 위치를 수정합니다.

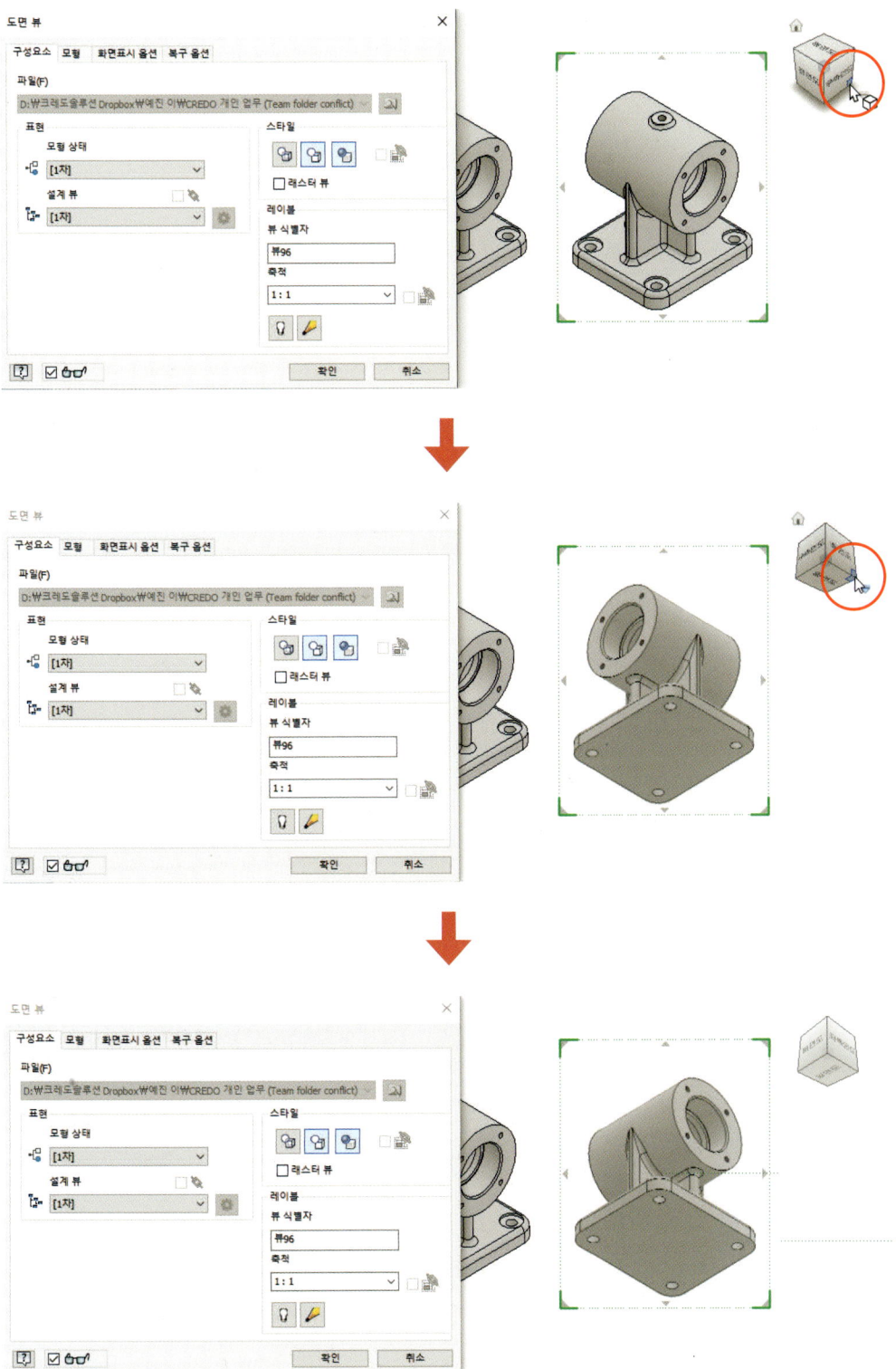

TIP

등각 투상도 뷰 작성시 부품의 6면이 다 보이도록 배치하는 것이 이상적입니다. 일반적으로 ViewCube의 평면도, 정면도, 우측면도가 보이는 등각 방향으로 등각 투상도 뷰 1개를 배치한 다음, 배면도, 좌측면도, 밑면도가 보이는 등각 방향으로 나머지 1개의 뷰를 배치하여 작업합니다.

04 아래 이미지를 참고하여 A 타입 부품의 등각 투상도 및 품번 기호를 작성합니다.

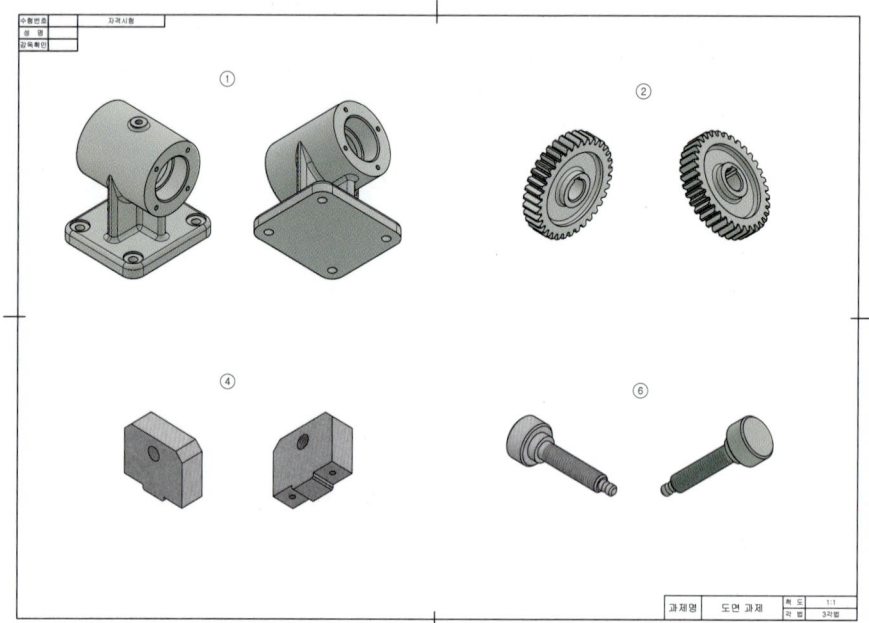

TIP

등각 투상도의 척도는 NS이므로 다른 부품들과 전체적으로 균형 있게 배치될 수 있도록 축척을 조정하여 작성합니다.

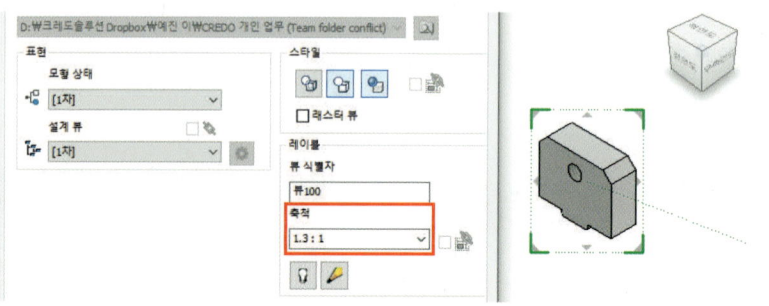

비중 적용하여 질량 확인

SECTION 02

01 질량을 확인할 부품의 뷰를 마우스 우측 버튼으로 클릭하여 [열기(O)]를 선택합니다.

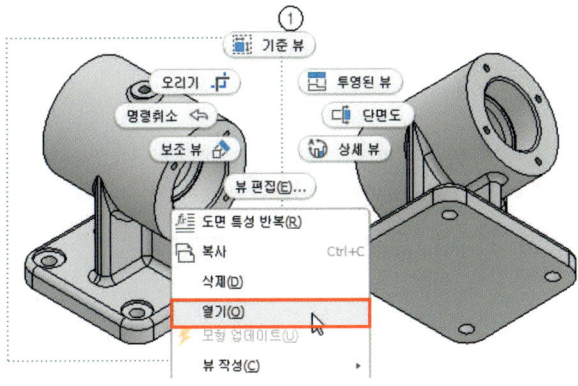

02 선택한 부품의 .ipt 파일이 열리면 [파일] 메뉴의 [iProperties]를 클릭합니다.

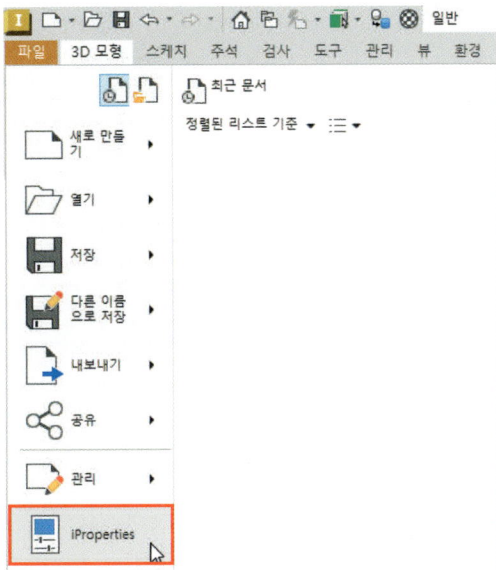

03 [iProperties] 대화상자가 실행되면 [물리적] 탭에서 질량을 확인할 수 있습니다. 재질을 [강철]로 변경하고 업데이트 버튼을 클릭하면 밀도 7.85g/cm³가 적용된 질량이 계산됩니다.

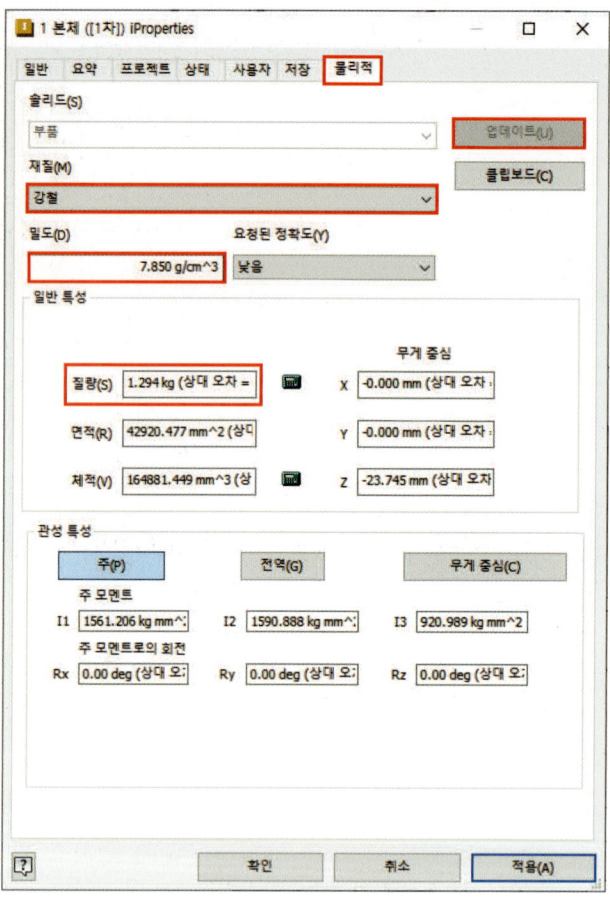

단위 환산 (kg ↔ g)

SECTION 03

01 [도구] 탭의 [문서 설정]을 클릭합니다.

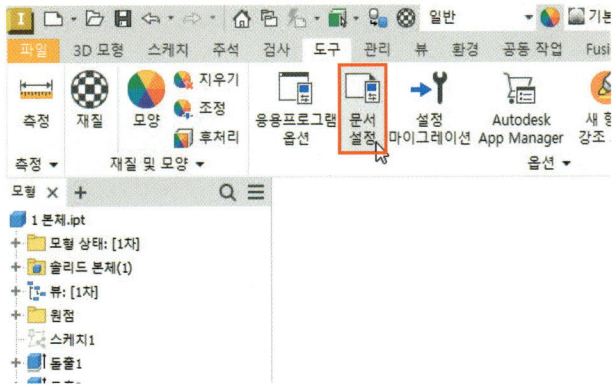

02 문서 설정 대화상자가 실행되면 [단위] 탭에서 질량의 단위를 변경할 수 있습니다.

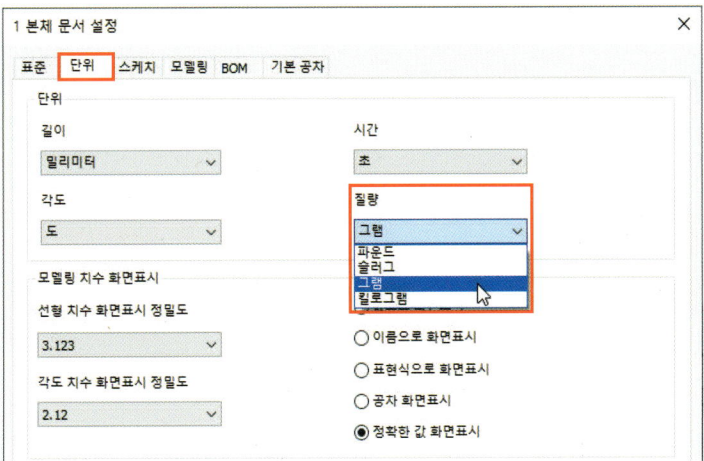

CHAPTER 5 렌더링 등각 투상도(3D) 작성 및 질량 확인   209

03 단위를 변경하고 iProperties를 실행하면 변경된 단위로 계산된 질량을 확인할 수 있습니다.

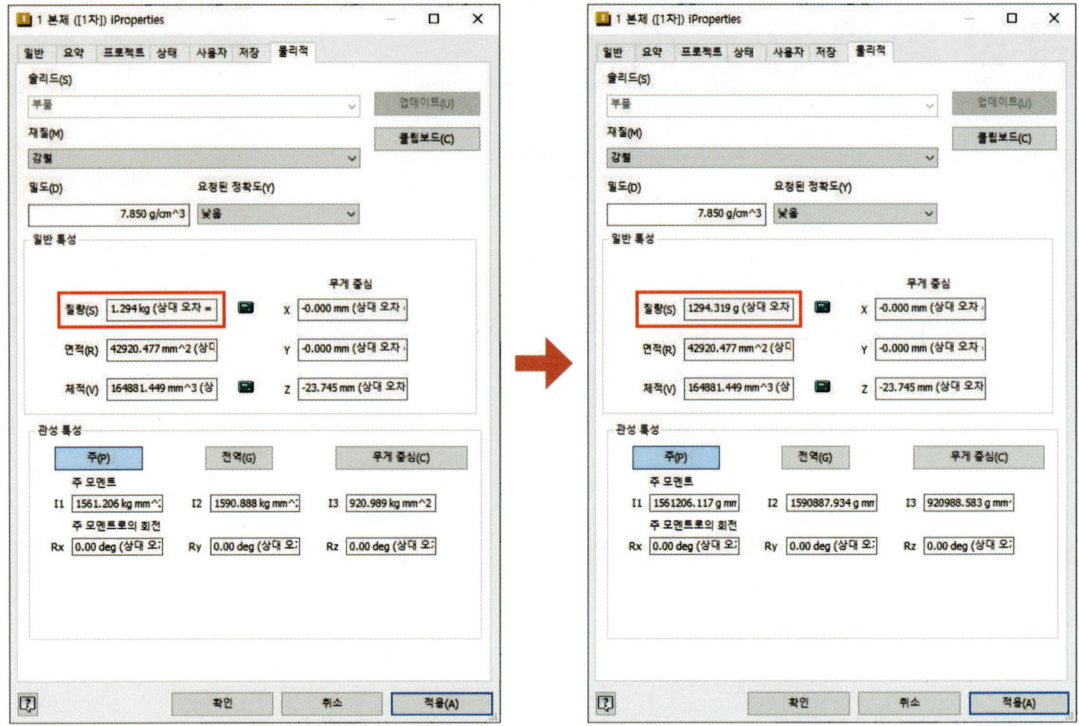

SECTION 04

부품 리스트 작성

01 질량은 소수점 첫째 자리에서 반올림하여 부품 리스트의 비고에 기입합니다. (부품 리스트 작성 p.171 참고)

품번	품 명	재 질	수량	비 고
1	본체	GC200	1	1294g
2	스퍼 기어	SC480	1	283g
4	나사 블록	SM45C	1	165g
6	리드 스크류	SCM440	1	77g

6	리드 스크류	SCM440	1	77g	
4	나사 블록	SM45C	1	165g	
2	스퍼 기어	SC480	1	283g	
1	본체	GC200	1	1294g	
품 번	품 명	재 질	수량	비 고	
과제명	도면 과제		척 도	1:1	
			각 법	3각법	

02 A 타입 렌더링 등각 투상도 작성을 완료합니다.

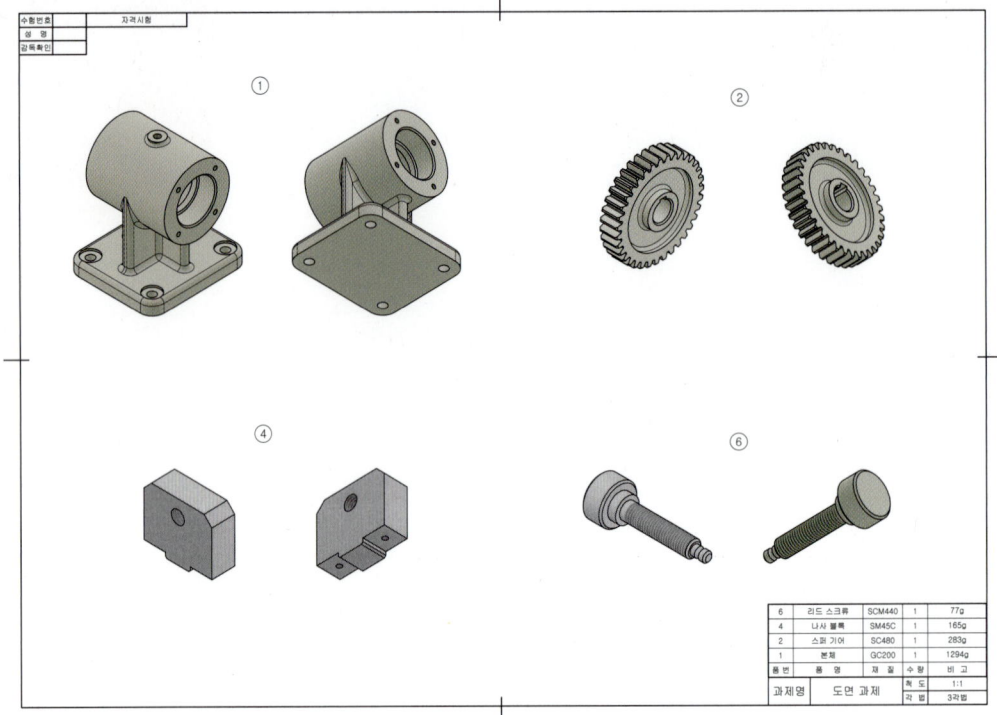

03 마찬가지 방법으로 B 타입 렌더링 등각 투상도 작성을 완료합니다.

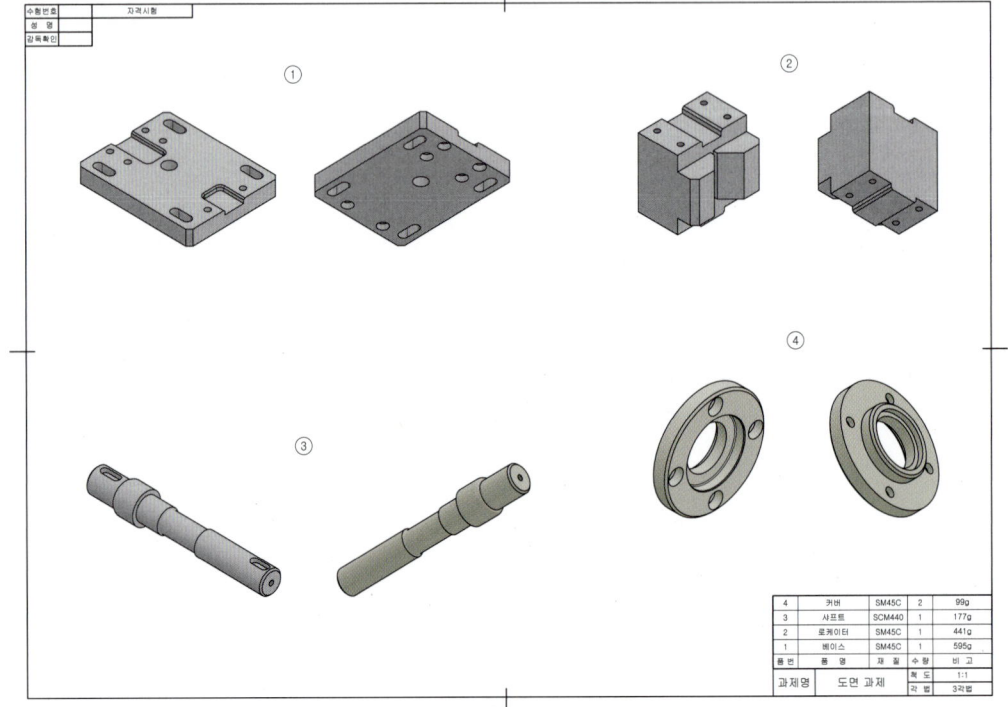

SECTION 05

도면 인쇄

01 인쇄

01 신속 접근 도구 막대에서 [인쇄] 명령을 클릭합니다.

02 도면 인쇄 대화상자에서 출력할 프린터와 인쇄 범위, 축척을 선택하고 [확인] 버튼을 클릭하여 도면을 인쇄합니다.

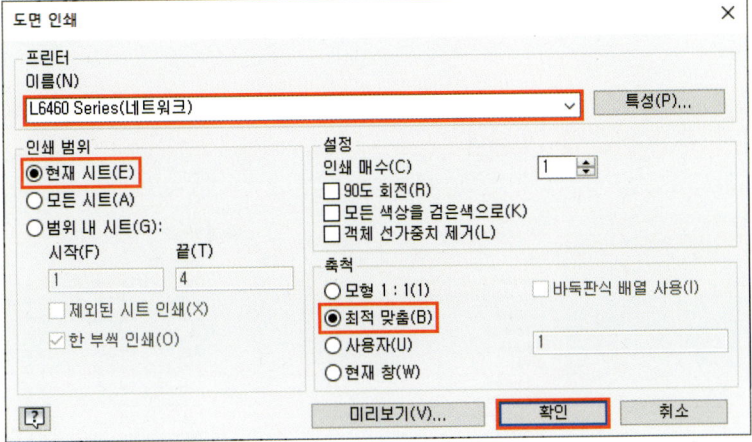

02 PDF 내보내기

01 [파일] 메뉴의 [내보내기] - [PDF]를 클릭합니다.

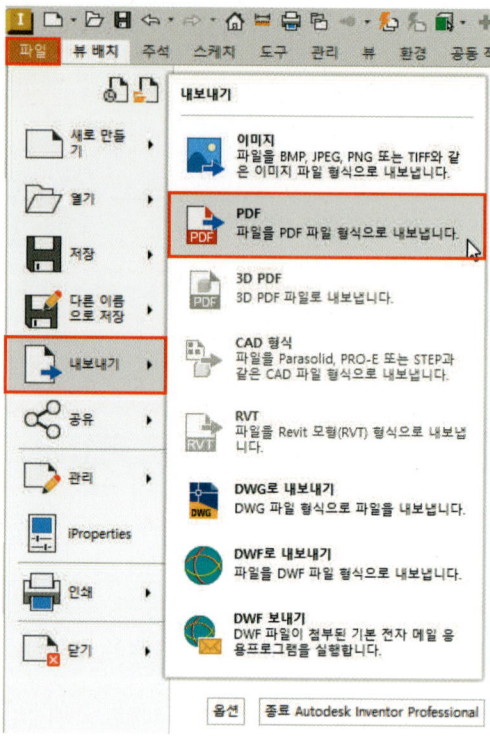

02 [다른 이름으로 저장] 대화상자가 실행되면 도면을 저장할 위치 및 이름을 지정합니다. PDF에 대한 설정 필요시 [옵션(P)]을 클릭합니다.

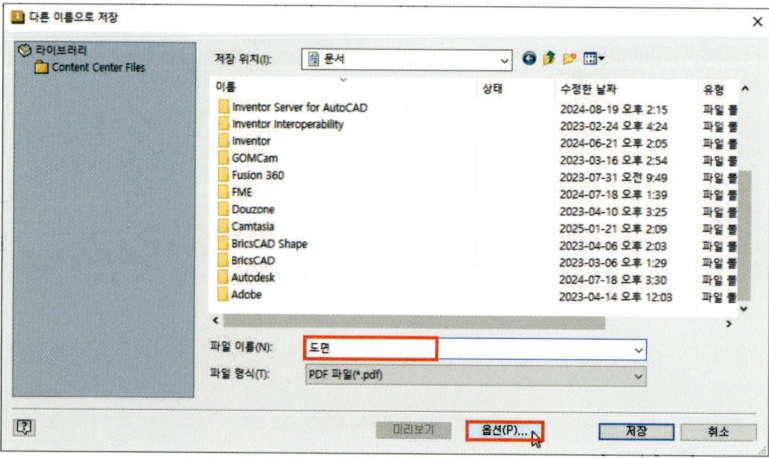

03 옵션에서는 인쇄 범위, 해상도 등에 대한 설정이 가능합니다. 벡터 해상도 값이 높을수록 출력하는 PDF 품질이 향상됩니다.

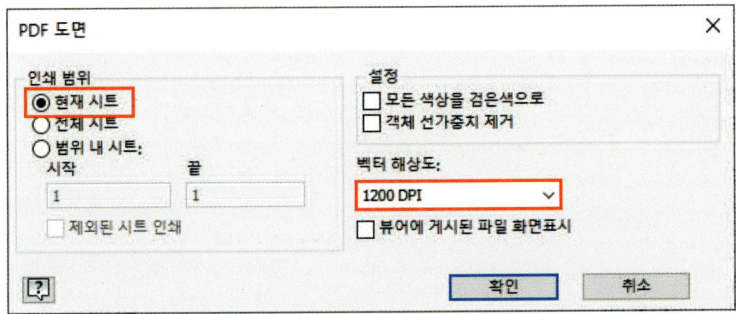

04 저장된 PDF 파일을 확인합니다.

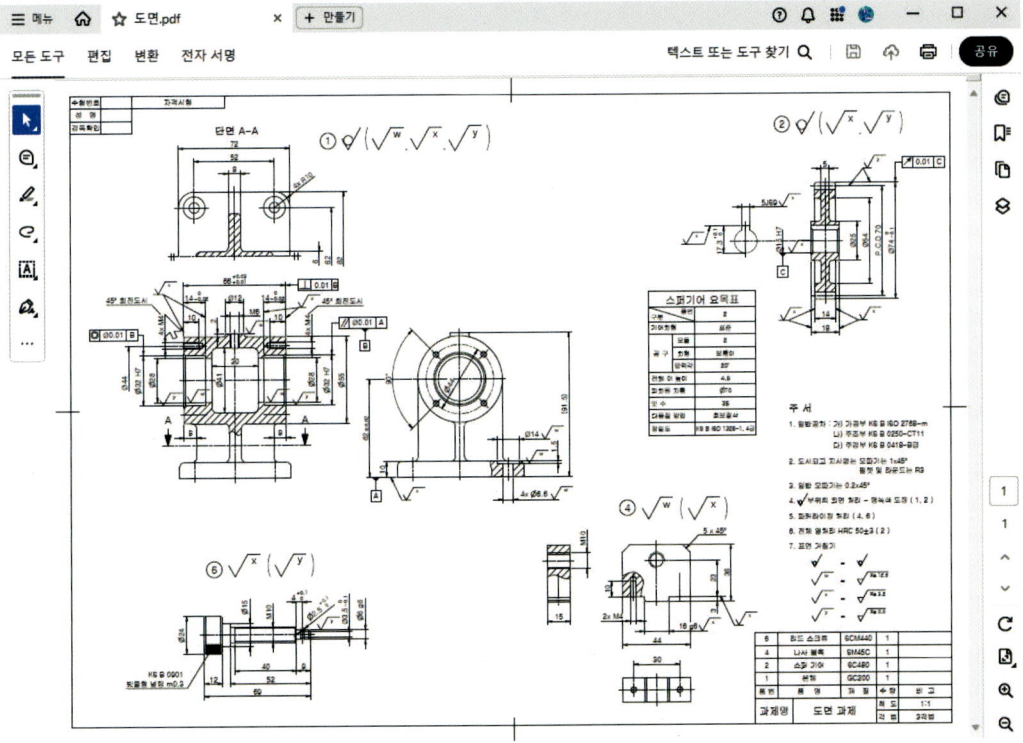

CHAPTER.06

KS 기계제도 규격 부록

01 표면의 결에 대한 그림 기호의 구성(예)

a : 단일 표면의 결에 대한 요구사항 - 예) 0.005-0.8 / Rz 6.8
b : 2개 이상 표면의 결 요구사항에 대해 2번째 요구사항 위치
c : 제작 방법 - 예) 선반, 연삭
d : 표면의 무늬결의 자세 - 예) X, M
e : 기계 가공 여유(mm단위) - 예) 3

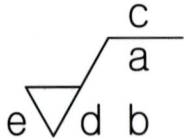

02 끼워 맞춤 공차

기준 구멍	축의 공차역 클래스							
	헐거운		중간			억지		
H6		g5	h5	js5	k5	m5		
	f6	g6	h6	js6	k6	m6	n6	p6
H7	f6	g6	h6	js6	k6	m6	n6	p6	r6
	f7		h7	js7				
H8	f7		h7					
	f8		h8					

기준 축	구멍의 공차역 클래스							
	헐거운		중간			억지		
h5			H6	JS6	K6	M6	N6	P6
h6	F6	G6	H6	JS6	K6	M6	N6	P6
	F7	G7	H7	JS7	K7	M7	N7	P7	R7
h7	F7		H7					
	F8		H8					
h8	F8		H8					

03 IT 공차

단위 : ㎛

치수		IT4	IT5	IT6	IT7
초과	이하	4급	5급	6급	7급
-	3	3	4	6	10
3	6	4	5	8	12
6	10	4	6	9	15
10	18	5	8	11	18
18	30	6	9	13	21
30	50	7	11	16	25
50	80	8	13	19	30
80	120	10	15	22	35
120	180	12	18	25	40
180	250	14	20	29	46
250	315	16	23	32	52
315	400	18	25	36	57
400	500	20	27	40	63

04 중심 거리의 허용차

단위 : ㎛

중심 거리 구분		1급	2급
초과	이하		
-	3	±3	±7
3	6	±4	±9
6	10	±5	±11
10	18	±6	±14
18	30	±7	±17
30	50	±8	±20
50	80	±10	±23
80	120	±11	±27
120	180	±13	±32
180	250	±15	±36
250	315	±16	±41

05 절삭가공부품 모떼기 및 둥글기의 값

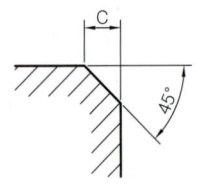 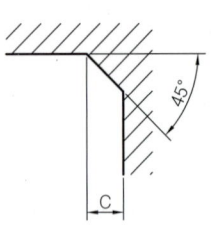 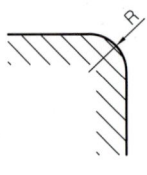 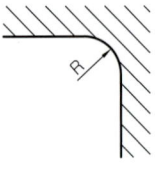

0.1	0.4	0.8	1.6	3 (3.2)	6	12	25	50
0.2	0.5	1.0	2.0	4	8	16	32	-
0.3	0.6	1.2	2.5 (2.4)	5	10	20	40	-

06 널링

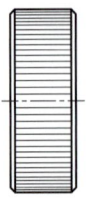

바른 줄

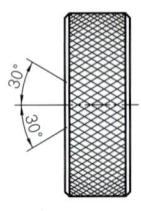

빗줄

바른 줄 형			
모듈 m	0.2	0.3	0.5
피치 t	0.628	0.942	1.571
r	0.06	0.09	0.16
h	0.15	0.22	0.37

빗줄형			
모듈 m	0.5	0.3	0.2
cos 30°	0.577	0.346	0.230

$h = 0.785m - 0.414r$

[비고] 바른 줄 m 0.5
빗줄 m 0.3

07 T홈

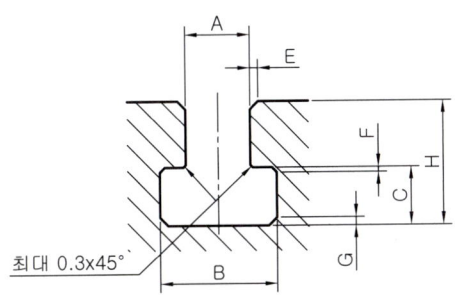

최대 0.3x45°

호칭 (볼트) 치수	A			B		C		H		E 최대 모떼기	F 최대 모떼기	G 최대 모떼기
	기준 치수	허용차		기준 치수		기준 치수						
		기준 홈 H8	고정 홈 H12	최소	최대	최소	최대	최소	최대			
M4	5	+0.018 / 0	+0.12 / 0	10	11	3.5	4.5	8	10	1	0.6	1
M5	6			11	12.5	5	6	11	13	1	0.6	1
M6	8	+0.022 / 0	+0.15 / 0	14.5	16	7	8	15	18	1	0.6	1
M8	10			16	18	7	8	17	21	1	0.6	1
M10	12	+0.027 / 0	+0.18 / 0	19	21	8	9	20	25	1	0.6	1
M12	14			23	25	9	11	23	28	1.6	0.6	1.6
M16	18			30	32	12	14	30	36	1.6	1	1.6
M20	22	+0.033 / 0	+0.21 / 0	37	40	16	18	38	45	1.6	1	2.5
M24	28			46	50	20	22	48	56	1.6	1	2.5
M30	36	+0.039 / 0	+0.25 / 0	56	60	25	28	61	71	2.5	1	2.5
M36	42			68	72	32	35	74	85	2.5	1.6	4
M42	48			80	85	36	40	84	95	2.5	2	6
M48	54	+0.046 / 0	+0.30 / 0	90	95	40	44	94	106	2.5	2	6

08. T홈 간격

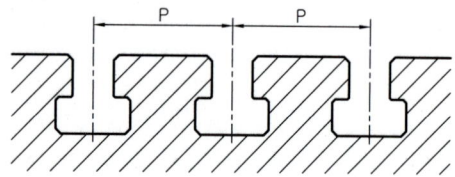

( )호 치수는 되도록 피한다.

T홈의 폭 A	간격 p
5	20 25 32
6	25 32 40
8	32 40 50
10	40 50 63
12	(40) 50 63 80
14	(50) 63 80 100
18	(63) 80 100 125
22	(80) 100 125 160
28	100 125 160 200
36	125 160 200 250
42	160 200 250 320
48	200 250 320 400
54	250 320 400 500

09. T홈 간격 허용차

간격 p	허용차
20~25	±0.2
32~100	±0.3
125~250	±0.5
320~500	±0.8

[비고] 모든 T홈의 간격에 대한 공차는 누적되지 않는다.

10 미터 보통 나사

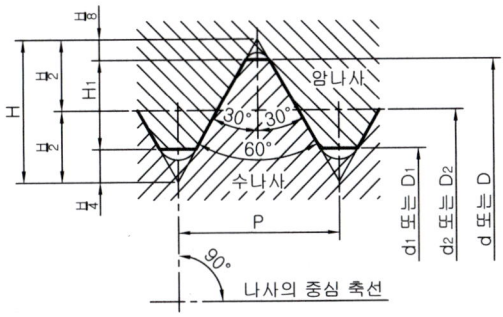

나사의 호칭	피치(P)	접촉 높이(H_1)	암나사		
			골 지름 D	유효 지름 D_2	안 지름 D_1
			수나사		
			바깥 지름 d	유효 지름 d_2	골 지름 d_1
M3	0.5	0.271	3.000	2.675	2.459
M4	0.7	0.379	4.000	3.545	3.242
M5	0.8	0.433	5.000	4.480	4.134
M6	1	0.541	6.000	5.350	4.917
M8	1.25	0.677	8.000	7.188	6.647
M10	1.5	0.812	10.000	9.026	8.376
M12	1.75	0.947	12.000	10.863	10.106
M16	2	1.083	16.000	14.701	13.835

11. 미터 가는 나사

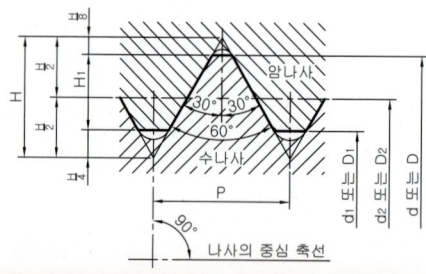

나사의 호칭	접촉 높이(H_1)	암나사 골 지름 D / 수나사 바깥 지름 d	암나사 유효 지름 D_2 / 수나사 유효 지름 d_2	암나사 안 지름 D_1 / 수나사 골 지름 d_1
M 1 × 0.2	0.108	1.000	0.870	0.783
M 1.1 × 0.2		1.100	0.970	0.883
M 1.2 × 0.2		1.200	1.070	0.983
M 1.4 × 0.2		1.400	1.270	1.183
M 1.6 × 0.2		1.600	1.470	1.383
M 1.8 × 0.2		1.800	1.670	1.583
M 2 × 0.25	0.135	2.000	1.838	1.729
M 2.2 × 0.25		2.200	2.038	1.929
M 2.5 × 0.35	0.189	2.500	2.273	2.121
M 3 × 0.35		3.000	2.773	2.621
M 3.5 × 0.35		3.500	3.273	3.121
M 4 × 0.5	0.271	4.000	3.675	3.459
M 4.5 × 0.5		4.500	4.175	3.959
M 5 × 0.5		5.000	4.675	4.459
M 5.5 × 0.5		5.500	5.175	4.959
M 6 × 0.75	0.406	6.000	5.513	5.188
M 7 × 0.75		7.000	6.513	6.188
M 8 × 1	0.541	8.000	7.350	6.917
M 8 × 0.75	0.406		7.513	7.188
M 9 × 1	0.541	9.000	8.350	7.917
M 9 × 0.75	0.406		8.513	8.188
M 10 × 1.25	0.677	10.000	9.188	8.647
M 10 × 1	0.541		9.350	8.917
M 10 × 0.75	0.406		9.513	9.188
M 11 × 1	0.541	11.000	10.350	9.917
M 11 × 0.75	0.406		10.513	10.188
M 12 × 1.5	0.812	12.000	11.026	10.376
M 12 × 1.25	0.677		11.188	10.647
M 12 × 1	0.541		11.350	10.917
M 14 × 1.5	0.812	14.000	13.026	12.376
M 14 × 1.25	0.677		13.188	12.647
M 14 × 1	0.541		13.350	12.917
M 15 × 1.5	0.812	15.000	14.026	13.376
M 15 × 1	0.541		14.350	13.917
M 16 × 1.5	0.812	16.000	15.026	14.376
M 16 × 1	0.541		15.350	14.917

12 미터 사다리꼴 나사

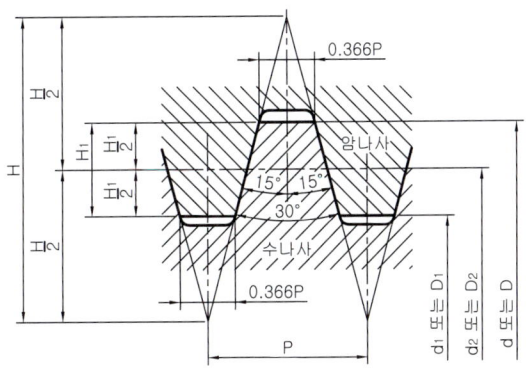

기준 공식

$H = 1.866P$ $\quad d_2 = d - 0.5P \quad$ $D = d$
$H_1 = 0.5P$ $\quad d_1 = d - P \quad\quad$ $D_2 = d_2$
$\quad\quad\quad\quad\quad\quad\quad\quad\quad\quad\quad\quad\quad D_1 = d_1$

나사의 호칭	피치(P)	접촉 높이(H_1)	암나사		
			골 지름 D	유효 지름 D_2	안 지름 D_1
			수나사		
			바깥 지름 d	유효 지름 d_2	골 지름 d_1
Tr 10×2	2	1	10.000	9.000	8.000
Tr 10×1.5	1.5	0.75	10.000	9.250	8.500
Tr 11×3	3	1.5	11.000	9.500	8.000
Tr 11×2	2	1	11.000	10.000	9.000
Tr 12×3	3	1.5	12.000	10.500	9.000
Tr 12×2	2	1	12.000	11.000	10.000
Tr 14×3	3	1.5	14.000	12.500	11.000
Tr 14×2	2	1	14.000	13.000	12.000
Tr 16×4	4	2	16.000	14.000	12.000
Tr 16×2	2	1	16.000	15.000	14.000
Tr 18×4	4	2	18.000	16.000	14.000
Tr 18×2	2	1	18.000	17.000	16.000
Tr 20×4	4	2	20.000	18.000	16.000
Tr 20×2	2	1	20.000	19.000	18.000

13 관용 평행 나사

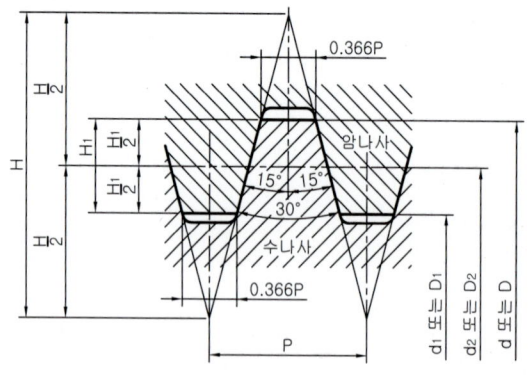

[나사의 표시 방법]

수나사의 경우 G 1A, G 1B

암나사의 경우 G1

나사의 호칭	나사 산수 25.4mm 에 대하여 n	피치 P (참고)	나사산의 높이 h	산의 봉우리 및 골의 둥글기 r	암나사		
					골 지름 D	유효 지름 D_2	안 지름 D_1
					수나사		
					바깥 지름 d	유효 지름 d_2	골 지름 d_1
G 1/8	28	0.9071	0.581	0.12	9.728	9.147	8.566
G 1/4	19	1.3368	0.856	0.18	13.157	12.301	11.445
G 3/8	19	1.3368	0.856	0.18	16.662	15.806	14.950
G 1/2	14	1.8143	1.162	0.25	20.955	19.793	18.631
G 5/8	14	1.8143	1.162	0.25	22.911	21.749	20.587
G 3/4	14	1.8143	1.162	0.25	26.441	25.279	24.117
G 7/8	14	1.8143	1.162	0.25	30.201	29.039	27.877
G 1	11	2.3091	1.479	0.32	33.249	31.770	30.291
G 1 1/8	11	2.3091	1.479	0.32	37.897	36.418	34.939
G 1 1/4	11	2.3091	1.479	0.32	41.910	40.431	38.952
G 1 1/2	11	2.3091	1.479	0.32	47.803	46.324	44.845
G 1 3/4	11	2.3091	1.479	0.32	53.746	52.267	50.788
G 2	11	2.3091	1.479	0.32	59.614	58.135	56.656
G 2 1/4	11	2.3091	1.479	0.32	65.710	64.231	62.752
G 2 1/2	11	2.3091	1.479	0.32	75.184	73.705	72.226

14 관용 테이퍼 나사

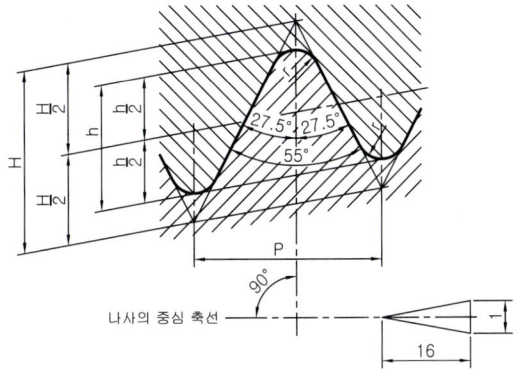

[나사의 표시 방법]

수나사의 경우 R 1½

암나사의 경우 R_C 1½

나사의 호칭	나사 산수 25.4mm 에 대하여 n	피치 P (참 고)	나사산의 높이 h	둥글기 r 또는 r^1	암나사 골 지름 D	암나사 유효 지름 D_2	암나사 안 지름 D_1	수나사 기본지름위치 관 끝으로부터 기본길이 a	수나사 기본지름위치 축선방향의 허용차 ±b	암나사 기본지름 위치 관 끝부분 축선방향의 허용차 ±c
					수나사 바깥 지름 d	수나사 유효 지름 d_2	수나사 골 지름 d_1			
R 1/16	28	0.9071	0.581	0.12	7.723	7.142	6.561	3.97	0.91	1.13
R 1/8	28	0.9071	0.581	0.12	9.728	9.147	8.566	3.97	0.91	1.13
R 1/4	19	1.3368	0.856	0.18	13.157	12.301	11.445	6.01	1.34	1.67
R 3/8	19	1.3368	0.856	0.18	16.662	15.806	14.950	6.35	1.34	1.67
R 1/2	14	1.8143	1.162	0.25	20.955	19.793	18.631	8.16	1.81	2.27
R 3/4	14	1.8143	1.162	0.25	26.441	25.279	24.117	9.53	1.81	2.27
R1	11	2.3091	1.479	0.32	33.249	31.770	30.291	10.39	2.31	2.89
R1 1/4	11	2.3091	1.479	0.32	41.910	40.431	38.952	12.70	2.31	2.89
R1 1/2	11	2.3091	1.479	0.32	47.803	46.324	44.845	12.70	2.31	2.89
R2	11	2.3091	1.479	0.32	59.614	58.135	56.656	15.88	2.31	2.89
R2 1/2	11	2.3091	1.479	0.32	75.184	73.705	72.226	17.46	3.46	3.46
R3	11	2.3091	1.479	0.32	87.884	86.405	84.926	20.64	3.46	3.46
R4	11	2.3091	1.479	0.32	113.030	111.551	110.072	25.40	3.46	3.46
R5	11	2.3091	1.479	0.32	138.430	136.951	135.472	28.58	3.46	3.46
R6	11	2.3091	1.479	0.32	163.830	162.351	160.872	28.58	3.46	3.46

15. 볼트 구멍 지름(2급 기준) 및 카운터 보어 지름의 치수

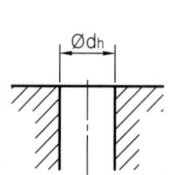 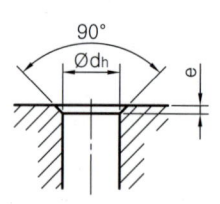 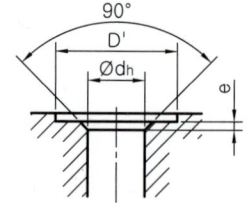

나사 호칭 지름	3	4	5	6	8	10	12	14	16
볼트 구멍 지름 ød_h	3.4	4.5	5.5	6.6	9	11	13.5	15.5	17.5
모떼기 e	0.3	0.4	0.4	0.4	0.6	0.6	1.1	1.1	1.1
카운터 보어 지름 D'	9	11	13	15	20	24	28	32	35

16. 6각 구멍붙이 볼트

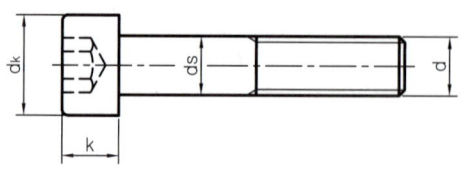

나사 호칭 지름(d)	M3	M4	M5	M6	M8	M10	M12	(M14)	M16
머리부 지름(dk, mm)	5.32 ~ 5.68	6.78 ~ 7.22	8.28 ~ 8.72	9.78 ~ 10.22	12.73 ~ 13.27	15.73 ~ 16.27	17.73 ~ 18.27	20.67 ~ 21.33	23.67 ~ 24.33
머리부 높이(k, mm)	2.86 ~ 3.00	3.82 ~ 4.00	4.82 ~ 5.00	5.70 ~ 6.00	7.64 ~ 8.00	9.64 ~ 10.00	11.57 ~ 12.00	13.57 ~ 14.00	15.57 ~ 16.00
목부 지름(ds, mm)	2.86 ~ 3.00	3.82 ~ 4.00	4.82 ~ 5.00	5.82 ~ 6.00	7.78 ~ 8.00	9.78 ~ 10.00	11.73 ~ 12.00	13.73 ~ 14.00	15.73 ~ 16.00

※ 6각 구멍붙이 볼트용 카운터 보어(KS B 3505)는 현재 폐지되었으니 참고하시기 바랍니다.

17 불완전 나사부 길이

나사의 절단 끝부에 있어서 불완전 나사부 길이 (x)

절삭 나사의 경우

(원통부 지름=수나사 바깥지름)　　(원통부 지름=수나사 유효지름)

전조 나사의 경우

(원통부 지름=수나사 바깥지름)

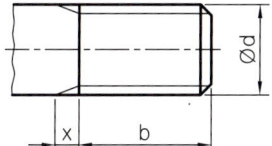 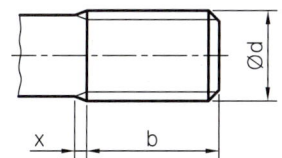 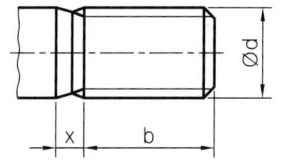

[비고] 그림 중의 b는 나사부 길이를 표시한다.

온나사에 있어서 불완전 나사부 길이 (a)

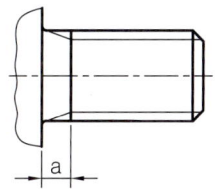 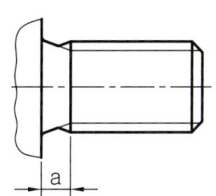

나사의 피치	x (최대)		a (최대)		
	보통 것	짧은 것	보통 것	짧은 것	긴 것
0.5	1.25	0.7	1.5	1	2
0.7	1.75	0.9	2.1	1.4	2.8
0.8	2	1	2.4	1.6	3.2
1	2.5	1.25	3	2	4
1.25	3.2	1.6	4	2.5	5
1.5	3.8	1.9	4.5	3	6
1.75	4.3	2.2	5.3	3.5	7
2	5	2.5	6	4	8

18 나사의 틈새

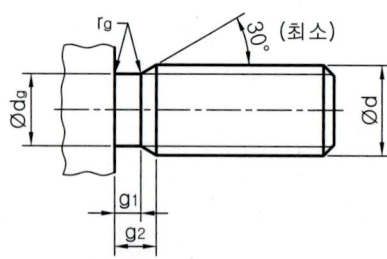

나사의 피치	dg		g₁	g₂	rg
	기준 치수	허용차	최소	최대	약
0.5	d - 0.8	호칭지름이 3mm 이하는 h12, 호칭지름이 3mm 초과는 h13 적용	0.8	1.5	0.2
0.7	d - 1.1		1.1	2.1	0.4
0.8	d - 1.3		1.3	2.4	0.4
1	d - 1.6		1.6	3	0.6
1.25	d - 2		2	3.75	0.6
1.5	d - 2.3		2.5	4.5	0.8
1.75	d - 2.6		3	5.25	1
2	d - 3		3.4	6	1

19 뾰족끝 홈붙이 멈춤 스크루

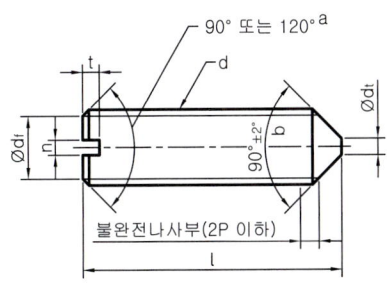

나사의 호칭 d	M 1.2	M 1.6	M 2	M 2.5	M 3	(M3.5)[a]	M 4	M 5	M 6	M 8	M 10	M 12
P[b]	0.25	0.35	0.4	0.45	0.5	0.6	0.7	0.8	1	1.25	1.5	1.75
d_f					나사산의 골지름							
$l^{a,d}$												

기준치수	최소	최대											
2	1.8	2.2											
2.5	2.3	2.7											
3	2.8	3.2											
4	3.7	4.3											
5	4.7	5.3											
6	5.7	6.3											
8	7.7	8.3											
10	9.7	10.3											
12	11.6	12.4											
(14)	13.6	14.4											
16	15.6	16.4											
20	19.6	20.4											
25	24.6	25.4											
30	29.6	30.4											

20 멈춤링

1 C형 멈춤링

1 축용 멈춤링

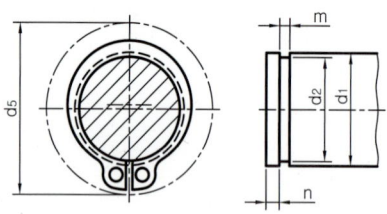

d_5는 축에 끼울 때 바깥 둘레의 최대 지름

축 치수 d1	d2 기준 치수	d2 허용차	m 기준 치수	m 허용차	n 최소	멈춤링 두께 기준 치수	멈춤링 두께 허용차
10	9.6	0 / -0.09	1.15	+0.14 / 0	1.5	1	±0.05
11	10.5						
12	11.5						
13	12.4	0 / -0.11					
14	13.4						
15	14.3						
16	15.2						
17	16.2						
18	17						
19	18						
20	19		1.35			1.2	
21	20						
22	21						
24	22.9	0 / -0.21					±0.06
25	23.9						
26	24.9						
28	26.6						
29	27.6						
30	28.6		1.75			1.6	
32	30.3						
34	32.3						
35	33	0 / -0.25					
36	34		1.95		2	1.8	±0.07
38	36						

2 구멍용 멈춤링

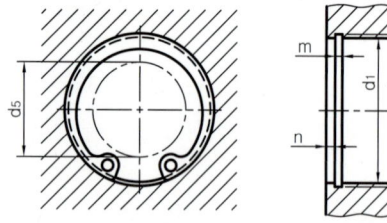

d_5는 구멍에 끼울 때 안둘레의 최소 지름

구멍 치수 d1	d2 기준 치수	d2 허용차	m 기준 치수	m 허용차	n 최소	멈춤링 두께 기준 치수	멈춤링 두께 허용차
10	10.4	+0.11 / 0	1.15	+0.14 / 0	1.5	1	±0.05
11	11.4						
12	12.5						
13	13.6						
14	14.6						
15	15.7						
16	16.8						
17	17.8						
18	19						
19	20						
20	21						
21	22	+0.21 / 0					
22	23						
24	25.2		1.35			1.2	±0.06
25	26.5						
26	27.2						
28	29.4						
30	31.4						
32	33.7						
34	35.7	+0.25 / 0					
35	37		1.75		2	1.6	
36	38						
37	39						

2 E형 멈춤링

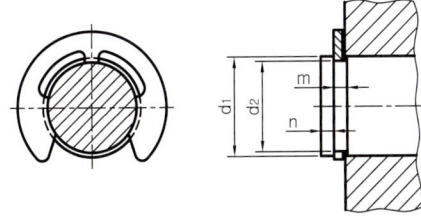

축 치수 d1		d2		m		n	멈춤링 두께	
초과	이하	기준 치수	허용차	기준 치수	허용차	최소	기준 치수	허용차
1	1.4	0.8	+0.05 / 0	0.3	+0.05 / 0	0.4	0.2	±0.02
1.4	2	1.2		0.4		0.6	0.3	±0.025
2	2.5	1.5	+0.06 / 0			0.8	0.4	±0.03
2.5	3.2	2		0.5		1		
3.2	4	2.5						
4	5	3		0.7	+0.1 / 0		0.6	±0.04
5	7	4	+0.075 / 0			1.2		
6	8	5						
7	9	6				1.5	0.8	
8	11	7	+0.09 / 0	0.9		1.8		
9	12	8				2		
10	14	9						
11	15	10		1.15	+0.14 / 0	2.5	1.0	±0.05
13	18	12	+0.11 / 0			3	1.6	±0.06
16	24	15		1.75		3.5		
20	31	19	+0.13 / 0	2.2		4	2.0	±0.07
25	38	24						

3 C형 동심 멈춤링

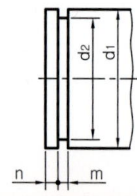
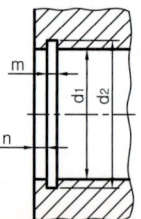

축 치수 d1	d2 기준치수	d2 허용차	m 기준치수	m 허용차	n 최소	멈춤링 두께 기준치수	멈춤링 두께 허용차
20	19	0 -0.21	1.35	+0.14 0	1.5	1.2	±0.07
22	21						
25	23.9						
28	26.6						
30	28.6		1.75			1.6	
32	30.3						
35	33	0 -0.25					
40	38		1.9		2	1.75	±0.08
45	42.5						
50	47		2.2			2	

구멍 치수 d1	d2 기준치수	d2 허용차	m 기준치수	m 허용차	n 최소	멈춤링 두께 기준치수	멈춤링 두께 허용차
20	21	+0.21 0	1.15	+0.14 0	1.5	1	±0.07
22	23						
25	26.2						
28	29.4		1.35			1.2	
30	31.4						
35	37		1.75			1.6	
40	42.5	+0.25 0	1.9		2	1.75	±0.08
45	47.5						
50	53		2.2			2	

21 생크

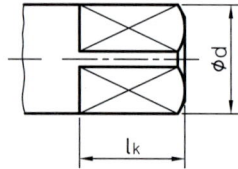
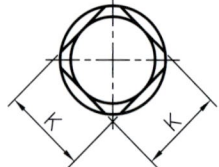

ød 초과	ød 이하	K 기준 치수	K 허용차(h12)	l_k
7.5	8.5	6.3	0 -0.15	9
8.5	9.5	7.1		10
9.5	10.6	8		11
10.6	11.8	9		12
11.8	13.2	10		13
13.2	15	11.2	0 -0.18	14
15	17	12.5		16
17	19	14		18
19	21.2	16		20
21.2	23.6	18		22
23.6	26.5	20	0 -0.21	24
26.5	30	22.4		26
30	33.5	25		28
33.5	37.5	28		31

22 평행 키 (키 홈)

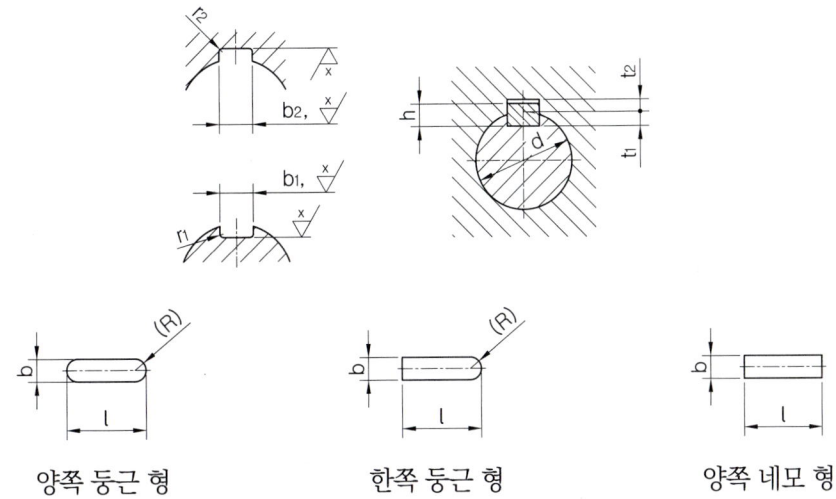

양쪽 둥근 형   한쪽 둥근 형   양쪽 네모 형

b_1 및 b_2의 기준 치수	키 홈의 치수							적용하는 축 지름 d (초과~이하)
	활동형		보통형		t_1의 기준 치수	t_2의 기준 치수	t_1 및 t_2의 허용차	
	b_1 허용차	b_2 허용차	b_1 허용차	b_2 허용차				
2	H9	D10	N9	JS9	1.2	1.0	+0.1 0	6~8
3					1.8	1.4		8~10
4					2.5	1.8		10~12
5					3.0	2.3		12~17
6					3.5	2.8		17~22

23 반달 키 (키 홈)

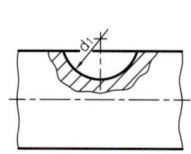
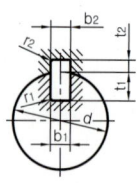
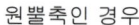
원뿔축인 경우
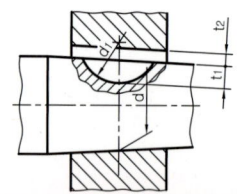

키의 호칭 치수 $b \times d_0$	b_1 및 b_2의 기준 치수	보통형 b_1 허용차 (N9)	보통형 b_2 허용차 (Js9)	조립형 b_1 및 b_2 허용차 (P9)	t_1 기준 치수	t_1 허용차	t_2 기준 치수	t_2 허용차	r_1 및 r_2	d_1 기준 치수	d_1 허용차
1X4	1	-0.004 / -0.029	±0.012	-0.006 / -0.031	1.0	+0.1 / 0	0.6	+0.1 / 0	0.08~0.16	4	+0.1 / 0
1.5X7	1.5				2.0		0.8			7	
2X7	2				1.8		1.0			7	
2X10					2.9		1.0			10	
2.5X10	2.5				2.7		1.2			10	
(3X10)	3				2.5		1.2			10	+0.2 / 0
3X13					3.8	+0.2 / 0	1.4			13	
3X16					5.3		1.4			16	
(4X13)	4	0 / -0.030	±0.015	-0.012 / -0.042	3.5	+0.1 / 0	1.7			13	
4X16					5.0		1.8			16	
4X19					6.0	+0.2 / 0	1.8			19	+0.3 / 0
5X16	5				4.5		2.3			16	+0.2 / 0
5X19					5.5		2.3			19	
5X22					7.0		2.3			22	
6X22	6				6.5	+0.3 / 0	2.8	+0.2 / 0	0.16~0.25	22	
6X25					7.5		2.8			25	
(6X28)					8.6		2.6			28	
(6X32)					10.6		2.6			32	
(7X22)	7				6.4	+0.1 / 0	2.8	+0.1 / 0		22	+0.3 / 0
(7X25)					7.4		2.8			25	
(7X28)					8.4		2.8			28	
(7X32)					10.4		2.8			32	
(7X38)					12.4		2.8			38	
(7X45)					13.4		2.8			45	
(8X25)	8	0 / -0.036	±0.018	-0.015 / -0.051	7.2		3.0	+0.2 / 0	0.25~0.40	25	
8X28					8.0	+0.3 / 0	3.3			28	
(8X32)					10.2	+0.1 / 0	3.0	+0.1 / 0	0.16~0.25	32	
(8X38)					12.2		3.0			38	
10X32	10				10.0	+0.3 / 0	3.3	+0.2 / 0		32	
(10X45)					12.8		3.4			45	
(10X55)					13.8	+0.1 / 0	3.4	+0.1 / 0	0.25~0.40	55	
(10X65)					15.8		3.4			65	+0.5 / 0
(12X65)	12	0 / -0.043	±0.022	-0.018 / -0.061	15.2		4.0			65	
(12X80)					20.2		4.0			80	

23 반달 키 (키 홈) – 반달 키에 적용하는 축지름

키의 호칭 치수	계열 1	계열 2	계열 3	전단 단면적 mm²
1X4	3~4	3~4	-	-
1.5X7	4~5	4~6	-	-
2X7	5~6	6~8	-	-
2X10	6~7	8~10	-	-
2.5X10	7~8	10~12	7~12	21
(3X10)	-	-	8~14	26
3X13	8~10	12~15	9~16	35
3X16	10~12	15~18	11~18	45
(4X13)	-	-	11~18	46
4X16	12~14	18~20	12~20	57
4X19	14~16	20~22	14~22	70
5X16	16~18	22~25	14~22	72
5X19	18~20	25~28	15~24	86
5X22	20~22	28~32	17~26	102
6X22	22~25	32~36	19~28	121
6X25	25~28	36~40	20~30	141
(6X28)	-	-	22~32	155
(6X32)	-	-	24~34	180
(7X22)	-	-	20~29	139
(7X25)	-	-	22~32	159
(7X28)	-	-	24~34	179
(7X32)	-	-	26~37	209
(7X38)	-	-	29~41	249
(7X45)	-	-	31~45	288
(8X25)	-	-	24~34	181
8X28	28~32	40~ -	26~37	203
(8X32)	-	-	28~40	239
(8X38)	-	-	30~44	283
10X32	32~38	-	31~46	295
(10X45)	-	-	38~54	406
(10X55)	-	-	42~60	477
(10X65)	-	-	46~65	558
(12X65)	-	-	50~73	660
(12X80)	-	-	58~82	834

※ 계열 1 : 키에 의해 토크를 전달하는 결합에 사용

계열 2 : 키에 의해 위치결정을 하는 경우 사용

계열 3 : 표에 나타나는 전단 단면적에서의 키의 전단강도 대응에 사용

24 깊은 홈 볼 베어링

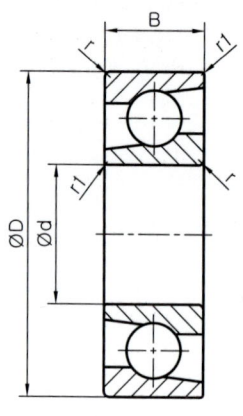

호칭번호 (68계열)	치수			
	d	D	B	r
6800	10	19	5	0.3
6801	12	21		
6802	15	24		
6803	17	26		
6804	20	32	7	
6805	25	37		
6806	30	42		
6807	35	47		
6808	40	52		
6809	45	58		
6810	50	65		

호칭번호 (64계열)	치수			
	d	D	B	r
6403	17	62	17	1.1
6404	20	72	19	1.1
6405	25	80	21	1.5
6406	30	90	23	1.5
6407	35	100	25	1.5
6408	40	110	27	2
6409	45	120	29	2
6410	50	130	31	2.1
6411	55	140	33	2.1
6412	60	150	35	2.1
6413	65	160	37	2.1

호칭번호 (69계열)	치수			
	d	D	B	r
6900	10	22	6	0.3
6901	12	24		
6902	15	28	7	
6903	17	30		
6904	20	37	9	
6905	25	42		
6906	30	47		
6907	35	55	10	0.6
6908	40	62	12	

호칭번호 (60계열)	치수			
	d	D	B	r
6000	10	26	8	0.3
6001	12	28		
6002	15	32	9	
6003	17	35	10	
6004	20	42	12	0.6
6005	25	47		
6006	30	55	13	
6007	35	62	14	1
6008	40	68	15	

호칭번호 (62계열)	치수			
	d	D	B	r
6200	10	30	9	0.6
6201	12	32	10	0.6
6202	15	35	11	0.6
6203	17	40	12	0.6
6204	20	47	14	1
6205	25	52	15	1
6206	30	62	16	1
6207	35	72	17	1.1
6208	40	80	18	1.1

호칭번호 (63계열)	치수			
	d	D	B	r
6300	10	35	11	0.6
6301	12	37	12	1
6302	15	42	13	1
6303	17	47	14	1
6304	20	52	15	1.1
6305	25	62	17	1.1

25 앵귤러 볼 베어링

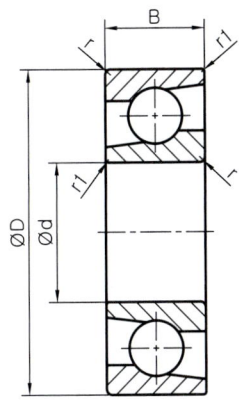
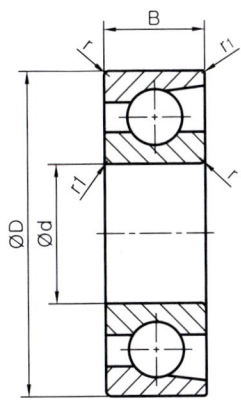

호칭번호 (70계열)	치수				
	d	D	B	r	r₁
7000A	10	26	8	0.3	0.15
7001A	12	28	8	0.3	0.15
7002A	15	32	9	0.3	0.15
7003A	17	35	10	0.3	0.15
7004A	20	42	12	0.6	0.3
7005A	25	47	12	0.6	0.3
7006A	30	55	13	1	0.6
7007A	35	62	14	1	0.6
7008A	40	68	15	1	0.6
7009A	45	75	16	1	0.6

호칭번호 (72계열)	치수				
	d	D	B	r	r₁
7200A	10	30	9	0.6	0.3
7201A	12	32	10	0.6	0.3
7202A	15	35	11	0.6	0.3
7203A	17	40	12	0.6	0.3
7204A	20	47	14	1	0.6
7205A	25	52	15	1	0.6
7206A	30	62	16	1	0.6

호칭번호 (73계열)	치수				
	d	D	B	r	r₁
7300A	10	35	11	0.6	0.3
7301A	12	37	12	1	0.6
7302A	15	42	13	1	0.6
7303A	17	47	14	1	0.6
7304A	20	52	15	1.1	0.6
7305A	25	62	17	1.1	0.6
7306A	30	72	19	1.1	0.6

호칭번호 (74계열)	치수				
	d	D	B	r	r₁
7404A	20	72	19	1.1	0.6
7405A	25	80	21	1.5	1
7406A	30	90	23	1.5	1

26 원통 롤러 베어링

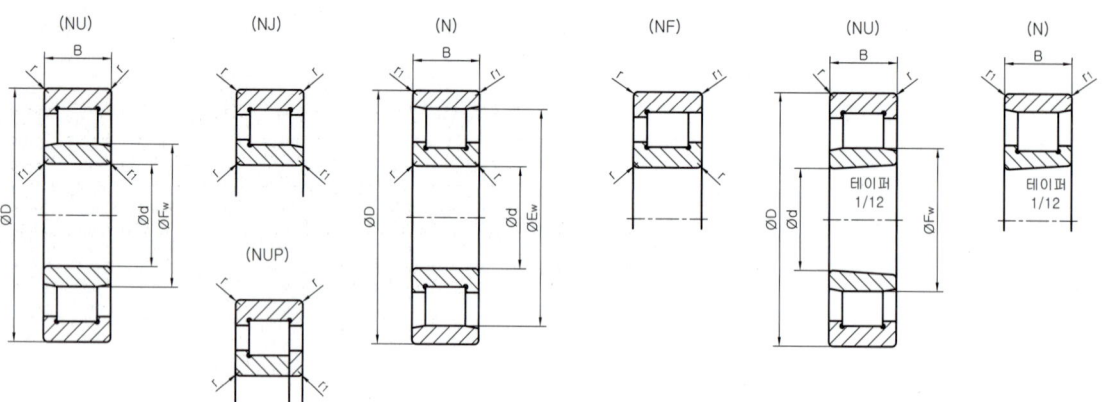

호칭 번호 (NU2, NUP2, N2, NF2 계열)							치수				
원통 구멍					테이퍼 구멍		d	D	B	r	r_1
-	-	-	N203	-	-	-	17	40	12	0.6	0.3
NU204	NJ204	NUP204	N204	NF204	NU204K	-	20	47	14	1	0.6
NU205	NJ205	NUP205	N205	NF205	NU205K	-	25	52	15	1	0.6
NU206	NJ206	NUP206	N206	NF206	NU206K	N206K	30	62	16	1	0.6
NU207	NJ207	NUP207	N207	NF207	NU207K	N207K	35	72	17	1.1	0.6
NU208	NJ208	NUP208	N208	NF208	NU208K	N208K	40	80	18	1.1	1.1

호칭 번호 (NU22, NUP22, NJ22 계열)					치수				
원통 구멍			테이퍼 구멍	d	D	B	r	r_1
NU2204	NJ2204	NUP2204	-	20	47	18	1	0.6
NU2205	NJ2205	NUP2205	NU2205K	25	52	18	1	0.6
NU2206	NJ2206	NUP2206	NU2206K	30	62	20	1	0.6
NU2207	NJ2207	NUP2207	NU2207K	35	72	23	1.1	0.6
NU2208	NJ2208	NUP2208	NU2208K	40	80	23	1.1	1.1
NU2209	NJ2209	NUP2209	NU2209K	45	85	23	1.1	1.1

호칭 번호 (NU3, NJ3, NUP3, N3, NF3 계열)							치수				
원통 구멍					테이퍼 구멍		d	D	B	r	r_1
NU304	NJ304	NUP304	N304	NF304	NU304K	-	20	52	15	1.1	0.6
NU305	NJ305	NUP305	N305	NF305	NU305K	-	25	62	17	1.1	1.1
NU306	NJ306	NUP306	N306	NF306	NU306K	N306K	30	72	19	1.1	1.1
NU307	NJ307	NUP307	N307	NF307	NU307K	N307K	35	80	21	1.5	1.1
NU308	NJ308	NUP308	N308	NF308	NU308K	N308K	40	90	23	1.5	1.5
NU309	NJ309	NUP309	N309	NF309	NU309K	N309K	45	100	25	1.5	1.5
NU310	NJ310	NUP310	N310	NF310	NU310K	N310K	50	110	27	2	2

호칭 번호 (NU23, NJ23, NUP23 계열)				치수				
원통 구멍			테이퍼 구멍	d	D	B	r	r_1
NU2305	NJ2305	NUP2305	NU2305 K	25	62	24	1.1	1.1
NU2306	NJ2306	NUP2306	NU2306 K	30	72	27	1.1	1.1
NU2307	NJ2307	NUP2307	NU2307 K	35	80	31	1.5	1.1
NU2308	NJ2308	NUP2308	NU2308 K	40	90	33	1.5	1.5
NU2309	NJ2309	NUP2309	NU2309 K	45	100	36	1.5	1.5
NU2310	NJ2310	NUP2310	NU2310 K	50	110	40	2	2

호칭 번호 (NU4, NJ4, NUP4, N4, NF4 계열)					치수				
					d	D	B	r	r_1
NU406	NJ406	NUP406	N406	NF406	30	90	23	1.5	1.5
NU407	NJ407	NUP407	N407	NF407	35	100	25	1.5	1.5
NU408	NJ408	NUP408	N408	NF408	40	110	27	2	2
NU409	NJ409	NUP409	N409	NF409	45	120	29	2	2
NU410	NJ410	NUP410	N410	NF410	50	130	31	2.1	2.1
NU411	NJ411	NUP411	N411	NF411	55	140	33	2.1	2.1

호칭 번호 (NN30 계열)		치수				
원통 구멍	테이퍼 구멍	d	D	B	r	r_1
NN 3005	NN 3005 K	25	47	16	0.6	0.6
NN 3006	NN 3006 K	30	55	19	1	1
NN 3007	NN 3007 K	35	62	20	1	1
NN 3008	NN 3008 K	40	68	21	1	1
NN 3009	NN 3009 K	45	75	23	1	1
NN 3010	NN 3010 K	50	80	23	1	1

호칭 번호 (NU10 계열)	치수				
	d	D	B	r	r_1
NU 1005	25	47	12	0.6	0.3
NU 1006	30	55	13	1	0.6
NU 1007	35	62	14	1	0.6
NU 1008	40	68	15	1	0.6
NU 1009	45	75	16	1	0.6
NU 1010	50	80	16	1	0.6

27 테이퍼 롤러 베어링

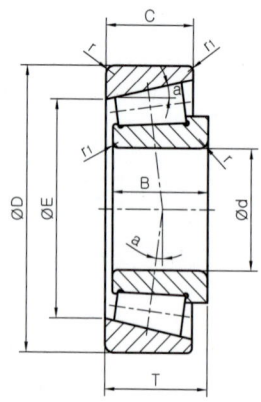

호칭 번호 (302 계열)	치수						
	d	D	T	B	C	r 내륜	r 외륜	r₁
30203 K	17	40	13.25	12	11	1	1	0.3
30204 K	20	47	15.25	14	12	1	1	0.3
30205 K	25	52	16.25	15	13	1	1	0.3
30206 K	30	62	17.25	16	14	1	1	0.3
30207 K	35	72	18.25	17	15	1.5	1.5	0.6
30208 K	40	80	19.75	18	16	1.5	1.5	0.6

호칭 번호 (320 계열)	치수						
	d	D	T	B	C	내륜	외륜	r₁
32004 K	20	42	15	15	12	0.6	0.6	0.15
32005 K	25	47	15	15	11.5	0.6	0.6	0.15
32006 K	30	55	17	17	13	1	1	0.3
32007 K	35	62	18	18	14	1	1	0.3
32008 K	40	68	19	19	14.5	1	1	0.3
32009 K	45	75	20	20	15.5	1	1	0.3

호칭 번호 (322 계열)	치수						
	d	D	T	B	C	내륜	외륜	r₁
32203 K	17	40	17.25	16	14	1	1	0.3
32204 K	20	47	19.25	18	15	1	1	0.3
32205 K	25	52	19.25	18	16	1	1	0.3
32206 K	30	62	21.25	20	17	1	1	0.3
32207 K	35	72	24.25	23	19	1.5	1.5	0.6
32208 K	40	80	25.75	23	19	1.5	1.5	0.6

호칭 번호 (303 계열)	치수						
	d	D	T	B	C	내륜	외륜	r₁
30302 K	15	42	14.25	13	11	1	1	0.3
30303 K	17	47	15.25	14	12	1	1	0.3
30304 K	20	52	16.25	15	13	1.5	1.5	0.6
30305 K	25	62	18.25	17	15	1.5	1.5	0.6
30306 K	30	72	20.75	19	16	1.5	1.5	0.6
30307 K	35	80	22.75	21	18	2	1.5	0.6

호칭 번호 (303 D 계열)	치수						
	d	D	T	B	C	내륜	외륜	r₁
30305D K	25	62	18.25	17	13	1.5	1.5	0.6
30306D K	30	72	20.75	19	14	1.5	1.5	0.6
30307D K	35	80	22.75	21	15	2	1.5	0.6

호칭 번호 (323 계열)	치수						
	d	D	T	B	C	내륜	외륜	r₁
32303 K	17	47	20.25	19	16	1	1	0.3
32304 K	20	52	22.25	21	18	1.5	1.5	0.6
32305 K	25	62	25.25	24	20	1.5	1.5	0.6
32306 K	30	72	28.75	27	23	1.5	1.5	0.6
32307 K	35	80	32.75	31	25	2	1.5	0.6
32308 K	40	90	35.25	33	27	2	1.5	0.6

28 니들 롤러 베어링

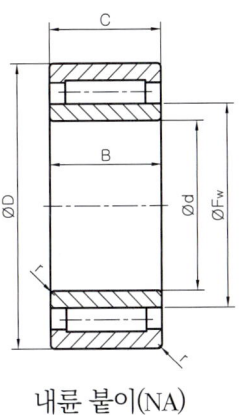

내륜 붙이(NA)

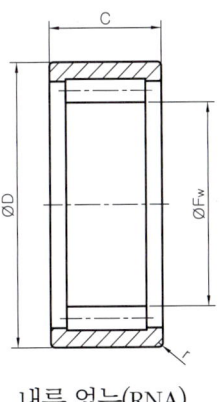

내륜 없는(RNA)

호칭 번호	치수			
(NA49 계열)	d	D	B, C	r
NA498	8	19	11	0.2
NA499	9	20	11	0.3
NA4900	10	22	13	0.3
NA4901	12	24	13	0.3
NA4902	15	28	13	0.3
NA4903	17	30	13	0.3

호칭 번호	치수			
(RNA49 계열)	Fw	D	C	r
RNA493	5	11	10	0.15
RNA494	6	12	10	0.15
RNA495	7	13	10	0.15
RNA496	8	15	10	0.15
RNA497	9	17	10	0.15
RNA498	10	19	11	0.2
RNA499	12	20	11	0.3
RNA4900	14	22	13	0.3
RNA4901	16	24	13	0.3

29 평면 자리형 스러스트 볼 베어링

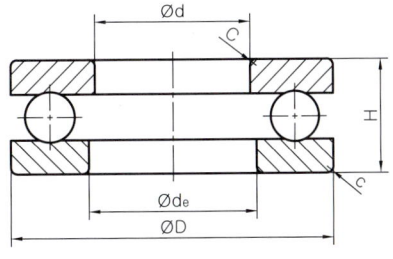

호칭 번호	치수				
(511계열)	d	de	D	H	c
511 00	10	11	24	9	0.5
511 01	12	13	26	9	0.5
511 02	15	16	28	9	0.5
511 03	17	18	30	9	0.5
511 04	20	21	35	10	0.5
511 05	25	26	42	11	1

호칭 번호	치수				
(512계열)	d	de	D	H	c
512 00	10	12	26	11	1
512 01	12	14	28	11	1
512 02	15	17	32	12	1
512 03	17	19	35	12	1
512 04	20	22	40	14	1
512 05	25	27	47	15	1

호칭 번호	치수				
(513계열)	d	de	D	H	c
513 05	25	27	52	18	1.5
513 06	30	32	60	21	1.5
513 07	35	37	68	24	1.5
513 08	40	42	78	26	1.5
513 09	45	47	85	28	1.5
513 10	50	52	95	31	2

호칭 번호	치수				
(514계열)	d	de	D	H	c
514 05	25	27	60	24	1.5
514 06	30	32	70	28	1.5
514 07	35	37	80	32	2
514 08	40	42	90	36	2
514 09	45	47	100	39	2
514 10	50	52	110	43	2.5

30 평면 자리형 스러스트 볼 베어링(복식)

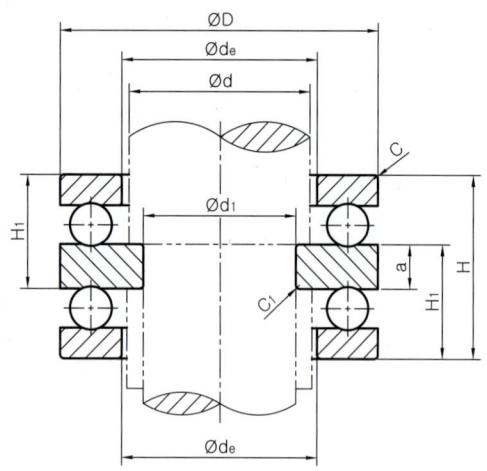

호칭 번호 (522계열)	치수								
	d	di	de	D	H	H_1	a	c	c_1
522 02	15	10	17	32	22	13.5	5	1	0.5
522 04	20	15	22	40	26	16	6	1	0.5
522 05	25	20	27	47	28	17.5	7	1	0.5
522 06	30	25	32	52	29	18	7	1	0.5
522 07	35	30	37	62	34	21	8	1.5	0.5
522 08	40	30	42	68	36	22.5	9	1.5	1

호칭 번호 (523계열)	치수								
	d	di	de	D	H	H_1	a	c	c_1
523 05	25	20	27	52	34	21	8	1.5	0.5
523 06	30	25	32	60	38	23.5	9	1.5	0.5
523 07	35	30	37	68	44	27	10	1.5	0.5
523 08	40	30	42	78	49	30.5	12	1.5	1
523 09	45	35	47	85	52	32	12	1.5	1
523 10	50	40	52	95	58	36	14	2	1

호칭 번호 (524계열)	치수								
	d	di	de	D	H	H_1	a	c	c_1
524 05	25	15	27	60	45	28	11	1.5	1
524 06	30	20	32	70	52	32	12	1.5	1
524 07	35	25	37	80	59	36.5	14	2	1
524 08	40	30	42	90	65	40	15	2	1
524 09	45	35	47	100	72	44.5	17	2	1
524 10	50	40	52	110	78	48	18	2.5	1

31 구름 베어링용 로크너트 와셔

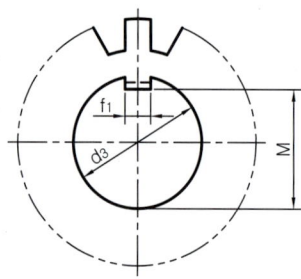

(A형, X형 동일하게 적용)

호칭번호	d3	M	f1	호칭번호	d3	M	f1
AW00X	10	8.5	3	AW07X	35	32.5	6
AW01X	12	10.5	3	AW08X	40	37.5	6
AW02X	15	13.5	4	AW09X	45	42.5	6
AW03X	17	15.5	4	AW10X	50	47.5	6
AW04X	20	18.5	4	AW11X	55	52.5	8
AW/22X	22	20.5	4	AW12X	60	57.5	8
AW05X	25	23	5	AW13X	65	62.5	8
AW/28X	28	26	5	AW14X	70	66.5	8
AW06X	30	27.5	5	AW15X	75	71.5	8
AW/32X	32	29.5	5	AW16X	80	76.5	10

32 베어링의 끼워 맞춤

내륜회전 하중 또는 방향 부정 하중(보통 하중)			
볼 베어링	원통, 테이퍼 롤러 베어링	자동조심 롤러 베어링	허용차 등급
축 지름			
18 이하	-	-	js5
18 초과 100 이하	40 이하	40 이하	k5
100 초과 200 이하	40 초과 100 이하	40 초과 65 이하	m5

내륜정지 하중			
볼 베어링	원통, 테이퍼 롤러 베어링	자동조심 롤러 베어링	허용차 등급
축 지름			
내륜이 축 위를 쉽게 움직일 필요가 있다.	전체 축 지름		g6
내륜이 축 위를 쉽게 움직일 필요가 없다.	전체 축 지름		h6

하우징 구멍 공차		
외륜 정지 하중	모든 종류의 하중	H7
외륜 회전 하중	보통하중 또는 중하중	N7

스러스트 베어링			
축 지름			
중심 축 하중		전체 축 지름	js6
합성 하중 (스러스트 자동 조심롤러 베어링)	내륜 정지 하중	전체 축 지름	js6
	내륜 회전 하중 또는 방향 부정 하중	200 이하	k6

스러스트 베어링		
중심 축 하중		H8
합성 하중 (스러스트 자동 조심롤러 베어링)	내륜 정지 하중	H7
	내륜 회전 하중 또는 방향 부정 하중	K7

33 그리스 니플

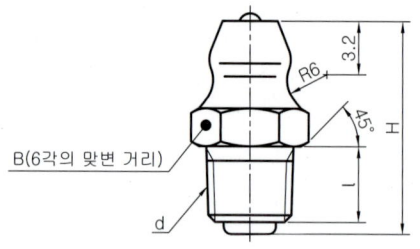

A형	
형식	나사의 호칭 지름
A-M6F	M6x0.75
A-MT6x0.75	MT6x0.75

34 O링(원통면)

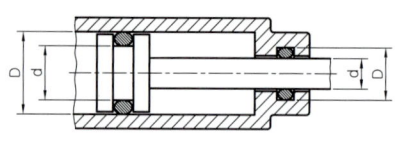
(운동용)

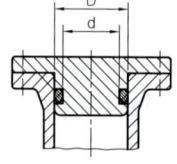
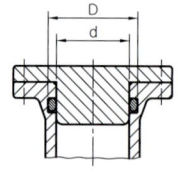
(고정용)

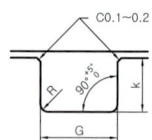

O링의 호칭번호	d	d의 끼워맞춤	D	D의 끼워맞춤	G +0.25 0	R (최대)
P3	3	0 -0.05	6	H10	2.5	0.4
P4	4		7	+0.05 0 H9		
P5	5		8			
P6	6		9			
P7	7	h9	10			
P8	8		11			
P9	9		12			
P10	10		13			
P10A	10	0 -0.06	14	+0.06 0 H9	3.2	0.4
P11	11		15			
P11.2	11.2		15.2			
P12	12		16			
P12.5	12.5	h9	16.5			
P14	14		18			
P15	15		19			
P16	16		20			
P18	18		22			
P20	20		24			
P21	21		25			
P22	22		26			

O링의 호칭번호	d	d의 끼워맞춤	D	D의 끼워맞춤	G +0.25 0	R (최대)
P22A	22	0 -0.08	28	+0.08 0	4.7	0.8
P22.4	22.4		28.4			
P24	24		30			
P25	25		31			
P25.5	25.5		31.5			
P26	26		32			
P28	28		34			
P29	29		35			
P29.5	29.5		35.5			
P30	30		36		H9	
P31	31		37			
P31.5	31.5		37.5			
P32	32		38			
P34	34		40			
P35	35		41			
P35.5	35.5		41.5			
P36	36		42			
P38	38		44			
P39	39		45			
P40	40	0 -0.08	46	+0.08 0	4.7	0.8
P41	41		47			
P42	42		48			
P44	44		50			
P45	45		51		H9	
P46	46		52			
P48	48		54			
P49	49		55			
P50	50		56			
P48A	48	0 -0.10	58	+0.10 0	7.5	0.8
P50A	50		60			
P52	52		62			
P53	53		63			
P55	55		65			
P56	56		66			
P58	58		68			
P60	60		70		H9	
P62	62		72			
P63	63		73			
P65	65		75			
P67	67		77			
P70	70		80			
P71	71		81			
P75	75		85			
P80	80		90			

O링의 호칭번호	d	d의 끼워맞춤	D	D의 끼워맞춤	G +0.25 0	R (최대)
G25	25	0 -0.10	30	H10	4.1	0.7
G30	30		35			
G35	35		40			
G40	40		45			
G45	45		50	+0.10 0		
G50	50		55			
G55	55		60			
G60	60	h9	65			
G65	65		70			
G70	70		75			
G75	75		80	H9		
G80	80		85			
G85	85		90			
G90	90		95			
G95	95		100			
G100	100		105			

35 O링 부착부의 예리한 모서리를 제거하는 설계 방법

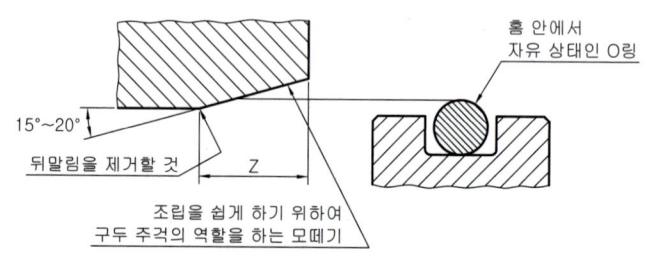

O링의 호칭 번호	O링의 굵기	Z(최소)
P 3 ~ P 10	1.9±0.08	1.2
P 10A ~ P 22	2.4±0.09	1.4
P 22A ~ P 50	3.5±0.10	1.8
P 48A ~ P 150	5.7±0.13	3.0
P 150A ~ P 400	8.4±0.15	4.3
G 25 ~ G 145	3.1±0.10	1.7
G150 ~ G 300	5.7±0.13	3.0

36 O링(평면)

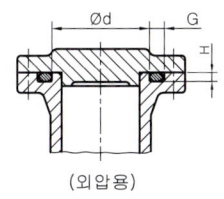
(외압용)

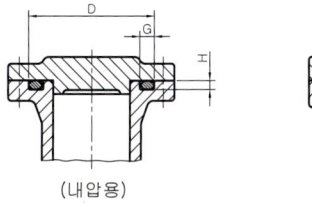
(내압용)

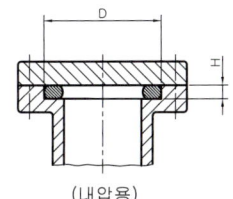
(내압용)

O링의 호칭번호	d (외압용)	D (내압용)	G +0.25 0	H ±0.05	R (최대)
G25	25	30	4.1	2.4	0.7
G30	30	35			
G35	35	40			
G40	40	45			
G45	45	50			
G50	50	55			
G55	55	60			
G60	60	65			
G65	65	70			
G70	70	75			
G75	75	80			
G80	80	85			
G85	85	90			
G90	90	95			
G95	95	100			
G100	100	105			
G105	105	110			
G110	110	115			
G115	115	120			
G120	120	125			
G125	125	130			
G130	130	135			
G135	135	140			
G140	140	145			
G145	145	150			

O링의 호칭번호	d (외압용)	D (내압용)	G +0.25 0	H ±0.05	R (최대)
P3	3	6.2	2.5	1.4	0.4
P4	4	7.2			
P5	5	8.2			
P6	6	9.2			
P7	7	10.2			
P8	8	11.2			
P9	9	12.2			
P10	10	13.2			
P10A	10	14	3.2	1.8	0.4
P11	11	15			
P11.2	11.2	15.2			
P12	12	16			
P12.5	12.5	16.5			
P14	14	18			
P15	15	19			
P16	16	20			
P18	18	22			
P20	20	24			
P21	21	25			
P22	22	26			
P22A	22	28	4.7	2.7	0.8
P22.4	22.4	28.4			
P24	24	30			
P25	25	31			
P25.5	25.5	31.5			
P26	26	32			
P28	28	34			
P29	29	35			
P29.5	29.5	35.5			
P30	30	36			
P31	31	37			
P31.5	31.5	37.5			
P32	32	38			

O링의 호칭번호	d (외압용)	D (내압용)	G +0.25 0	H ±0.05	R (최대)
P34	34	40	4.7	2.7	0.8
P35	35	41			
P35.5	35.5	41.5			
P36	36	42			
P38	38	44			
P39	39	45			
P40	40	46			
P41	41	47			
P42	42	48			
P44	44	50			
P45	45	51			
P46	46	52			
P48	48	54			
P49	49	55			
P50	50	56			
P48A	48	58	7.5	4.6	0.8
P50A	50	60			
P52	52	62			
P53	53	63			
P55	55	65			
P56	56	66			

O링의 호칭번호	d (외압용)	D (내압용)	G +0.25 0	H ±0.05	R (최대)
P58	58	68			
P60	60	70			
P62	62	72			
P63	63	73			
P65	65	75			
P67	67	77			
P70	70	80			
P71	71	81			
P75	75	85			
P80	80	90			
P85	85	95			
P90	90	100			
P95	95	105			
P100	100	110	7.5	4.6	0.8
P102	102	112			
P105	1005	115			
P110	110	120			
P112	112	122			
P115	115	125			
P120	120	130			
P125	125	135			
P130	130	140			
P132	132	142			
P135	135	145			
P140	140	150			
P145	145	155			
P150	150	160			

37 오일 실

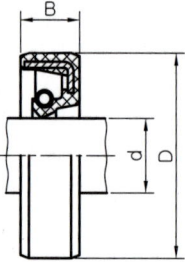

1 S, SM, SA, D, DM, DA 계열치수

호칭 안지름 d	D	B
7	18	7
7	20	7
8	18	7
8	22	7
9	20	7
9	22	7
10	20	7
10	25	7
11	22	7
11	25	7
12	22	7
12	25	7
*13	25	7
*13	58	7
14	25	7
14	28	7
15	25	7
15	30	7
16	28	7
16	30	7
17	30	8
17	32	8
18	30	8
18	35	8
20	32	8
20	35	8
22	35	8
22	38	8
24	38	8
24	40	8
25	38	8
25	40	8
*26	38	8
*26	42	8
28	40	8
28	45	8
30	42	8
30	45	8
32	52	11
35	55	11

2 G, GM, GA 계열치수

호칭 안지름 d	D	B
7	18	4
7	20	7
8	18	4
8	22	7
9	20	4
9	22	7
10	20	4
10	25	7
11	22	4
11	25	7
12	22	4
12	25	7
*13	25	4
*13	58	7
14	25	4
14	28	7
15	25	4
15	30	7
16	28	4
16	30	7
17	30	5
17	32	8
18	30	5
18	35	8
20	32	5
20	35	8
22	35	5
22	38	8
24	38	5
24	40	8
25	38	5
25	40	8
*26	38	5
*26	42	8
28	40	5
28	45	8
30	42	5
30	45	8
32	45	5
32	52	11
35	48	5
35	55	11

38. 오일 실 부착 관계 (축 및 하우징 구멍의 모떼기와 둥글기)

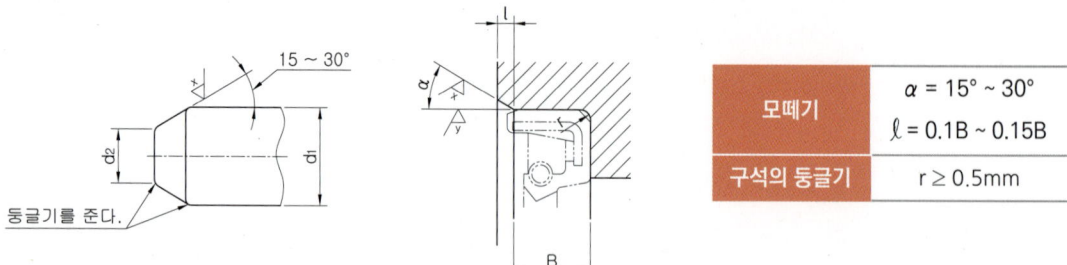

모떼기	α = 15° ~ 30°
	ℓ = 0.1B ~ 0.15B
구석의 둥글기	r ≥ 0.5mm

d_1	d_2(최대)	d_1	d_2(최대)	d_1	d_2(최대)
7	5.7	17	14.9	35	32
8	6.6	18	15.8	38	34.9
9	7.5	20	17.7	40	36.8
10	8.4	22	19.6	42	38.7
11	9.3	24	21.5	45	41.6
12	10.2	25	22.5	48	44.5
* 13	11.2	* 26	23.4	50	46.4
14	12.1	28	25.3		
15	13.1	30	27.3		
16	14	32	29.2		

[비고] *을 붙인 것은 KS B 0406에 없다.
- 바깥지름에 대응하는 하우징의 구멍 지름의 허용차는 원칙적으로 KS B 0401의 H8로 한다.
- 축의 호칭 지름은 오일시일에 적합한 지름과 같고 그 허용차는 원칙적으로 KS B 0401 h8로 한다.

39. 롤러체인, 스프로킷

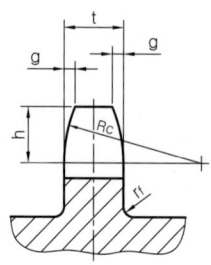 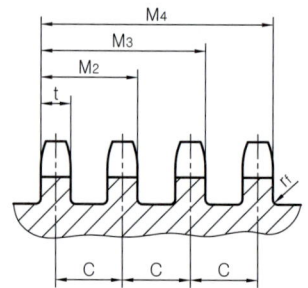

호칭 번호	가로치형							가로 피치 c	적용 롤러		
	모떼기 폭 g (약)	모떼기 깊이 h (약)	모떼기 반지름 Rc (최소)	둥글기 rf (최대)	이나비 t(최대)				피치 p	롤러 바깥지름 d_1 (최대)	안쪽 링크 안쪽 나비 b_1 (최소)
					단열	2열, 3열	4열 이상				
25	0.8	3.2	6.8	0.3	2.8	2.7	2.4	6.4	6.35	3.30	3.10
35	1.2	4.8	10.1	0.4	4.3	4.1	3.8	10.1	9.525	5.08	4.68
41	1.6	6.4	13.5	0.5	5.8	-	-	-	12.70	7.77	6.25
40	1.6	6.4	13.5	0.5	7.2	7.0	6.5	14.4	12.70	7.95	7.85
50	2.0	7.9	16.9	0.6	8.7	8.4	7.9	18.1	15.875	10.16	9.40
60	2.4	9.5	20.3	0.8	11.7	11.3	10.6	22.8	19.05	11.91	12.57
80	3.2	12.7	27.0	1.0	14.6	14.1	13.3	29.3	25.40	15.88	15.75
100	4.0	15.9	33.8	1.3	17.6	17.0	16.1	35.8	31.75	19.05	18.90
120	4.8	19.0	40.5	1.5	23.5	22.7	21.5	45.4	38.10	22.23	25.22
140	5.6	22.2	47.3	1.8	23.5	22.7	21.5	48.9	44.45	25.40	25.22
160	6.4	25.4	54.0	2.0	29.4	28.4	27.0	58.5	50.80	28.58	31.55
200	7.9	31.8	67.5	2.5	35.3	34.1	32.5	71.6	63.50	39.68	37.85
240	9.5	38.1	81.0	3.0	44.1	42.7	40.7	87.8	76.20	47.63	47.35

스프로킷 기준 치수 (단위 : mm)

항 목	계 산 식
피치원 지름(D_P)	$D_P = \dfrac{P}{\sin\dfrac{180°}{N}}$
바깥지름(D_0)	$D_0 = P\left(0.6 + \cot\dfrac{180°}{N}\right)$
이부리원 지름(D_B)	$D_B = D_P - d_1$
이부리 거리(D_C)	$D_C = D_B$ (짝수 톱니) $D_C = D_P \cos\dfrac{90°}{N} - d_1$ (홀수 톱니) $= P \cdot \dfrac{1}{2\sin\dfrac{180°}{2N}} - d_1$
최대 보스 지름 및 최대 홈지름(D_H)	$D_H = P\left(\cot\dfrac{180°}{N} - 1\right) - 0.76$

여기에서   P : 롤러 체인의 피치
d_1 : 롤러 체인의 롤러 바깥지름
N : 잇수

호칭번호 25

잇수 N	피치원 지름 D_P	바깥지름 D_O	이뿌리원 지름 D_B	이뿌리 거리 D_C	최대보스 지름 D_H
25	50.66	54	47.36	47.27	43
26	52.68	56	49.38	49.38	45
27	54.70	58	51.40	51.30	47
28	56.71	60	53.41	53.41	49
29	58.73	62	55.43	55.35	51
30	60.75	64	57.45	57.45	53
31	62.77	66	59.47	59.39	55
32	64.78	68	61.48	61.48	57
33	66.80	70	63.50	63.43	59
34	68.82	72	65.52	65.52	61
35	70.84	74	67.54	67.47	63
36	72.86	76	69.56	69.56	65
37	74.88	78	71.58	71.51	67
38	76.90	80	73.60	73.60	70
39	78.91	82	75.61	75.55	72
40	80.93	84	77.63	77.63	74
41	82.95	87	79.65	79.59	76
42	84.97	89	81.67	81.67	78
43	86.99	91	83.69	83.63	80
44	89.01	93	85.71	85.71	82
45	91.03	95	87.73	87.68	84
46	93.05	97	89.75	89.75	86
47	95.07	99	91.77	91.72	88
48	97.09	101	93.79	93.79	90
49	99.11	103	95.81	75.76	92
50	101.13	105	97.83	97.83	94
51	103.15	107	99.85	99.80	96
52	105.17	109	101.87	101.87	98
53	107.19	111	103.89	103.84	100
54	109.21	113	105.91	105.91	102
55	111.23	115	107.93	107.88	104
56	113.25	117	109.95	109.95	106
57	115.27	119	111.97	111.93	108
58	117.29	121	113.99	113.99	110
59	119.31	123	116.01	115.97	112
60	121.33	125	118.03	118.03	114
61	123.35	127	120.05	120.01	116
62	125.37	129	122.07	122.07	118
63	127.39	131	124.09	124.05	120
64	129.41	133	126.11	126.11	122
65	131.43	135	128.13	128.10	124

호칭번호 35

잇수 N	피치원 지름 D_P	바깥지름 D_O	이뿌리원 지름 D_B	이뿌리 거리 D_C	최대보스 지름 D_H
21	63.91	69	58.83	58.65	53
22	66.93	72	61.85	61.85	56
23	69.95	75	64.87	64.71	59
24	72.97	78	67.89	67.89	62
25	76.00	81	70.92	70.77	65
26	79.02	84	73.94	73.94	68
27	82.05	87	76.97	76.83	71
28	85.07	90	79.99	79.99	74
29	88.10	93	83.02	82.89	77
30	91.12	96	84.04	86.04	80
31	94.15	99	89.07	88.95	83
32	97.18	102	92.10	92.10	86
33	100.20	105	95.12	95.01	89
34	103.23	109	98.15	98.15	93
35	106.26	112	101.18	101.07	96
36	109.29	115	104.21	104.21	99
37	112.31	118	107.23	107.13	102
38	115.34	121	110.26	110.26	105
39	118.37	124	113.29	113.20	108
40	121.40	127	116.32	116.32	111
41	124.43	130	119.35	119.26	114
42	127.46	133	122.38	122.38	117
43	130.49	136	125.41	125.32	120
44	133.52	139	128.44	128.44	123
45	136.55	142	131.47	131.38	126
46	139.58	145	134.50	134.50	129
47	142.61	148	137.53	137.45	132
48	145.64	151	140.56	140.56	135
49	148.67	154	143.59	143.51	138
50	151.70	157	146.62	146.62	141

호칭번호 40

잇수 N	피치원 지름 D_P	바깥지름 D_O	이뿌리원 지름 D_B	이뿌리 거리 D_C	최대보스 지름 D_H
16	65.10	71	57.15	57.15	50
17	69.12	76	61.17	60.87	54
18	73.14	80	65.19	65.19	59
19	77.16	84	69.21	68.95	63
20	81.18	88	73.23	73.23	67
21	85.21	92	77.26	77.02	71
22	89.24	96	81.29	81.29	75
23	93.27	100	85.32	85.10	79
24	97.30	104	89.35	89.35	83
25	101.33	108	93.38	93.18	87
26	105.36	112	97.41	97.41	91
27	109.40	116	101.45	101.26	95
28	113.43	120	105.48	105.48	99
29	117.46	124	109.51	109.34	103
30	121.50	128	113.55	113.55	107
31	125.53	133	117.58	117.42	111
32	129.57	137	121.62	121.62	115
33	133.61	141	125.66	125.50	120
34	137.64	145	129.69	129.69	124
35	141.68	149	133.73	133.59	128
36	145.72	153	137.77	137.77	132
37	149.75	157	141.80	141.67	136
38	153.79	161	145.84	145.84	140
39	157.83	165	149.88	149.75	144
40	161.87	169	153.92	153.92	148

호칭번호 41

잇수 N	피치원 지름 D_P	바깥지름 D_O	이뿌리원 지름 D_B	이뿌리 거리 D_C	최대보스 지름 D_H
16	65.10	71	57.33	57.33	50
17	69.12	76	61.35	61.05	54
18	73.14	80	65.37	65.37	59
19	77.16	84	69.39	69.13	63
20	81.18	88	73.41	73.41	67
21	85.21	92	77.44	77.20	71
22	89.24	96	81.47	81.47	75
23	93.27	100	85.50	85.28	79
24	97.30	104	89.53	89.53	83
25	103.33	108	93.56	93.36	87
26	105.36	112	97.59	97.59	91
27	109.40	116	101.63	101.44	95
28	113.43	120	105.66	105.66	99
29	117.46	124	109.69	109.52	103
30	121.50	128	113.73	113.73	107
31	123.53	133	117.76	117.60	111
32	129.57	137	121.80	121.80	115
33	133.61	141	125.84	125.68	120
34	137.64	145	129.87	129.87	124
35	141.68	149	133.91	133.77	128
36	145.72	153	137.95	137.95	132
37	149.75	157	141.98	141.85	136
38	153.79	161	146.02	146.02	140
39	157.83	165	150.06	149.93	144
40	161.87	169	154.10	154.10	148

40 V 벨트 풀리

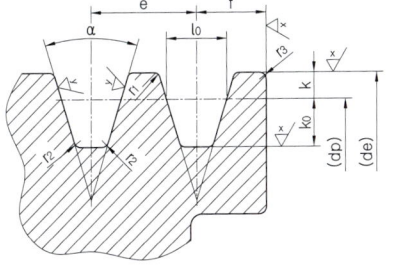

d_0 = 피치원 지름
(홈의 나비가 l_0인 곳의 지름)

V 벨트 형별	α의 허용차(°)	k의 허용차	e의 허용차	f의 허용차
M	±0.5	+0.2	-	±1.0
A		0	±0.4	
B				

호칭지름 (mm)	바깥지름 d_e 허용차	바깥둘레 흔들림 허용값	림 측면 흔들림 허용값
75 이상 118 이하	±0.6	0.3	0.3
125 이상 300 이하	±0.8	0.4	0.4

V벨트 형별	호칭 지름	α(°)	l_0	k	k_0	e	f	r_1	r_2	r_3
M	50 이상 ~71 이하 71 초과~90 이하 90 초과	34 36 38	8.0	2.7	6.3	-	9.5	0.2 ~ 0.5	0.5 ~ 1.0	1~2
A	71 이상~100 이하 100 초과~125 이하 125 초과	34 36 38	9.2	4.5	8.0	15.0	10.0	0.2 ~ 0.5	0.5 ~ 1.0	1~2
B	125 이상~165 이하 165 초과~200 이하 200 초과	34 36 38	12.5	5.5	9.5	19.0	12.5	0.2 ~ 0.5	0.5 ~ 1.0	1~2

[비고] M형은 원칙적으로 한 줄만 걸친다.(e)

41 지그용 부시 및 그 부속 부품 (고정 부시)

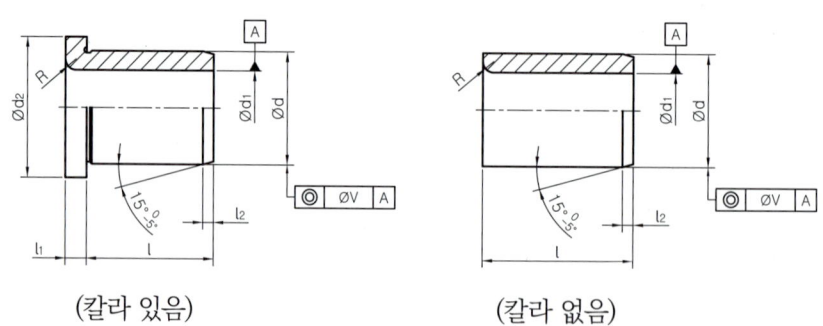

(칼라 있음)　　　　　　　　(칼라 없음)

d_1		기준 치수	허용차	d_2		l	l_1	l_2	R
초과	이하	기준 치수	허용차	기준 치수	허용차				
2	3	7	p6	11	h13	8 10 12 16	2.5	1.5	0.8
3	4	8		12					1.0
4	6	10		14		10 12 16 20	3		
6	8	12		16					
8	10	15		19		12 16 20 25			2.0
10	12	18		22					
12	15	22		26		16 20 28 36	4		
15	18	26		30		20 25 36 45			

■ 동심도 (단위 : mm)

구멍지름 (d_1)	V(동심도)		
	고정 라이너	고정 부시	삽입 부시
18.0 이하	0.012	0.012	0.012
18.0 초과 50.0 이하	0.020	0.020	0.020
50.0 초과 100.0 이하	0.025	0.025	0.025

42 삽입 부시

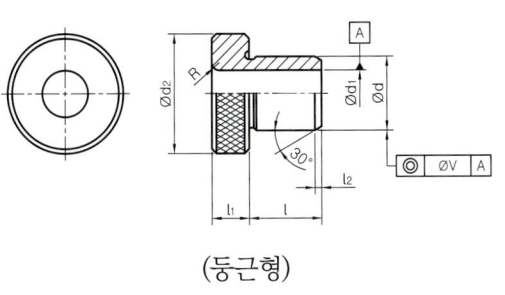

(둥근형)

d_1		d		d_2		l	l_1	l_2	R
초과	이하	기준치수	허용차	기준치수	허용차				
-	4	12	m5	16	h13	10 12 16	8	1.5	2
4	6	15		19		12 16 20 25			
6	8	18		22					
8	10	22		26		16 20 (25) 28 36	10		
10	12	26		30					
12	15	30		35		20 25 (30) 36 45	12		3
15	18	35		40					

※ 드릴용 구멍 지름 d1의 허용차는 KS B 0401에 규정하는 G6으로 하고, 리머용 구멍지름 d1의 허용차는 KS B 0401에 규정하는 F7로 한다.

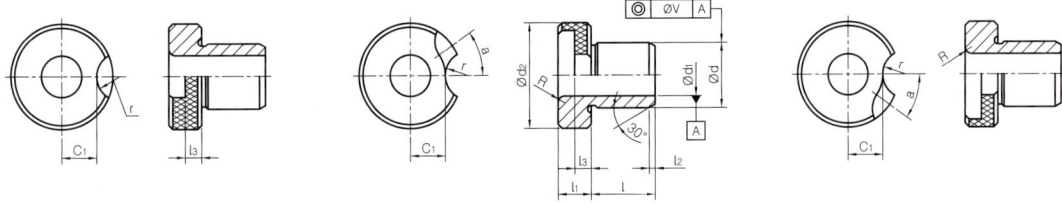

(노치형)　　　(우회전용 노치형)　　　(좌회전용 노치형)

d_1		d		d_2		l	l_1	l_2	R	l_3		C_1	r	$a(°)$
초과	이하	기준치수	허용차	기준치수	허용차					기준치수	허용차			
-	4	8	m6	15	h13	10 12 16	8	1.5	1	3	-0.1 / -0.2	4.5	7	65
4	6	10		18		12 16 20 25						6		
6	8	12		22			10		2	4		7.5	8.5	60
8	10	15		26		16 20 28 36						9.5		50
10	12	18		30								11.5		
12	15	22		34		20 25 36 45						13	10.5	35
15	18	26		39								15.5		
18	22	30		46		25 36 45 56	12			5.5		19		30
22	26	35		52					3			22		
26	30	42		59								25.5		
30	35	48		66		30 35 45 56						28.5		
35	42	55		74								32.5		
42	48	62		82		35 45 56 67	16		4	7		36.5	12.5	25
48	55	70		90								40.5		
55	63	78		100		40 56 67 78						45.5		
63	70	85		110								50.5		
70	78	95		120		45 50 67 89						55.5		20
78	85	105		130								60.5		

※ 드릴용 구멍 지름 d1의 허용차는 KS B 0401에 규정하는 G6으로 하고, 리머용 구멍지름 d1의 허용차는 KS B 0401에 규정하는 F7로 한다.

※ 동심도(V)는 **41. 지그용 부시 및 그 부속 부품** 항목 참조.

43. 지그용 부시 및 그 부속 부품 (고정 라이너)

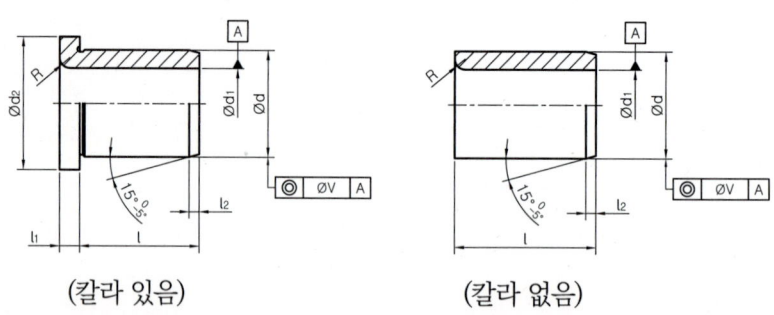

(칼라 있음)   (칼라 없음)

d_1		d		d_2		l	l_1	l_2	R
기준치수	허용차	기준치수	허용차	기준치수	허용차				
8	F7	12	p6	16	h13	10 12 16	3	1.5	2
10		15		19		12 16 20 25			
12		18		22					
15		22		26		16 20 28 36	4		
18		26		30					
22		30		35		20 25 36 45	5		3
26		35		40					
30		42		47		25 36 45 56			

※ 동심도(V)는 41. 지그용 부시 및 그 부속 부품(고정 부시) 참조.

44. 부시와 멈춤쇠 또는 멈춤나사의 중심 거리 및 부착 나사의 가공 치수

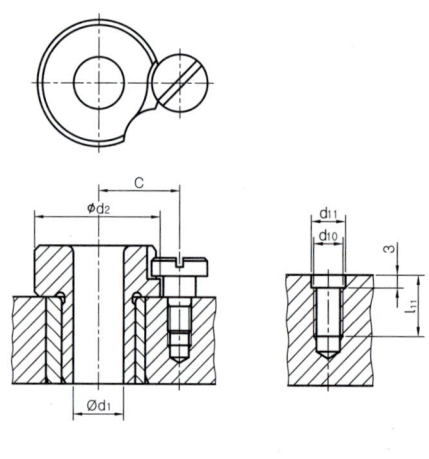

d_1		d_2	d_{10}	c		d_{11}	l_{11}
초과	이하			기준치수	허용차		
	4	15	M5	11.5	±0.2	5.2	11
4	6	18		13			
6	8	22		16			
8	10	26		18			
10	12	30		20			
12	15	34	M6	23.5		6.2	14
15	18	39		26			
18	22	46		29.5			
22	26	52	M8	32.5		8.2	16
26	30	59		36			
30	35	66		41			
35	42	74		45			
42	48	82	M10	49		10.2	20
48	55	90		53			
55	63	100		58			
63	70	110		63			
70	78	120		68			
78	85	130		73			

45 분할 핀

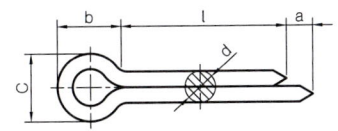 (뾰족끝) 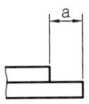 (납짝끝)

호칭 지름		1	1.2	1.6	2	2.5	3.2	4
d	기준 치수	0.9	1	1.4	1.8	2.3	2.9	3.7
	허용차	0 / -0.1				0 / -0.2		
적용하는 볼트	초과	3.5	4.5	55.5	7	9	11	14
	이하	4.5	5.5	7	9	11	14	20

46 주서 (예)

주 서 (예)

1. 일반공차 : 가)가공부 KS B ISO 2768-m
   　　　　　　나)주조부 KS B 0250-CT11

2. 도시되고 지시없는 모따기는 1x45°,
   　　　　　　　필렛 및 라운드는 R3

3. 일반 모따기는 0.2x45°

4. ∀ 부위의 외면 처리 – 명녹색 도장
   　　　　　내면 처리 – 광명단 도장

5. 파커라이징 처리

6. 전체 열처리 HRC 50±3

7. 표면 거칠기

   ∀   = ∀
   √w   = √Ra 12.5
   √x   = √Ra 3.2
   √y   = √Ra 0.8
   √z   = √Ra 0.2

※ 주서(예) 자료는 예시로서 과제 도면에 맞도록 적절히 수정하셔야 합니다.

47 센터 구멍

센터 구멍의 호칭 방법

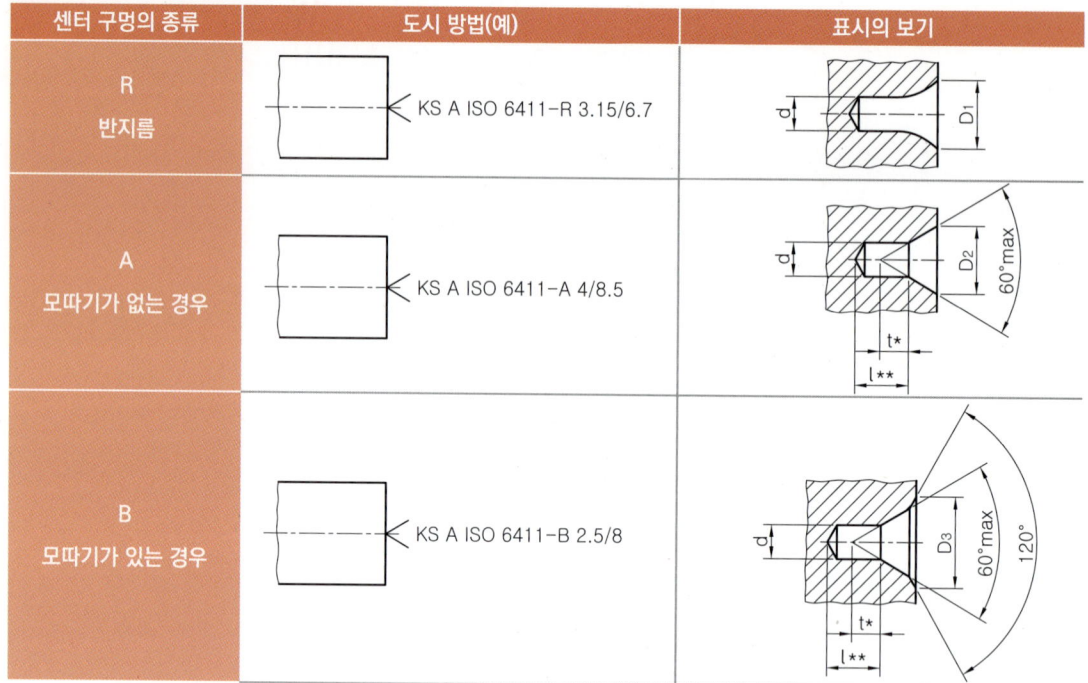

치수 t*에 대해서는 아래 표 A.1을 참조한다.

치수 t**는 센터 구멍 드릴의 길이에 근거하지만, t 보다는 짧으면 안 된다.

표 A.1 - 추천되는 센터 구멍의 치수 (단위 : mm)

d 호칭	종류				
	R형 KS B ISO 2541에 따름 D_1	A형 KS B ISO 866에 따름		B형 KS B ISO 2540에 따름	
		D_2	t	D_3	t
(0.5)	-	1.06	0.5	-	-
(0.63)	-	1.32	0.6	-	-
(0.8)	-	1.70	0.7	-	-
1.0	2.12	2.12	0.9	3.15	0.9
(1.25)	2.65	2.65	1.1	4	1.1
1.6	3.35	3.35	1.4	5	1.4
2.0	4.25	4.25	1.8	6.3	1.8
2.5	5.3	5.30	2.2	8	2.2
3.15	6.7	6.70	2.8	10	2.8
4.0	8.5	8.50	3.5	12.5	3.5
(5.0)	10.6	10.60	4.4	16	4.4
6.3	13.2	13.20	5.5	18	5.5
(8.0)	17.0	17.00	7.0	22.4	7.0
10.0	21.2	21.20	8.7	28	8.7

[비고] 괄호를 붙여서 나타낸 치수의 것은 가능한 한 사용하지 않는다.

48. 센터 구멍의 표시 방법

■ 센터 구멍의 기호 및 호칭 방법의 간략 도시 방법 (단위 : mm)

센터 구멍의 필요 여부	그림 기호	도시 방법
필요한 경우		KS A ISO 6411-B 2.5/8
필요하나 기본적 요구가 아닌 경우		KS A ISO 6411-B 2.5/8
필요하지 않는 경우		KS A ISO 6411-B 2.5/8

49. 요목표

스퍼기어 요목표		
기어 치형		표준
공 구	모듈	□
	치형	보통이
	압력각	20°
전체 이 높이		□
피치원 지름		□
잇 수		□
다듬질 방법		호브 절삭
정밀도		KS B ISO 1328-1, 4급

베벨 기어 요목표	
기어 치형	글리슨 식
모듈	□
치형	보통이
압력각	20°
축 각	90°
전체 이 높이	□
피치원 지름	□
피치원 추각	□
잇 수	□
다듬질 방법	절삭
정밀도	KS B 1412, 4급

헬리컬 기어 요목표		
기어 치형		표준
공구	모듈	□
	치형	보통이
	압력각	20°
전체 이 높이		□
치형 기준면		치직각
피치원 지름		□
잇 수		□
리 드		□
방 향		□
비틀림 각		15°
다듬질 방법		호브 절삭
정밀도		KS B ISO 1328-1, 4급

웜과 웜휠 요목표		
구분 \ 품번	① (웜)	② (웜휠)
원주 피치	-	□
리 드	□	-
피치 원경	□	□
잇 수	-	□
치형 기준 단면	축직각	
줄 수, 방향	□	
압력각	20°	
진행각	□	
모 듈	□	
다듬질 방법	호브절삭	연삭

체인, 스프로킷 요목표			
종류	구분 \ 품번		
체인	호칭		□
	원주피치		□
	롤러외경		□
스프로킷	잇수		□
	치형		□
	피치원경		□

래크와 피니언 요목표		
구분 \ 품번	① (래크)	② (피니언)
기어 치형	표준	
공구	모듈	□
	치형	보통이
	압력각	20°
전체 이 높이	□	□
피치원 지름	-	□
잇 수	□	□
다듬질 방법	호브절삭	
정밀도	KS B ISO 1328-1, 4급	

래칫 휠		
종류	구분 \ 품번	
잇 수		□
원주 피치		□
이 높이		□

50 기계재료 기호 예시 (KS D)

- 본 예시 이외에 해당 부품에 적절한 재료라 판단되면, 다른 재료기호를 사용해도 무방함

명 칭	기 호	명 칭	기 호
회 주철품[*1]	GC100, GC150 GC200, GC250	구상흑연 주철품[*1]	GCD 350-22, GCD 400-18, GCD 450-10, GCD 500-7
탄소강 주강품[*1]	SC360, SC410 SC450, SC480	탄소강 단강품	SF390A, SF440A SF490A
인청동 주물[*1]	CAC502A CAC502B	청동 주물[*1]	CAC402
침탄용 기계구조용 탄소강재	SM9CK, SM15CK SM20CK	알루미늄 합금주물	AC4C, AC5A
탄소공구강 강재	STC85, STC95 STC105, STC120	기계구조용 탄소강재	SM25C, SM30C, SM35C, SM40C, SM45C
합금공구강 강재	STS3, STD4	화이트메탈	WM3, WM4
크로뮴 몰리브데넘 강	SCM415, SCM430 SCM435	니켈 크로뮴 몰리브데넘 강	SNCM415, SNCM431
니켈 크로뮴 강	SNC415, SNC631	크로뮴 강	SCr415, SCr420, SCr430, SCr435
스프링강재	SPS6, SPS10	스프링용 냉간압연강대	S55C-CSP
피아노선	PW-1	일반 구조용 압연강재	SS235, SS275, SS315
다이캐스팅용 알루미늄 합금	ALDC5, ALDC6	용접 구조용 주강품[*1]	SCW410, SCW450
인청동 봉	C5102B	인청동 선	C5102W

[*1] : 해당 재료 기호는 KS 규격이 아닌 단체 표준으로 이관

[비고] 다음 항목은 KS 규격이 폐지되었거나 혹은 변경되었으나 기계설계 실무에서 유용하게 적용하는 데이터이므로 국가기술자격 실기시험에서 이 규격을 적용함
- 20. 생크
- 27. 테이퍼 롤러 베어링
- 29. 평면 자리형 스러스트 볼 베어링
- 30. 평면 자리형 스러스트 볼 베어링(복식)
- 32. 베어링의 끼워 맞춤
- 33. 그리스 니플